WILHELM EISENREICH
ALFRED HANDEL
UTE E. ZIMMER

W0087870

Der BLV
Natur-
führer

für unterwegs

blv

Bibliografische Information der Deutschen Nationalbibliothek

Die Deutsche Nationalbibliothek verzeichnet diese Publikation in der Deutschen Nationalbibliografie; detaillierte bibliografische Daten sind im Internet über http://dnb.d-nb.de abrufbar.

Autoren

Wilhelm Eisenreich:
Konzeption und Gesamtbearbeitung

Alfred Handel:
Texte S. 82–204, 236–264
Ute E. Zimmer:
Texte S. 5–80, 206–234, 272–310

14. Auflage

 BLV Buchverlag GmbH & Co. KG
80636 München

© 2017 BLV Buchverlag GmbH & Co. KG, München

Umschlagkonzeption und Gestaltung: BLV Verlag
Umschlagfotos:
Arco Images/naturpl.com/Fergus Gill (Vorderseite);
Reinhard (Rückseite)

Grafik: Barbara von Damnitz
Lektorat: Wilhelm Eisenreich
Herstellung: Hermann Maxant

Gedruckt auf chlorfrei gebleichtem Papier

Printed in Germany · ISBN 978-3-8354-1652-9

 www.facebook.com/blvVerlag

Wälder • Wiesen, Felder
Feuchtgebiete • Küste • Alpen

Sonderteile: Früchte der Bäume und Sträucher
Raupen
Vogeleier
Tierspuren

Einführung

Dieses Buch möchte dem Leser für Spaziergänge durch unsere heimischen Landschaften die häufigsten Pflanzen- und Tierarten in ihrem typischen Umfeld vorstellen. Aus diesem Grund werden <u>fünf verschiedene, große Lebensräume</u> charakterisiert, die von jedermann unschwer zu erkennen sind. Natürlich ist eine solche Untergliederung in Ökosysteme nicht ganz unproblematisch, da <u>Übergänge und Vernetzungen</u> zwischen ihnen fließend sind. Pflanzen können bei geeigneten Standortbedingungen unterschiedliche Biotope gleichermaßen besiedeln, Tiere sind auf Grund ihrer Mobilität zu unterschiedlichen (Jahres-)Zeiten in verschiedenen Lebensräumen anzutreffen. Andererseits sind bestimmte Pflanzen- und Tierarten geradezu charakteristisch für einen bestimmten Lebensraum und daher nur dort zu beobachten.

Die Artenauswahl beschränkt sich auf wirklich <u>häufige, leicht zu findende Pflanzen und Tiere</u>, deshalb wird z. B. in den Kapiteln »Feuchtgebiete« und »Küste« bewußt auf die Beschreibung der doch meist schwer anzusprechenden Gruppe der Fische verzichtet. Dagegen sind in das Kapitel »Wiesen, Felder, . . .« häufige, vom Menschen angebaute Kulturpflanzen (Getreide und andere Nutzpflanzen) aufgenommen.

Um bei <u>Arten, die mehrere Biotope gleichermaßen besiedeln</u>, Doppelbeschreibungen zu vermeiden, werden diese nur in jeweils einem Lebensraum beschrieben, in anderen nur mittels <u>Querverweis</u> auf jenes Kapitel genannt. So wird z. B. im Kapitel »Alpen« auf die Lärche und deren Beschreibung im Kapitel »Wald« hingewiesen.

Innerhalb der einzelnen Kapitel sind die Pflanzen- und Tierarten systematisch nach Gruppen geordnet. Diese sind wie die Lebensräume <u>mit graphischen Symbolen versehen</u> und so auch im Inhaltsverzeichnis zu finden. Die strenge systematische Einteilung ist jedoch zugunsten einer Gliederung nach Auffälligkeiten (z. B. Blütenfarben) durchbrochen, um eine leichtere Benutzbarkeit des Naturführers zu gewährleisten. Die Arten selbst werden im Text anhand ihrer morphologischen Merkmale charakterisiert, ihre Lebensweise beschrieben sowie etwaige Besonderheiten aufgeführt.

Im folgenden sollen nun die fünf großen Lebensräume anhand ihrer wichtigsten Wesensmerkmale charakterisiert werden.

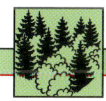

Wälder

Wälder in ihrer ursprünglichen Form als <u>urwüchsige Mischwälder</u> sind in Mitteleuropa heute fast nirgendwo mehr zu finden. Durch vielfältige menschliche Eingriffe und Veränderungen entstanden <u>unterschiedliche Wald- bzw. Forsttypen</u>, die, in Abhängigkeit von Bodenfaktoren (Wasser-, Nährstoffangebot), Höhenlage und Klima verschiedene Charaktere aufweisen.

<u>Reine Nadelwälder</u> als natürliche Lebensgemeinschaften findet man überwiegend nur noch im Gebirge (s. »Alpen«) oder als Kiefernwälder auf nährstoffarmen, sandigen Böden in Ostpreußen, Pommern bzw. in kleineren Beständen um Mainz und Darmstadt. Diese lichten Wälder weisen einen reichen Unterwuchs von Birken, Vogel-

beeren, Faulbaum, Wacholder, Besenginster, Kräutern und sehr viel Moos auf. Natürliche Fichtenwälder (Harz) haben im Unterwuchs wenig Sträucher, jedoch eine umfangreiche Krautschicht mit Zwergsträuchern (Heidel-, Preiselbeere), Gräsern, Farnen, Moosen und Pilzen (Steinpilz). Tannenwälder (Schwarzwald, Bayerischer Wald) weisen in ihrem Bestand häufig auch Rotbuche, Holunder und Hasel auf.

Der typische mitteleuropäische »Nadelwald« ist ein meist angepflanzter monotoner Fichtenforst, der wegen seiner Schnellwüchsigkeit zur Holzgewinnung angelegt wird. Die schattigen, dichten Schonungen lassen keinerlei Wachstum von Sträuchern, Kräutern oder Moos zu, der Boden ist nur von einer Nadelschicht bedeckt. Solche Monokulturen sind sehr anfällig gegenüber Schädlingen (Borkenkäfer) sowie Wind- und Schneebruch.

Unsere häufigste Laubwaldform ist der Buchenwald, der auf den recht basenreichen Böden des Hügellandes häufig Reinbestände bildet. Strauch- und Krautschicht sind gut ausgebildet, ihre Entwicklung muß jedoch wegen der extremen Lichtverhältnisse bereits vor dem Laubaustrieb der Buchen erfolgen. Buchen sind auch mit Eichen, Eschen oder Bergahorn vergesellschaftet. Eichenwälder, z. T. als Reinbestände oder stark durchsetzt mit vielen anderen Laubbäumen, Sträuchern und Bodenkräutern finden wir in trockenen, warmen Lagen (Oberrhein). Bruch- und Auwälder bevorzugen (grund-)wassernahe Standorte und vertragen auch zeitweilige Überflutung.

Bei der Beschreibung der einzelnen Waldtypen, die auch Mischformen bilden, wird bereits deutlich, daß Wälder je nach Pflanzenbewuchs in unterschiedliche Stockwerke gegliedert sind, die durch ihre reiche Strukturierung unterschiedlichsten Tierarten Lebensraum bieten können.

Die Baumschicht ist geprägt durch bis zu 40 m hohe, bestandsbildende Baumarten, die von kleineren Individuen (bis 25 m) derselben oder anderer Baumarten untersetzt sind (Fichte, Tanne, Kiefer, Eiche, Buche, Eberesche, Hainbuche).

Die Strauchschicht bilden Sträucher von höchstens 5 m Höhe, die einzeln stehen oder ein dichtes Gebüsch bilden (Hasel, Holunder, Weißdorn, Faulbaum, Wacholder).

Die Krautschicht setzt sich zusammen aus Stauden, Kräutern, Gräsern, Zwergsträuchern und Farnen.

Als unterste Schicht sei die Moosschicht erwähnt, der neben Moosen und Flechten auch die Pilze zugerechnet werden.

Die Verbindung zwischen den einzelnen Stockwerken kann durch Lianen (Waldrebe, Hopfen) erfolgen.

Eine reiche Strukturierung weisen häufig Waldränder (manchmal auch Waldlichtungen) auf, die mit ihren oft artenreichen Gebüschen einen heckenartigen Übergang zu offenen Landschaftstypen darstellen.

 **Wiesen, Felder . . .**

Offene Landschaften zeigen ein sehr unterschiedliches Erscheinungsbild. Unter diesem Oberbegriff faßt man Lebensräume zusammen wie Trockenrasen, Feuchtwiesen, Streuwiesen, Heiden,

Magerrasen, Fettwiesen, Ackerflächen, Ödländer wie Bahndämme, Schuttplätze, Wegränder, aufgelassene Steinbrüche, aber auch Hecken, Feldgehölze und Gebüsche. Fast alle diese Lebensräume sind von Menschenhand geschaffen und können auch nur mittels Nutzung und Pflege durch den Menschen als solche erhalten werden.

Im Gegensatz zu Hecken, Gebüschen und Feldgehölzen mit ihrer reichen Strukturierung stellen <u>Wiesen</u> einen recht gleichförmigen Biotop dar. Allen Wiesentypen ist gemeinsam, daß sie keinen oder nur sehr spärlichen Baum- bzw. Strauchbewuchs haben, sondern von Gräsern und kleinwüchsigen krautigen Pflanzen dominiert werden. Hierbei spielen die Wiesengräser, die zusammen mit einigen anderen Grünfutterpflanzen für die Landwirtschaft wichtig sind, eine beherrschende Rolle. Nach ihnen werden <u>unterschiedliche Wiesentypen</u> eingeteilt (Glatthafer, Knäuelgras, Wiesenschwingel).

Eingriffe wie Beweidung und Mahd werden von Wiesenpflanzen in unterschiedlicher Toleranz vertragen, jedoch nur einige wenige Arten werden durch Düngung gefördert. So verschwinden z. B. die empfindlichen Orchideen oder andere, <u>an magere Standorte angepaßte Pflanzenarten</u> nach Düngergaben; Düngung trägt also zur Ertragssteigerung bei, jedoch auf Kosten des Artenreichtums. Nicht umsonst ist die heute bei uns vorherrschende Grünfläche eine intensiv landwirtschaftlich bewirtschaftete, recht artenarme Fettwiese. Solch eine zunehmende Verarmung in der Pflanzenwelt bleibt natürlich nicht ohne Auswirkung auf die Tierwelt und letztlich auch auf uns Menschen, man denke nur an Eutrophierung und starke Nitratbelastung unserer Gewässer und des Grundwassers infolge zu starker Düngung bzw. Pestizidbelastung der Böden infolge intensiver Nutzung von Grün- und Ackerflächen. <u>Artenreiche Trockenfluren</u>, Ödländer (und sogar Bergwiesen und Alpenmatten) werden infolge menschlicher Eingriffe dagegen immer seltener.

Menschliche Siedlungen

Dieser Bereich wird in der Gliederung des Buches <u>nicht als eigenständiger Lebensraum geführt</u>, setzt er sich doch wie ein Mosaik aus einer <u>Anzahl unterschiedlicher Lebensräume</u> zusammen. Schon immer waren Dörfer und Städte eng mit der Natur verknüpft, und wenn sie auch vom Menschen geschaffene, künstliche »Landschaften« darstellen, können sie dennoch vielen Pflanzen- und Tierarten Lebensmöglichkeiten bieten.

Am Beispiel einiger Vogelarten mag die <u>Anpassung an von Menschen geschaffene Biotope</u> aufgezeigt werden: Hausrotschwanz, Mehl- und Rauchschwalbe sowie Türkentaube besiedeln als <u>ehemalige Felsenbrüter</u> die künstlichen »Felswände« in und an Gebäuden unserer Städte und Ortschaften. Auch Mauersegler und Turmfalke sind als Fels- und Baumbrüter bei entsprechendem Angebot (Gemäuer, alte Bäume) in unseren Innenstädten anzutreffen. Amsel, Blau-, Kohl- und Sumpfmeise, Gartenrotschwanz, Grauschnäpper und viele andere unserer <u>Gartenvogelarten sind aus dem Wald eingewandert</u>. Dies setzt natürlich eine Vernetzung der Wälder und Landschaften außerhalb der Siedlungen mit innerörtlichen, strukturreichen Grünflächen (Gärten, Parks, Friedhöfe, Alleen usw.) über »Grünbrücken« voraus (Biotopverbund). Leider sind hier in den letzten 30 Jahren im Zuge expandierender Besiedlung, Industrialisierung, verstärkten Straßenbaus, großflächiger Flurbereinigung erhebliche »Schneisen geschlagen« worden.

Auch stehen den Vorteilen, die Ortschaften z.B. den Brutvögeln bieten können – höhere Temperatur, längere Tageslichtdauer durch künstliche Lichtquellen, daher früherer Brutbeginn; reichliches Nahrungsangebot, bessere Überlebensmöglichkeiten im Winter – eine ganze Reihe von Nachteilen gegenüber: versiegelte Böden, großflächig verglaste Gebäude, ungeeignete oder unverträgliche Nahrung, zunehmender Autoverkehr. Auch falsch verstandener Ordnungssinn und Naturentfremdung führen heute noch zu einer <u>Verarmung der Pflanzen- und Tierwelt unserer Ortschaften</u>. Es gibt jedoch auch positive Ansätze: So werden wieder heimische Haus- und Dorfbäume gepflanzt (Linde, Eiche, Ahorn, Birke usw.), monotones, steriles Rasengrün, pflegeleichte Koniferen und hochgezüchtete Exoten weichen vereinzelt wieder naturnahen, reich strukturierten Gärten. Hauswände und Dächer werden begrünt und einzelne Kommunen verzichten auf chemische »Un«krautbekämpfung, übertriebenes Mähen örtlicher Grünflächen, Straßen- und Wegränder sowie die flächendeckende Salzstreuung im Winter.

All dies kann einem weiteren Artenschwund in unseren Siedlungen vorbeugen, vielen <u>Wildpflanzen und -tieren eine Überlebenschance</u> gewährleisten und somit unseren Kindern eine lebens- und erlebenswerte Umwelt sichern.

 **Feuchtgebiete**

Feuchtgebiete sind Lebensräume, die in irgend einer Art und Weise von Süßwasser beeinflußt sind: stehende, fließende Gewässer und Grundwasser wie Sümpfe, Moore, Riedgebiete, Auen, Flüsse, Bäche, Kanäle, Gräben, Seen, Teiche, Weiher, Tümpel, Wagenspuren oder Pfützen. Ihnen ist jeweils eine charakteristische Pflanzen- und Tierwelt eigen, wobei alle erdenklichen <u>Übergänge vom Wasser zum Land</u> auftreten können. Feuchtgebiete nehmen einen hohen ökologischen Stellenwert ein; sie sind, mehr als ein Wald oder ein landwirtschaftlich intensiv genutztes Feld, unsere biologisch produktivsten Ökosysteme. Leider zählen sie jedoch auch zu unseren <u>empfindlichsten und gefährdetsten Lebensräumen</u>. Hauptgefahren gehen aus von Begradigungen, Kanalisierung, Verschmutzung, Überdüngung, Entwässerung, Trockenlegung, Zuschüttung, Überbauung, intensivem Torfabbau sowie intensiver landwirtschaftlicher Nutzung. Zahlreiche Tier- und Pflanzenarten, die auf diese Lebensräume angewiesen sind, werden durch solche Maßnahmen inzwischen in ihrem Bestand stark gefährdet, vom Aussterben bedroht oder sind bereits ausgestorben.

<u>Stehende Gewässer</u> sind häufig von einem ausgeprägten Pflanzengürtel umgeben: vom Land bis oft weit ins Wasser hinein wächst der Schilfgürtel, der über der Wasseroberfläche seine Fortsetzung im Schwimmblattgürtel (See-, Teichrosen) findet, unter dem Wasserspiegel im Tauchblattgürtel (Unterwasserpflanzen wie Laichkraut, Hornblatt u.a.). Jeder dieser Pflanzengürtel stellt eine Lebensgemeinschaft mit ihr eigener Tierwelt dar. Sind stehende Gewässer nicht sehr groß und/oder seicht (Weiher, Tümpel) wach-

sen sie recht schnell zu und können alsbald verlanden oder sogar völlig trockenfallen.

Die Besiedelung von <u>Fließgewässern</u> durch Pflanzen und Tiere ist abhängig von der Fließgeschwindigkeit des Wassers und dem Untergrund. So ist ein Wiesenbach mit tonig-sandigem Sediment und langsamerer Fließgeschwindigkeit mit Pflanzen und Tieren reichhaltiger bestückt als ein tosender Gebirgsbach, der zwischen Felsen herabstürzt und wenigen Organismen Lebensraum bietet.

Die natürliche Randvegetation unserer Flüsse ist ein meist jahresperiodisch überspülter Auwaldgürtel mit Schwarz- bzw. Grauerlen, Eschen, Weiden und anderen wasserliebenden Sträuchern sowie krautigen Pflanzen. Im Zuge von Begradigungen, Kanalisierung sowie Schiffbarmachung und Aufstauung unserer Flüsse (Energiegewinnung) sind <u>Au- und Bruchwälder</u> recht selten geworden. Man findet sie eher noch am Rande von Sumpf- und Moorgebieten, die von Waldbäumen nicht mehr besiedelt werden können.

<u>Moore</u> spielen im Wasserhaushalt der Natur als Reservoir eine nicht zu unterschätzende Rolle. Die Einteilung in unterschiedliche Moortypen erfolgt lediglich nach Herkunft des das Moor durchtränkenden Wassers. Flach- oder Niedermoore entstehen durch Verlandung oder Quellaustritt, sind ausreichend mit Mineralien versorgt und werden vollständig vom Grundwasser durchtränkt. Charakterart ist die Moorbirke. Wächst das Moor höher, nimmt die Mineralversorgung ab, erfolgt die Bildung eines Zwischenmoores mit Pflanzenarten, die im Grundwasser wurzeln und Flachwurzlern (Schilf, Seggen, Erlen), die bereits von Regenwasser versorgt werden. Bei weiterem Höhenwachstum des Moores (Torfmoose), bildet sich ein, oft uhrglasförmig gewölbtes, mineralstoffarmes Hochmoor, das vom Grundwasser abgeschnitten und nur noch von Regenwasser durchtränkt ist. Legt man Moore trocken, verheiden und verbuschen sie.

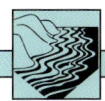

Küste

Die Tier- und Pflanzenwelt der Meeresküsten, in diesem Buch auf die Küsten der Nord- und Ostsee beschränkt, wird überwiegend durch den <u>Salzgehalt des Meerwassers</u> beeinflußt. Weiterhin spielt der Untergrund (Felsenküste oder Sandstrand) eine wichtige Rolle sowie der Einfluß der Gezeiten mit ihrem Wechsel von <u>Ebbe und Flut</u>, der sich in der fast abgeschlossenen Ostsee jedoch kaum mehr auswirkt.

Die <u>Felsenküste</u> läßt sich meerwärts gliedern in die Spritzwasserzone, die nur gelegentlich von hohen Wellen oder Flut erreicht wird, was zur Bildung von Gezeitentümpeln (Extrembiotop!) führen kann. Daran schließt sich die Gezeitenzone an, die sich zwischen Ebbe- und Flutgrenze erstreckt und eine artenreiche Pflanzen- und Tierwelt beherbergt. Es folgt die Unterwasserzone mit Blockgründen, unterseeischen Wiesen sowie der Steilabfall zum Meeresboden.

<u>Sandküsten</u> bilden oft weite Strände oder ausgedehnte Sand- bzw. Schlickwatten mit einer an diese Lebensräume hervorragend angepaßten Tierwelt.

Extreme Lebensbedingungen für Pflanzen und Tiere bieten auch die <u>Dünen</u>, die einerseits von Salzwasser und salzhaltigem Wind stark beeinflußt, andererseits sehr süßwasserarm sind. Stark salzhaltige Sande werden vom Wind im Küstenbereich zu Primärdünen zusammengeweht, durch Strandhafer und andere Pionierpflanzen besiedelt und somit befestigt. Im Laufe der Zeit wächst die Düne höher und landeinwärts, wird zur Sekundär- oder Weißdüne, altert und wird immer stärker von Pflanzen bewachsen. Dies führt endlich zur Bildung der überwiegend vom Süßwasser beeinflußten Tertiär- oder Graudüne, die ihrerseits von typischen Pflanzen der Trockenstandorte bewachsen wird. In Richtung Binnenland folgen Wacholder, Waldkiefer, Erlen und Birken.

Auch Meeresküsten mit ihrem großen Nahrungsreservoir v. a. für zahlreiche Vogelarten sind in Gefahr, durch drastische Eingriffe des Menschen zerstört zu werden. Insbesondere dem empfindlichen Wattenmeer drohen Verschmutzung, Vergiftung durch Industrie- und andere Abfälle sowie riesige Eindeichungsmaßnahmen oder industrielle »Erschließung« (Förderung von Erdöl).

 **Alpen**

Die Alpen als einer der letzten naturnahen Lebensräume ermöglichen es, die bereits beschriebenen Ökosysteme von den Tallagen bis zur Waldgrenze wiederzufinden und dazu die eigentlichen Lebensräume der typischen Alpenflora und -fauna kennenzulernen. Mit zunehmender Höhe ändert sich das Klima und damit auch die Vegetation und die Tierwelt.

Oberhalb der Bergwaldstufe (500–1500 m, Tanne, Fichte, Lärche, Zirbe) und der Krummholzzone (1500–2500 m, Latschenregion mit Bergkiefer oder Grünerle) folgen die Zwergstrauchheiden und alpinen Matten (2400–3400 m). Sie sind die eigentlichen Lebensräume der Alpenpflanzen. In noch größeren Höhen schließen sich die Polsterpflanzenzone und der ewige Schnee an, in den neben sehr wenigen Blütenpflanzen (Gletscher-Hahnenfuß) höchstens noch Moose, Flechten oder Algen vordringen. Durch Zwerg- und Polsterwuchs, Behaarung, Wachsüberzüge oder die Ausbildung lediger, umgerollter oder nadelartiger Blätter schützen sich die Pflanzen vor der mit der Höhe zunehmend starken Lichtintensität, Kälte, Wind und Niederschlägen.

Die Vegetationszeiten sind oft sehr kurz, daher werden viele Blüten bereits im Herbst angelegt. Tiefreichende Wurzeln verankern die Pflanzen fest im Boden und erreichen auch noch in großen Tiefen Wasser; fleischige Blätter dienen als Wasserreservoir.

Auch die Tiere sind in mannigfacher Weise an die extremen Lebensbedingungen angepaßt. So werden beispielsweise von den Wirbeltieren bereits im Sommer umfangreiche Fettdepots angelegt; wärmeisolierende Feder- oder Haarkleider, oft sogar in weißer Tarnfärbung (Schneehase, Schneehuhn), eine abgesenkte Körpertemperatur schützen vor Wärmeverlusten.

Leider sind auch die Alpen von massiven Eingriffen des Menschen nicht verschont. Massentourismus und Erschließung abgelegener Täler oder Gletscher mit ihren z. T. verheerenden Folgen (Bodenerosion, Lawinen- und Murengefahr) drohen selbst die letzten Refugien vieler gefährdeter Pflanzen- und Tierarten zu zerstören.

Im Anschluß an die Lebensraum-Kapitel gibt es in diesem Buch Sonderteile. Als erstes werden <u>Früchte von Bäumen und Sträuchern</u> vorgestellt, danach – stellvertretend für viele andere – häufige <u>Larven von Käfern und Schmetterlingsraupen.</u> Anschließend folgen die <u>Vogelgelege</u>; hier sind v. a. solche ausgewählt, die von niedrig brütenden Freibrütern bzw. auch in Nistkästen brütenden Höhlenbrütern stammen. Den Schluß bilden augenfällige, relativ leicht zu findende <u>»Spuren« von Tieren</u>, seien es nun Fährten einiger Säugetiere und Vögel, Fraß- bzw. Kotspuren, die man bei Spaziergängen durch Wald und Feld antreffen kann oder besondere Bildungen, hervorgerufen durch parasitierende Insekten, die Pflanzengallen.

Abkürzungen

M = Merkmale
V = Vorkommen
B = Besonderheiten
L = Lebensweise
F = Fortpflanzung
♂ = Männchen, männlich
♀ = Weibchen, weiblich
Ø = Durchmesser

Steinpilz
Boletus edulis

Foto oben

M Hut hell- bis dunkelbraun, ⌀ bis 30 cm, dick polsterförmig gewölbt. Oberfläche oft gerunzelt. Röhren erst weiß, dann gelblich bis olivgrün. Stiel keulenförmig oder dickbauchig, 5–15 cm hoch, weißlich, im oberen Drittel mit deutlicher Netzstruktur. Fleisch weiß, fest, unter der Huthaut rotbraun, verfärbt sich nicht an Schnittstellen, wird erst im Alter schwammig. **V** Juli–November, in Laub- und Nadelwäldern, gerne auf sauren Böden. Tritt in manchen Jahren massenweise auf. **B** Eßbar! Man unterscheidet mehrere Steinpilz-Arten, die v. a. in ihrer Standortwahl und abweichender Hutfärbung verschieden sind. Ihnen gemeinsam ist das nicht verfärbende Fleisch und der nußartige Geschmack, der sie zu beliebten Speisepilzen macht.

Meist im Jugendzustand werden Steinpilze mit dem bitteren, daher ungenießbaren <u>Gallenröhrling</u>, *Tylopilus felleus*, verwechselt. Er wird 8–15 cm hoch, sein hell- bis graubrauner Hut erreicht bis 15 cm ⌀. Röhren anfangs weiß, später rosa bis bräunlich. Dies, wie auch die gröbere Netzstruktur des bauchigen, hellbraunen Stiels und v. a. der gallenbittere Geschmack (Name!) unterscheidet ihn vom Steinpilz. Juni–Oktober, im Nadelwald, besonders oft unter Fichten und Kiefern, liebt saure Böden.

Maronenröhrling
Xerocomus badius

Foto Mitte

M Hut eßkastanienbraun (Name!), jung halbkugelig, dann flach gewölbt. ⌀ 5–15 cm, Oberfläche samtig. Röhren erst weißlich, dann gelblichgrün bis oliv, auf Druck leicht blauend. Stiel zylindrisch, oft verbogen, 5–14 cm lang, gelbbraun, oft fasrig dunkel-längsstreifig, jedoch nie mit Netzstruktur. Fleisch weiß-gelblich, im Schnitt blauend, fest, wird mit zunehmendem Alter schwammig. **V** Juli–November, überwiegend in Nadelwäldern, gerne unter Kiefern, auf sandigen Böden. **B** Eßbar! Wie der Steinpilz ein guter Speisepilz, mit dem er trotz der charakteristischen Unterschiede oft verwechselt wird. Seit Tschernobyl ist die Art leider stark durch radioaktives Caesium belastet.

Espen-Rotkappe
Leccinum rufum (L. aurantiacum)

Foto unten

M Hut lebhaft orange bis rotbraun, ⌀ bis 20 cm, Huthaut hängt am Rand über. Röhren weißlich bis gelblichgrau. Stiel bis 15 cm lang, weißlich mit rötlichbraunen Schüppchen. Fleisch fest, weiß, an Schnittstellen schwach rötend, verfärbt sich dann über lilagrau bis schwarzlila. Geruch und Geschmack angenehm. **V** Juni–Oktober. Nur unter Zitterpappeln (= Espen, Mycorrhizapilz!), häufig. **B** Gekocht eßbar, roh evtl. giftig! Es gibt noch einige andere, ähnliche Rotkappen-Arten, die streng an bestimmte Bäume (Birken, Eichen, Hainbuchen, Kiefern u. a.) gebunden sind und mit diesen in Symbiose leben.

Kahler Krempling

Foto oben

Paxillus involutus

M Hut gelb- bis olivbräunlich, ∅ bis 15 cm, eben bis trichterförmig. Hutrand lange nach unten eingerollt, leicht gefurcht. Trockene Oberfläche glänzt matt, bei Nässe schmierig. Auf Druck überall braunfleckend. Lamellen ocker bis rostbraun, leicht am Stiel herablaufend. Stiel 4–8 cm lang, gelbbräunlich. Fleisch gelblich, bräunt auf Druck. **V** Juli–November, in Laub- und Nadelwäldern, meist am Boden, selten an Baumstümpfen. **B** Giftig, v. a. im rohen Zustand, trotz des angenehm säuerlichen Geruchs und Geschmacks! Löst aber auch gekocht starke, u. U. tödlich verlaufende Allergien aus.

- ▶ **Parasolpilz**   → Wiesen, Felder . . .   S. 82
- ▶ **Waldchampignon**   → Wiesen, Felder . . .   S. 82

Weißer Knollenblätterpilz

Foto Mitte links

Amanita phalloides var. *verna*

M Hut weiß, halbkugelig, ∅ bis 8 cm, seidig glänzend, bei Nässe schmierig. Lamellen dicht gedrängt, weiß (Champignon: rosabraun!). Stiel bis 15 cm lang, weiß mit leichter Natterung, entspringt einer weißen, oft tief im Boden steckenden Knolle (Name!) mit weißhäutiger Scheide. Fleisch weiß, riecht süßlich, im Alter unangenehm. **V** Juni–September, in Laubwäldern oder Parks, meist bei Eichen. **B** Tödlich giftig! Wegen seiner großen Ähnlichkeit zum Champignon besonders gefährlich. Giftwirkung etwa 6–24, meist 8–12 Stunden nach Verzehr. Irreversibel leberschädigend!

Grüner Knollenblätterpilz

Foto Mitte rechts

Amanita phalloides

M Hut gelb- bis olivgrün oder bis fast weißlich, ∅ bis 15 cm. Hutform erst kugelig, dann flach gewölbt, trocken seidig glänzend. Lamellen weiß (Champignon: rosa-braun!). Stiel 6–15 cm lang, weiß, hell gelbgrünlich genattert (=zickzackartiges Quermuster). Manschette hell, herabhängend, Stielbasis knollig (fehlt Champignons!), steckt häufig tief in der Bodenschicht. **V** Juli–Oktober, v. a. im Laubwald, bevorzugt unter Eichen, Buchen, Haseln und Kastanie, im Gebirge auch im Nadelwald. **B** Tödlich giftig! Geruch süßlich, honigartig, v. a. bei reifen Exemplaren.

Fliegenpilz

Foto unten

Amanita muscaria

M Hut scharlachrot bis orange mit leicht abwischbaren, weißen Flocken (Reste des Velums). Jung immer vollständig vom weißen Velum umhüllt, dann halbkugelig, später ausgebreitet, ∅ bis 20 cm. Lamellen weiß. Stiel weiß, bis 25 cm lang, Stielbasis mit mehreren Warzengürteln. Manschette schlaff hängend. **V** August–November, im Laub- und Nadelwald, gerne unter Birken und Fichten. Auf sauren Böden. **B** Giftig! Giftwirkung meist $1/_2$–2 Stunden nach Verzehr: Bewußtseinsstörungen, Lähmungserscheinungen, Rauschzustände, Halluzinationen u. a., selten tödlich.

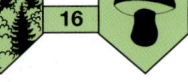

Nebelgrauer Trichterling

Foto oben

Lepista nebularis

M Hut hell- oder dunkelgrau, in der Jugend pudrig weiß bereift. Jung stark gebuckelt, später verflachend aber (entgegen dem Namen) nicht trichterig. Hutrand eingerollt. Ø bis 15 cm. Lamellen cremefarben, leicht am Stiel herablaufend. Stiel weißgrau, keulig, außen längsfaserig, im Alter hohl, 6–10 cm lang. **V** September–November, im Laub- aber auch im Nadelwald, meist im Fallaub, oft in großen Mengen, bildet gern Hexenringe. **B** Roh vermutlich giftig, gekocht nur bedingt in kleinen Mengen genießbar! Geruch aufdringlich süßlich.

Stockschwämmchen

Foto Mitte links

Kuehneromyces mutabilis

M Hut honiggelb mit meist durchwässertem, daher dunklerem Rand, Ø bis 8 cm. Lamellen jung hellbraun, später rostbraun. Stiel dünn, oft gebogen, 5–8 cm lang, braun. Ring häutig, aufsteigend, Stiel unterhalb des Ringes schuppig. Fleisch blaßbräunlich, riecht angenehm würzig, Geschmack mild. **V** April–November, im Laub- und Nadelwald. Fast immer in großen Büscheln an abgestorbenen Laubholzteilen, v. a. an Baumstümpfen. **B** Eßbar! Guter Suppenpilz, verwendet wird jedoch nur der Hut. Verwechslung mit ähnlichen, giftigen Arten möglich.

Hallimasch

Foto Mitte rechts

Armillariella mellea

M Hut honiggelb bis rotbraun, sehr variabel, oft mit braunzottigen Schüppchen bedeckt. Hutform erst kugelig, später flach gewölbt, gebuckelt, Ø bis 14 cm. Lamellen anfangs cremefarben, später schmutzig rostbraun. Stiel hellbraun, gerieft, mit häutigem Ring, 7–14 cm lang. Fleisch jung weißlich, dann rosabräunlich, im Stiel faserig, wird sehr zäh. **V** Oktober–Dezember, in Laub- und Nadelwäldern büschelig an toten und lebenden Stämmen von Laub- und Nadelholz (schädlicher Baumparasit!). **B** Roh giftig! Geschmack herb-kratzend. Nur junge Hüte sind nach langem Kochen oder Schmoren genießbar.

▶ **Schopftintling** → Wiesen, Felder . . . S. 82

Speisetäubling

Foto unten

Russula vesca

M Hut fleischrosa bis fleischbräunlich, ausgebreitet, Ø bis 12 cm. Lamellen weiß, ragen in typischer Form über den Hutrand, sind daher von oben zu sehen. Stiel weiß, 3–8 cm lang, an der Basis oft verjüngt, rostfleckig. Fleisch fest, weiß, fast geruchlos. Geschmack nußartig. **V** Juni–Oktober, recht häufig in Laubwäldern, besonders gern unter Eichen, seltener im Nadelwald. **B** Wohlschmeckender Täubling, der infolge seiner Farbe und des nußartigen Geschmacks gut erkennbar ist.

Pfifferling

Foto oben

Cantharellus cibarius

M Hut hell- bis dottergelb (»Eierschwamm«), Ø bis 12 cm. Jung schwach gewölbt, später ausgebreitet, trichterig vertieft. Rand unregelmäßig gebogen. Unterseite mit gleichfarbigen, dicken, gegabelten Leisten, die untereinander durch Querrippen verbunden sind. Stiel massiv, wie Hut gefärbt, 3–8 cm lang, nach unten verjüngt. Fleisch fest, weißlich, riecht angenehm fruchtig. Geschmack roh pfeffrig-scharf. **V** Juni–November, in Laub- und Nadelwäldern; im Nadelwald gerne im Moos unter Fichten und Kiefern, im Laubwald unter Buchen und Eichen. **B** Eßbar! Neben Champignon und Steinpilz bekanntester heimischer Speisepilz. Gut haltbar, jedoch nicht zum Trocknen geeignet, wird zäh. Sollte bei der Zubereitung stark zerkleinert werden, da er so leichter verdaulich ist. Es sind jedoch angeborene Überempfindlichkeiten gegen den Pilz bekannt, die sich in starken Magen-Darmbeschwerden äußern.

Dickschaliger Kartoffelbovist

Foto Mitte

Scleroderma citrinum

M Fruchtkörper rundlich-knollig, kartoffelähnlich (Name!), Ø bis 12 cm, stiellos, schmutzig gelbbraun, oft grobschorfig-schuppig. Unter der dicken, 2–4 mm starken Hülle liegt die weißlich-gelbliche Fruchtmasse, die sich während der Reife schwarz färbt und von feinen, weißen Adern durchzogen ist. Die Sporenmasse zerfällt pulvrig. **V** Juli–November, in Laub- und Nadelwäldern, auf Sand, v. a. auf sauren Böden, daher auch in torfigen Bruchwäldern. **B** Giftig! Geruch unangenehm stechend. Verwechslungen mit ähnlichen Stäublingen und Bovisten möglich, die zumindest in jungem Zustand genießbar sein können. Diese Art ruft schon in kleinen Mengen Verdauungsbeschwerden, Übelkeit bis zu Ohnmachtsanfällen hervor.

Stinkmorchel

Foto unten

Phallus impudicus

M Der Fruchtkörper bildet als Jugendstadium ein unterirdisches, hühnereigroßes »Hexenei«, in dem innerhalb einer Gallertschicht der weiße Stiel mit der Fruchtmasse bereits angelegt ist. Während weniger Stunden streckt sich der innen hohle Stiel bis zu einer Länge von 20 cm, trägt am Ende den glockenförmigen, wabig gefurchten Hut mit der olivgrünen Fruchtschicht. Diese beginnt bei Luftzutritt zu verschleimen. Der unangenehme Aasgeruch lockt Insekten an, die für die Verbreitung der Sporen sorgen. **V** Mai–November, v. a. feuchte Sommermonate. In Nadel- und Laubwäldern, gerne auf Lichtungen. **B** Im reifen Zustand ungenießbar! Das rettichartig duftende Hexenei kann nach Entfernen der Gallerthülle in Scheiben geschnitten und gebraten werden. Es gilt schon seit dem Altertum als Aphrodisiacum.

Fichte, Rottanne

Foto oben

Picea abies

M Kieferngewächs. Immergrüner Baum, 30–50 m hoch, bis 2 m dick. Rinde rötlich (Name!), blättert in Schuppen ab. Nadeln stechend spitz, dunkelgrün, glänzend, schraubig um den Zweig angeordnet. 1häusig. ♂ Blütenstände kugelig, 1,5–2 cm lang, nach unten gerichtet, blattachselständig; erst purpurn, nach Erblühen gelb. ♀ Blütenstände zapfenförmig, 5–6 cm lang, aufrecht, endständig an Vorjahrestrieben der Krone; erst gelbgrün, später hellrot. Windbestäubung. Blütezeit (alle 3–4 Jahre) Mai/Juni. <u>Früchte (S. 266):</u> Braune, holzige Zapfen, 10–16 cm lang, 3–4 cm dick, fallen nach 1 Jahr Reife ab. **V** Häufigster heimischer Waldbaum, oft angepflanzt, häufig in Reinbeständen, aber auch mit anderen Nadel- bzw. Laubgehölzen vergesellschaftet. Liebt feuchtes Klima, lehmige, sandige Böden. **B** Holz weich, harzig. Alter bis 500 Jahre. Zu den Kieferngewächsen gehört auch die <u>Weißtanne</u>, *Abies alba,* die oft mit der Fichte vergesellschaftet ist, aber auch mit Buchen, oder reine Wälder bildet. Bis 60 m hoch, bis 500 Jahre alt. Rinde weißgrau, Zweige hell mit scheinbar 2zeilig angeordneten, flachen, am Ende leicht gekerbten, oben dunkelgrünen Nadeln, diese unten mit 2 silbrigweißen Längsstreifen (Name!). Blütezeit Mai/Juni; Zapfen zerfallen kurz nach der Samenreife im September/Oktober. Durch Umwelteinflüsse stark gefährdet.

Waldkiefer

Foto Mitte

Pinus silvestris

M Kieferngewächs. Immergrüner Baum, bis 50 m hoch. Rinde erst fuchsrot, später graubraun, löst sich in dünnen Streifen. Nadeln blaugrün, 4–7 mm lang, zugespitzt, paarweise an Kurztrieben. 1häusig. ♂ Blütenstände 6–7 mm lang, gelblich, am Grund junger Langtriebe. ♀ Blütenstände eiförmig, 5–6 mm lang, rosarot, zu je 1–2 am Ende junger Langtriebe. Windbestäubung. Blütezeit Mai/Juni. <u>Früchte (S. 266):</u> Zapfen grün, nach unten gebogen, reif graubraun, 5–7 cm lang, 2–4 cm dick, holzig. **V** Bildet reine Wälder oder zusammen mit Fichten, Eichen, Birken u. a. **B** Wird bis 300 Jahre alt. Vielseitigster europäischer Forstbaum.

Lärche

Foto unten

Larix decidua

M Kieferngewächs. Sommergrüner Baum, bis 40 m hoch. Rinde furchig, graubraun. Langtriebe schraubig benadelt, Kurztriebe mit Büscheln von je 30–40 Nadeln; diese weich, hellgrün, unten gekielt, färben sich im Herbst gelb, fallen ab. 1häusig. ♂ Blütenstände 0,5–1 cm, gelb, an unbeblätterten Kurztrieben. ♀ Blütenstände 1–1,5 cm, erst rosa, vergrünen später, an beblätterten Kurztrieben. Windbestäubung. Blütezeit (alle 3–5 Jahre) März–Mai. <u>Früchte (S. 266):</u> Braune, aufrechte, holzige Zapfen. **V** Mit Fichte, Tanne, Kiefer, Buche oder Arve vergesellschaftet, bildet auch lichte Reinbestände. **B** Braucht viel Licht.

▶ **Berberitze**   → Wiesen, Felder . . .   S. 84

Hasel, Haselnuß   Foto oben
Corylus avellana

M Birkengewächs. Bis 6 m hoher Strauch. Rinde längsrissig, glänzend rötlich oder weißgrau, mit hellen Korkwarzen. Blätter gestielt, eirundlich bis verkehrt eiförmig, mit herzförmigem Grund, zugespitzt, unten weichhaarig. Rand doppelt gesägt. Blätter 2zeilig oder spiralig angeordnet. 1häusig. ♂ Kätzchen 8–10 cm lang, hängen zu 1–4 endständig oder in den Blattachseln vorjähriger Triebe. ♀ Blüten 7 mm klein, stehen einzeln am Ende junger Triebe. Windbestäubung. Blütezeit Februar–April, vor dem Laubaustrieb. Früchte (S. 266): 1samige, anfangs gelblichweiße Nüsse, reifen von August bis Oktober zu den rosabraunen Haselnüssen. **V** Lichte Laubwälder, Eichen-, Buchenmischwälder, Auwälder, Waldränder; bildet gern kleine Bestände. **B** Blüht als erstes Laubgehölz im Jahr. Gute Bienenweide.

Hainbuche, Weißbuche   Foto Mitte
Carpinus betulus

M Birkengewächs. Bis 25 m hoher Baum. Rinde glatt, weißgrau. Zweige zottig, Blätter 2zeilig angeordnet, länglich-eiförmig, zugespitzt, durch hervortretende Nerven »gefältelt«. Blattgrund herzförmig, Blattrand doppelt gesägt. 1häusig. ♂ Kätzchen 4–7 cm lang, gelblich, hängen an wenigblättrigen Kurztrieben. ♀ Kätzchen gestielt, 2–4 cm lang, hängen am Ende junger, beblätterter Kurztriebe. Windbestäubung. Blüht bei Laubaustrieb im Juni. Früchte (S. 267): Fruchtstände bis 14 cm lang mit 4–10 Paaren 1samiger Nüßchen; diese haften an einem erst grünen, später gelben, 3lappigen Flugorgan. Fruchtreife September/Oktober. **V** In Laubmischwäldern, auch häufig bestandsbildend: z. B. Eichen-Hainbuchenwälder. **B** Wird bis 150 Jahre alt. Holz gelblichweiß (Name!).

▶ **Hängebirke**   → Wiesen, Felder . . .   S. 84

Rotbuche   Foto unten
Fagus silvatica

M Buchengewächs. Bis 30 m hoher Baum. Rinde grau, glatt. Blätter 2zeilig angeordnet, eiförmig, am Grund abgerundet, gestielt. Rand schwach gezähnt. Anfangs lichtgrün, seidig behaart, später dunkler, kahl. 1häusig. ♂ Blütenstände rundlich, Ø 2 cm, gelbgrün, hängen an bis zu 2 cm langen Stielen an jungen Trieben. ♀ Blütenstände kugelig, Ø 2,5 cm, gestielt, je 2 Blüten in einer 6zipfeligen, filzigen, später holzigen Fruchthülle. Windbestäubung. Blütezeit April/Mai, während des Laubaustriebs. Früchte (S. 267): Reifen im September/Oktober zu 3kantigen, glänzend braunen Bucheckern. **V** Bildet reine Buchenwälder oder zusammen mit Eichen, Tannen, Fichten. **B** Wird bis 300 Jahre alt. Holz rötlich (Name!).

Traubeneiche
Foto oben

Quercus petraea

Ⓜ Buchengewächs. Bis 40 m hoher Baum. Blätter symmetrisch gelappt bis gebuchtet, stehen spiralig an 1–3 cm langen, gelblichen Stielen. 1häusig. ♂ Kätzchen 3–6 cm lang, gelblich, hängen vom Grund der Jungtriebe. ♀ Blüten 3 mm klein, stehen zu 1–5 in fast ungestielten, traubigen Blütenständen (Name!) im Spitzenbereich junger Triebe. Windbestäubung. Blütezeit April/Mai. <u>Früchte</u> <u>(S. 267)</u>: Grünbraune Eicheln, im unteren Drittel von einem holzigen, flaumig geschuppten Fruchtbecher (Cupula) umgeben. Fruchtreife September/Oktober. Ⓥ Bildet Reinbestände oder Mischwälder mit Stieleiche, Buche, Hainbuche, Ⓑ Wird 500–800 (1000) Jahre alt.

Die <u>Stieleiche</u>, *Quercus robur*, verdankt ihren Namen den gestielten Eicheln. Blätter nur sehr kurz (2–7 mm) gestielt, 10–15 cm lang, verkehrt-eiförmig, symmetrisch gelappt bis gebuchtet, derb-ledrig, glänzend dunkelgrün. 1häusig. ♂ Kätzchen 2–4 cm lang, hängend, gelblich, büschelig gehäuft am Grund von Jungtrieben. ♀ Blüten an der Spitze der Jungtriebe in langgestielten, 1–3blütigen Ähren. Wie alle Eichen windblütig. Blütezeit April/Mai.

Bergahorn
Foto Mitte

Acer pseudoplatanus

Ⓜ Ahorngewächs. Bis 40 m hoher Baum. Borke glatt, graugelb, abblätternd. Blätter gegenständig, oben dunkel-, unten graugrün, 10–20 cm lang und breit, 5lappig, mit spitzen Buchten und ungleich gesägtem Rand. Blattstiele 5–15 cm lang, ohne Milchsaft. Blüten eingeschlechtig und zwittrig, gelbgrün, hängen in Traubenrispen. Insektenbestäubung. Blütezeit April/Mai, während des Laubaustriebs. <u>Früchte (S. 269)</u>: Spaltfrüchte aus 2 kugeligen, rötlichgelben, geflügelten Nüßchen; die Flügel stehen spitz- bis rechtwinklig zueinander. Fruchtreife ab September/Oktober. Ⓥ In Buchenmischwäldern oder Linden-Ahornwäldern; bildet nie Reinbestände. Ⓑ Wird bis 500 Jahre alt. Unser stattlichster Ahorn ähnelt der Platane (botanischer Name!).

Spitzahorn
Foto unten

Acer platanoides

Ⓜ Ahorngewächs. Bis 30 m hoher Baum. Borke schwärzlichbraun, längsrissig. Jugendliche Zweige milchsaftführend. Blätter gegenständig, glattrandig, meist 5lappig, rund ausgebuchtet, die Spitzen langausgezogen (Name!). Stiel 8–12 cm lang, rötlich. Blüten eingeschlechtig und zwittrig, gelbgrün, nebeneinander in 4–8 cm langen, endständigen Rispen. Insektenbestäubung. Blütezeit April/Mai, vor dem Laubaustrieb. <u>Früchte (S. 269)</u>: In Doldentrauben hängende, grünliche Spaltfrüchte; die häutigen Flügel bilden einen stumpfen Winkel, sind leicht nach oben gebogen. Fruchtreife im Oktober. Ⓥ In Laubmischwäldern, v. a. Buchen-, Linden-Ahorn-, Eschen-Ulmen-Ahornwälder, auch Schlucht- und Auwälder. Ⓑ Wird bis 150 Jahre alt. Wertvolles Drechselholz.

▶ Feldahorn → Wiesen, Felder . . . S. 86

Himbeere
Foto oben

Rubus idaeus

M Rosengewächs. 2–3 m hoher Strauch mit stielrunden, bereiften Schößlingen, die wie die Blattstiele mit vielen schwachen Stacheln besetzt sind. Blätter 3–5zählig gefiedert, oben grün, kahl, unten weißfilzig, Blattrand ungleich scharf gesägt. Blüten zwittrig, Ø 10 mm, weiß, nickend; an beblätterten Seitensprossen vorjähriger Triebe. Insektenbestäubung. Blütezeit Mai–Juli. <u>Früchte (S. 268):</u> Ab Juli reifen die aromatischen roten Früchte, die im botanischen Sinne Sammelsteinfrüchte und keine Beeren sind. V Lichte Wälder, Waldränder. B Vermehrt sich v. a. durch Wurzelsprosse, kann daher schnell dichte Bestände bilden. Wird als Obstpflanze kultiviert.

▶ **Brombeere** → Wiesen, Felder . . . S. 90

▶ **Mehlbeere** → Wiesen, Felder . . . S. 88

▶ **Weißdorn** → Wiesen, Felder . . . S. 88

Faulbaum
Foto Mitte

Frangula alnus

M Kreuzdorngewächs. Bis 3 m hoher Strauch. Rinde glatt, graubraun, Äste wechselständig, Zweige grauviolett. Blätter spiralig angeordnet, breitelliptisch, zugespitzt, ganzrandig, mit 9–12 Nervenpaaren; zumindest in der Jugend behaart. 3–7 blattachselständige, 2–6 mm große, weiße Zwitterblüten an 5–7 mm langen Stielen. Insektenbestäubung. Blütezeit Mai–August. Im Sommer oft Blüten und Früchte jeden Stadiums (unreife grüne, rote und reife schwarze) an einem Zweig. <u>Früchte (S. 270):</u> Scheinbeeren mit 2–3 linsenförmigen bis 3eckigen Samen. Giftig! V Lichte Laub-, Nadel-, Mischwälder sowie Bruch- und Auwälder. B Der Name kommt vom unangenehm fauligen Geruch der Rinde, die heute noch zur Herstellung von Abführtees genutzt wird.

Kreuzdorn
Foto unten

Rhamnus cathartica

M Kreuzdorngewächs. Bis 3m hoher, sparrig verzweigter Strauch. Zweige kreuzgegenständig, Kurztriebe bedornt (Name!). Rinde glatt, dunkelbraun, im Alter schwärzlich, leicht rissig. Blätter gegenständig, länglich-eirund bis elliptisch, zugespitzt, mit 3–5 bogigen Nervenpaaren. Blattgrund leicht herzförmig, Blattrand fein kerbig gesägt, Blüten eingeschlechtig, 10–12 mm, unscheinbar gelbgrün, in 2–8blütigen, 10 mm lang gestielten, blattachselständigen Scheindolden. Insektenbestäubung. Blütezeit Mai/Juni. <u>Früchte (S. 270):</u> Erbsengroße, beerenartige Steinfrüchte mit 1 Stein. Erst grün, dann schwarz, Fruchtfleisch grün. Fruchtreife September/Oktober. V Feuchte Laubmischwälder, Auwälder, lichte Kieferwälder, Waldränder. B Die Früchte und auch die Rinde werden als Abführdroge genutzt.

Pfaffenhütchen

Euonymus europaeus

Foto oben

Ⓜ Baumwürgergewächs. Bis 6 m hoher, sparriger Strauch. Äste grau- bis rotbraun, junge Zweige grün, durch schmale Korkleisten 4kantig. Blätter gegenständig, elliptisch bis lanzettlich, zugespitzt, am Rand fein kerbig gesägt. Oben sattgrün, unten blaugrün. Blüten meist zwittrig, 10–12 mm, gelblichgrün, 1,5–2,5 cm lang gestielt, in 2-9blütigen, blattachselständigen Trugdolden. Insektenbestäubung. Blütezeit Mai/Juni. <u>Früchte (S. 270):</u> Rosa-karminrote, 4lappige Kapseln, die einen gelben Samenmantel mit weißem Samen umgeben. Die Ähnlichkeit mit einem Pfarrer-Barett gab der Pflanze den Namen. Fruchtreife August bis Oktober. Ⓥ Laubmischwälder, Auwälder, Waldsäume. Gebüsche. Ⓑ Samen, Blätter und Rinde sind giftig. Das harte, gelbliche Holz wurde früher zur Spindelherstellung genutzt (»Spindelstrauch«).

▶ **Seidelbast**

→ Blütenpflanzen, S. 40

Roter Hartriegel

Cornus sanguinea

Foto Mitte

Ⓜ Hartriegelgewächs. Bis 5 m hoher, reich verzweigter Strauch. 1jährige Zweige rot, später olivbraun; im Spätherbst und Winter sind alle Zweige blutrot (Name!). Blätter gegenständig, breit-elliptisch bis eiförmig, zugespitzt, unterseits etwas heller grün, locker behaart, bis 10 cm lang. Blüten weiß, zwittrig, 10–12 mm, zu 20–50 in 2–4 cm lang gestielter, 5–7 cm großer Schirmrispe am Ende beblätterter Jungtriebe. Insektenbestäubung. Blütezeit Mai/Juni. <u>Früchte (S. 270):</u> Erbsengroße, beerenartige Steinfrüchte, erst grün, dann blauschwarz, Fruchtstiel rot gefärbt. Fruchtreife September/Oktober. Ⓥ Lichte, krautreiche Buchen- und Eichen-Hainbuchenwälder, Auwälder, Waldsäume. Ⓑ Blüten riechen unangenehm nach Trimethylamin; rohe Früchte sind ungenießbar, aber nicht giftig.

▶ **Salweide**

→ Feuchtgebiete, S. 178

Rote Heckenkirsche

Lonicera xylosteum

Foto unten

Ⓜ Geißblattgewächs. Bis 3 m hoher Strauch. Äste hohl, dunkelgraubraun, junge Zweige weichhaarig. Blätter eiförmig bis breitelliptisch, zugespitzt, ganzrandig, unterseits graugrün, weichhaarig. Blüten 10–15 mm, zwittrig, weiß, oft rötlich überlaufen, duften schwach. Bestäubung durch Hummeln. Blütezeit Mai/Juni. <u>Früchte (S. 271):</u> Glänzend scharlachrote, erbsengroße, glasige Beeren, sitzen je paarweise auf einem gemeinsamen Fruchtstiel, sind häufig am Grund miteinander verwachsen. Giftig! Ⓥ In krautreichen Buchen-, Eichen-, Eichen-Hainbuchen- sowie Nadelmischwäldern und lichten Kiefernwäldern. Ⓑ Die Früchte enthalten u. a. Saponine und den Bitterstoff Xylostein, die heftige Bauchschmerzen und Durchfälle hervorrufen.

▶ **Schwarzer Holunder** → Wiesen, Felder . . . S. 92

▶ **Gemeiner Schneeball** → Wiesen, Felder . . . S. 92

▶ **Wolliger Schneeball** → Wiesen, Felder . . . S. 92

Sommerlinde

Foto oben

Tilia platyphyllos

M Lindengewächs. Bis 40 m hoher Baum mit tief angesetzter, regelmäßiger Krone. Rinde grau, senkrecht gefurcht. Blätter asymmetrisch herzförmig, zugespitzt, 2zeilig an rötlichen, flaumig behaarten Zweigen angeordnet. Weiße Achselbärte (»Milbenhäuschen«) in den Aderwinkeln der Blattunterseiten. Blüten gelblich, 10–12 mm, zwittrig. Insektenbestäubung. Blütezeit Juni, nach vollständiger Belaubung. Früchte (S. 270): Kugelige, deutlich 4–5kantige, graufilzige Nüßchen, meist zu dritt in einem gestielten Fruchtstand mit einem flügelig vergrößerten Tragblatt als Flugorgan. Fruchtreife ab August/September. **V** Laubmischwälder, Berg- und Hangwälder. **B** Die Blätter sind häufig durch Blattlausausscheidungen (Honigtau) klebrig. Lindenblütentee wirkt schweißtreibend, blutreinigend.
Die ähnliche Winterlinde, *Tilia cordata,* läßt sich gut anhand der rostbraunen Achselbärte der Blattunterseiten unterscheiden. Sie blüht etwa 14 Tage später und wird bis 30 m hoch.

Esche

Foto Mitte

Fraxinus excelsior

M Ölbaumgewächs. Bis 40 m hoher Baum. Rinde graugelb, längs- und fein querrissig. Blätter gegenständig, langgestielt, unpaar gefiedert mit meist 11 lanzettlich zugespitzten, 7–11 cm langen Teilblättchen. Mittelnerv unterseits behaart. Blütenrispen seitenständig, 3–4 cm lang. Einzelblüten unscheinbar, eingeschlechtig oder zwittrig. Windbestäubung. Blütezeit Mai, vor dem Laubaustrieb. Früchte (S. 271): 1samige, braune, flachgedrückte Nüßchen mit 1 cm breitem, bis 4 cm langem, zungenförmigem Flügel, Fruchtreife ab September. **V** Laubmischwälder, Eschen-Ahorn-Ulmenwälder, Auwälder. **B** Wird bis 200 Jahre alt.

Liguster

Foto unten

Ligustrum vulgare

M Ölbaumgewächs. Bis 5 m hoher Strauch. Äste aufrecht, grau, jüngere Zweige olivbräunlich. Blätter gegenständig, kurz gestielt, länglich-lanzettlich, zugespitzt oder ausgerandet. Blüten 3–5 mm, gelblichweiß, zwittrig, in 6–8 cm langen, endständigen, pyramidalen, fein behaarten Rispen. Insektenbestäubung. Blütezeit Juni/Juli. Früchte (S. 271): 5–10 mm dicke, schwarze Beeren mit 2–4 ölhaltigen Samen, stehen in traubigen Fruchtständen. Giftig! **V** Lichte Laub- und Kiefernwälder, Waldränder. **B** Der reichverzweigte Wurzelstock bildet viele Ausläufer, so daß die Art daher häufig als Heckenpflanze genutzt wird.

Buschwindröschen
Foto oben

Anemone nemorosa

M Hahnenfußgewächs. 10–25 cm hoch, Stengel aufrecht. 3 gestielte, handförmig geteilte Blätter, Blattrand wie bei Grundblättern
grob gesägt. Blütezeit März/April. Meist 1blütig. Blüte 2-4 cm, weiß,
außen oft rosa überlaufen. 6–8 Blütenblätter umhüllen viele gelbe
Staubblätter und Stempel. Fruchtstände behaart, herabhängend.
V Häufiger Frühblüher unserer Laub- und Nadelwälder. Bildet oft
ausgedehnte »Teppiche«. **B** Der reichlich produzierte Pollen dient
vielen Insekten als Nahrung, die Nußfrüchtchen werden von Ameisen verbreitet.

Wald-Erdbeere
Foto Mitte

Fragaria vesca

M Rosengewächs. 5–20 cm hoch. Blätter 3zählig, am Rand gesägt, unterseits seidenhaarig. Blütenstiel blattlos, angedrückt behaart. Blüht April–Juni. Blüten 10–15 mm, 5 Kronblätter, rundlich,
weiß. Kelchblätter grün, zur Fruchtzeit abstehend oder zurückgeschlagen. Sammelnußfrucht: die fleischig gewordene, rote Blüten-
achse trägt viele kleine Nüßchen. **V** In lichten Wäldern, v. a. an
Kahlschlägen, Waldwegen und -lichtungen. **B** Bildet lange, oberirdische, bewurzelte Ausläufer. Insektenbestäubung, Verbreitung
durch Tier und Mensch.

Sauerklee
Foto unten links

Oxalis acetosella

M Sauerkleegewächs. 5–15 cm hoch. Blätter grundständig, lang
gestielt, 3zählig gefiedert, Fiederblättchen verkehrt-herzförmig,
hellgrün. Blüht im April/Mai. Blüten 10–15 mm, einzeln, Kronblätter
weiß, deutlich violett geadert. **V** Feuchte, schattige, humose Nadelmischwälder oder Buchen- und Eichenmischwälder. **B** Stengel
und Blätter entspringen einem unterirdisch kriechenden, verzweigten Sproß (Rhizom). Pflanze enthält Oxalsäure (botanischer Name!),
wurde früher als Salatgewürz verwendet, ist in größeren Mengen
schädlich.

▶ **Geißfuß** → Wiesen, Felder. . . S. 94

Große Sternmiere
Foto unten rechts

Stellaria holostea

M Nelkengewächs. 10–40 cm hoch. Stengel 4kantig mit sitzenden,
immergrünen, steifen, schmal-lanzettlichen Blättern. Blütezeit
April–Juni. Blüte 20–30 mm, Kronblätter weiß, bis zur Mitte gespalten, doppelt so lang wie die nervenlosen Kelchblätter. 3 Griffel.
Fruchtkapsel kugelig, 6klappig. **V** Krautreiche Laubwälder, Waldränder. **B** Wie bei allen Nelkengewächsen ist der Blütenstand als
Dichasium ausgebildet: Die Hauptachse stellt früh ihr Wachstum
ein, wird von 2 gegenüberliegenden Seitenzweigen übergipfelt, bei
diesen geschieht dasselbe usw.

Waldmeister

Foto oben links

Galium odoratum

M Rötegewächs. 10–30 cm hoch, Stengel 4kantig, Blätter breiter als 5 mm, lanzettlich-zugespitzt, sitzen in Quirlen zu 6–9 am Stengel. Blüht April–Juni. Blütenstand rispig, Blüte 5–7 mm, weiß, Krone röhrig, Kronzipfel 4, stumpf, ausgebreitet. Frucht hakig-borstig. Pflanze mit unterirdisch kriechenden Ausläufern. **V** In lichten Laubmisch-, v. a. Buchenwäldern. **B** Typisch ist der Cumarinduft, der bei Verletzungen der Pflanze oder beim Trocknen entsteht; Verwendung als Geschmackstoff (Bowle!) und in der Parfümerie.

Ährige Teufelskralle

Foto oben rechts

Phyteuma spicatum

M Glockenblumengewächs. 20–80 cm hoch, Stengel unverzweigt. Grundblätter lang gestielt, herzförmig mit doppelt gesägtem Rand; Stengelblätter nach oben hin immer kürzer gestielt, die obersten sitzend, lineal-lanzettlich. Blütezeit Mai–Juli. Blütenstand anfangs eiförmig, dann ährig, bis 12 cm lang. Blüten gelblich-weiß, Kronblätter der Einzelblüten an der Spitze verwachsen. Wurzel rübenförmig verdickt, fleischig. **V** Krautreiche Laub- und Nadelmischwälder. **B** Die krallenförmig gebogenen Blüten gaben der Pflanze den Namen.

Bärlauch

Foto Mitte

Allium ursinum

M Liliengewächs. Der 3kantige, 15–50 cm hohe Stengel trägt einen doldigen, 5–20blütigen Blütenstand. Einzelblüte 15 mm groß; die 6 weißen, freien Blütenblätter sind spitzlanzettlich. Blütezeit April–Juni. Grundblätter meist 2, eiförmig bis lanzettlich, bis 15 cm lang gestielt. **V** Feuchte, schattige Auwälder, Berg- und Mischwälder; tritt oft in größeren Beständen auf und zeigt die Nähe von Grundwasser oder Wasserläufen an. **B** Riecht stark nach Knoblauch. Enthält Vitamin C und ätherische Öle, die regulierend auf Magen, Darm und Kreislauf wirken. Samenverbreitung v. a. durch Ameisen.

Schattenblume

Foto unten

Maianthemum bifolium

M Liliengewächs. 5–15 cm hoch. In den Monaten April–Juni erscheinen 3–5 mm kleine, weiße, kurzgestielte, 4zählige Blüten in einem 8–15blütigen, traubigen Blütenstand. Der Stengel trägt 2 kurzgestielte, herzförmige Blätter; die langgestielten Grundblätter verwelken bereits vor der Blüte. Erdsprosse lang, kriechend. **V** Schattige, humusreiche Laub- und Nadelwälder, gern auf sauren Böden. **B** Typische Schattenpflanze (Name!). Im Herbst entwickeln sich 6 mm große, glänzend rote Beeren. Infolge ihres Gehaltes an Digitalisglykosiden ist die Pflanze schwach giftig.

Vielblütige Weißwurz

Foto oben

Polygonatum multiflorum

M Liliengewächs. 30–70 cm hoch. Die röhrig-glockigen Blüten stehen zu 2–5 in den Achseln eines Tragblattes in einem bogigen, einseitswendigen Blütenstand. Blütenhülle 6zähnig, weiß mit grünem Saum. Blütezeit April–Juni. Blätter 5–12 cm lang, eiförmig-elliptisch, sitzen wechselständig, 2zeilig am runden Stengel. **V** Schattige Stellen in Laubwäldern (Buche, Eiche), auch in Nadelmischwäldern, gerne auf Kalk. **B** Die Pflanze ist giftig, v. a. die dunkelblauen Beeren enthalten herzwirksame Glykoside. Die engen Blütenröhren können nur von langrüsseligen Hummeln bestäubt werden; die Beeren werden von Tieren verbreitet. Der Beiname »Salomonssiegel« bezieht sich auf die siegelringähnlichen Narben abgestorbener Triebe am unterirdisch kriechenden Rhizom. Dieser Erdsproß wird heute noch in der Naturheilkunde gegen Entzündungen verwendet.

Maiglöckchen

Foto Mitte

Convallaria majalis

M Liliengewächs. 10–25 cm hoch. Aus der unterirdisch kriechenden Sproßachse entspringen im Frühjahr 2–3 breit-lanzettliche, langgestielte Laubblätter, die den blattlosen Stengel scheidig umhüllen. Dieser trägt im Mai/Juni eine einseitswendige Blütentraube nickender, glockenförmiger, weißer Blüten. Die Blütenblätter sind am Grund verwachsen, 5–8 mm lang, die 6 kurzen Zipfel nach außen gebogen. Der charakteristische Blütenduft ist sehr intensiv. Wegen des unterirdisch kriechenden, verzweigten Rhizoms bildet die Art oft größere Trupps. **V** Lichte Laubwälder mit Buchen und Eichen, aber auch Nadelwälder; bevorzugt auf Kalk. Wärmeliebende Halbschattenpflanze. **B** Alle Pflanzenteile sind giftig, auch die roten Beeren. Sie enthalten mehrere, stark herzwirksame Glykoside, die fast ausschließlich in der Herztherapie Verwendung finden.

Weißes Waldvögelein

Foto unten

Cephalanthera damasonium

M Knabenkrautgewächs. 20–60 cm hoch. Im Mai/Juni erscheinen in einer langgestreckten, lockerblütigen Traube an der Spitze des aufrechten Stengels 3–10 cremeweiße, 15–20 mm lange Blüten. Die Blütenhüllblätter sind herzförmig bis oval, stumpflich, dicht zusammenneigend. Das vordere Lippenglied ist breiter als lang, die Lippe innen orangegelb. Der Fruchtknoten ist gewöhnlich deutlich kürzer als die Tragblätter. Die länglich-lanzettlich zugespitzten Laubblätter haben 5–10 Nerven und sitzen locker um den Stengel. Die unterirdisch kriechende Sproßachse verzweigt sich. **V** Typische Schattenpflanze unserer Buchenwälder mit kalkreichen Böden, seltener in anderen Laub- oder Nadelwäldern. **B** Neben Insektenbestäubung ist bei dieser Orchidee Selbstbestäubung üblich, zumal sich die Blüten nur sehr wenig öffnen.

Scharbockskraut
Foto oben

Ranunculus ficaria

M Hahnenfußgewächs. 5–20 cm hoch. Die 20–30 mm großen Blüten setzen sich aus 3 äußeren Hüllblättern und 8–12 blumenblattartigen, glänzend gelben Honigblättern zusammen. Blütezeit März–Mai. Laubblätter herz-nierenförmig, glänzend, mit stumpf gezähntem Rand. Stengel niederliegend, an den Knoten wurzelnd, daher bildet die Art regelrechte Rasen. **V** Feuchte Laubmisch- und Auwälder. **B** Die in den Blattachseln gebildeten Bulbillen (Brutknöllchen) dienen der vegetativen Vermehrung. Wegen des Vitamin-C-Gehaltes alte Heilpflanze gegen Skorbut (Scharbock), jedoch nur junge Blätter genießbar!

Echtes Springkraut
Foto Mitte

Impatiens noli-tangere

M Balsaminengewächs. 30–80 cm hoch. Gelbe, 20–30 mm große, gespornte, hängende Blüten in 2–4blütigen Trauben. Kronblätter paarweise verbunden, innen rötlich punktiert; charakteristisch ist der lange, nach unten gekrümmte Sporn. Blüht Juli–September. Stengel verzweigt, glasig-durchscheinend, mit wechselständigen, eiförmigen, grob gezähnten, gestielten Blättern. **V** Feuchte, humusreiche Laub-, Nadel-, Schlucht- und Auwälder, an Waldquellen und -bächen. **B** Der Name »Rühr-mich-nicht-an« kommt vom Mechanismus der Samenverbreitung: Die Kapseln stehen unter hoher Gewebespannung, springen bei Berührung auf, schleudern die Samen bis 2 m weit.

Wald-Schlüsselblume
Foto unten links

Primula elatior

M Primelgewächs. 10–30 cm hoch. Blüten schwefelgelb, Kronsaum flach ausgebreitet, Blütenschlund mit dunkelgelbem Saftmal. Kelch eng an der Krone anliegend, Kelchzähne lanzettlich. Blüten duften nur schwach. Blütezeit März–Mai. Blätter grundständig, runzelig, 10–20 cm lang. Vgl. Wiesen-Schlüsselblume, S. 110. **V** Laub-, Schlucht- und Auwälder. **B** Selbstbestäubung wird durch Bildung von langgriffeligen Individuen mit kurzgestielten Staubgefäßen und umgekehrt (Heterostylie) verhindert. Somit ist optimaler Fruchtansatz gewährleistet.

Goldnessel
Foto unten rechts

Lamiastrum galeobdolon

M Lippenblütengewächs. 20–60 cm hoch. Der 4kantige Stengel trägt eiförmig zugespitzte, schwach behaarte, am Rand unregelmäßig kerbig gesägte Blätter. In den Achseln der oberen Blätter stehen mehrere goldgelbe, 15–25 mm große Blüten mit außen behaarter Krone; die 3zipfelige Unterlippe ist rötlichbraun gefleckt. Blütezeit April–Juli. **V** Schattige, feuchte Stellen in Wäldern und Auwäldern. **B** Der vegetativen Vermehrung dienen oberirdisch kriechende, sterile Ausläufer.

Hohler Lerchensporn
Corydalis cava

Foto oben

M Erdrauchgewächs. 10–30 cm hoch. Die Pflanze entspringt einer walnußgroßen, unterirdischen, im Alter hohlen Knolle. Stengel aufrecht mit 6–20 purpurroten oder weißen, 2–3 cm großen Blüten in traubigen Ständen. Blütezeit März–Mai. Das äußere obere Kronblatt ist nach hinten gespornt, nach vorn verbreitert (Oberlippe), das äußere untere Kronblatt vorn verbreitert (Unterlippe); die 2 inneren Kronblätter sind an der Spitze verwachsen. Blätter blaugrün, doppelt 3zählig. V Buchen-, Eichen-, Schlucht- und Auwälder, Gebüsche. B Bevorzugt werden kalkige, lehmige, nährstoffreiche Böden besiedelt; die Art dient daher als Nährstoff- und Lehmzeiger. Die Knolle enthält mehrere Alkaloide, die auf das Zentralnervensystem wirken; die ganze Pflanze ist giftig.

Schmalblättriges Weidenröschen
Epilobium angustifolium

Foto Mitte

M Nachtkerzengewächs. 20–150 cm hoch. Stengel stumpfkantig mit wechselständigen, schmal-lanzettlichen (Name!) Blättern. Blattrand häufig leicht gewellt. Blüten 2–3 cm, rosa bis purpurrot, in endständigen, aufrechten Trauben. Blütezeit Juni–August. Kronblätter kurz genagelt, die oberen Kronblätter breiter als die anderen. V Typische Pflanze der Kahlschläge, Waldwege, Waldränder, Nadelholzforsten, Gebüsche. B Die Art wird v. a. durch Bienen bestäubt (gute Bieneweide), die langfedrig behaarten Samen vom Wind verbreitet. Die an Gerbstoffen, Pektinen und Pflanzenschleimen reiche Wurzel wurde früher bei Verdauungsbeschwerden verabreicht.

Seidelbast
Daphne mezereum

Foto unten

M Seidelbastgewächs. 40–150 cm hoher Strauch. Bereits vor dem Laubaustrieb erscheinen ab Februar stark duftende, zwittrige rosa Blüten, meist zu dritt an vorjährigen Zweigen. Die Krone fehlt, die »Blüte« wird durch die 4–10 mm lange Kronröhre mit den 5 mm langen, ausgebreiteten Kelchzipfeln gebildet. Blätter verkehrt eiänglich-lanzettlich, weich, kahl, 4–9 cm lang. Sie erscheinen erst nach der Blüte im April. V Laubwälder, Mischwälder mit nährstoffreichen, kalkhaltigen Böden. B Bestäuber sind langrüsselige Insekten, z. B. Schmetterlinge. Wie die ganze Pflanze sind auch die erbsengroßen, roten Beeren sehr giftig. Sie werden von Vögeln verbreitet. Neben ätherischen Ölen und Harz enthält die Pflanze das giftige Mezerin, Daphnin und Daphnetoxin. Bereits der Verzehr weniger Beeren (6–10) oder anderer Pflanzenteile ruft heftigste Vergiftungserscheinungen mit Übelkeit, Atemnot u. ä. hervor, die bis zum Tod durch Kreislaufkollaps führen können.

▶ **Rote Lichtnelke** → Wiesen, Felder . . . S. 118

Tollkirsche
Atropa belladonna

Foto oben

M Nachtschattengewächs. Bis 150 cm hohe, strauchig erscheinende Staude mit ästigem, drüsig behaartem Stengel. Blätter eiförmig, ganzrandig, bis 20 cm lang, laufen in den Blattstiel hinab. Die einzeln stehenden Blüten erscheinen ab Juni. Krone 25–30 mm, glockenförmig, außen braunviolett, innen gelbgrün, erweitert sich in einen kurzen, 5lappigen Kelch. Kelchblätter zur Fruchtzeit vergrößert, tragen eine glänzend schwarze, kirschgroße Beere. **V** Laub- und Mischwälder, an Waldwegen, -lichtungen, auf Kahlschlägen, Brandflächen. **B** Im Sommer findet man oft Blüten, unreife grüne sowie reife scharze Beeren gleichzeitig an einer Pflanze. Die Beeren sind, wie alle Pflanzenteile, sehr giftig. Sie enthalten u. a. die Alkaloide Atropin, Hyoscyamin und Hyoscin. Bereits 3–4 (Kinder) bzw. mehr als 10 (Erwachsene) der süßlich schmeckenden Beeren sind tödlich!

Roter Fingerhut
Digitalis purpurea

Foto Mitte

M Braunwurzgewächs. Die graufilzige, bis 150 cm hohe Pflanze endet in einer einseitswendigen Traube purpurroter (selten weißer) Blüten. Blütenkrone 3–6 cm, glockig mit 2spaltigem Saum, außen kahl, im Innern bärtig mit dunkelroten, weißumrandeten Flecken. Blätter eiförmig, 15–20 cm lang, oberseits grün, flaumig behaart, unterseits graufilzig; die unteren gestielt, die oberen sitzen dem Stengel an. Blattrand gekerbt. **V** Lichte Wälder, Kahlschläge, Waldwege und -lichtungen, bevorzugt auf kalkarmen Lehmböden. Auf Lichtungen oft in großen Beständen. **B** Die Bestäubung erfolgt v. a. durch Hummeln, die Samenverbreitung durch Wind. Durch den Gehalt an herzwirksamen Glykosiden, z. B. Digitalin, Digitoxin, ist die Pflanze sehr giftig. Verwendung in der Medizin als genau standardisiertes und dosiertes Herz- und Kreislaufmittel.

▶ **Gemeiner Wasserdost** → Feuchtgebiete S. 186

▶ **Gemeine Pestwurz** → Feuchtgebiete S. 186

Türkenbund-Lilie
Lilium martagon

Foto unten

M Liliengewächs. 30–120 cm hoch. Die Pflanze entspringt einer Zwiebel, die 3–12 nickenden, 3–5 cm großen Blüten hängen in einer lockeren Traube. Die 6 dicken Blütenhüllblätter sind stets zurückgerollt, Griffel und Staubblätter ragen weit aus dem Blüteninnern heraus. Blütezeit Juni–August. Blätter ei-lanzettlich, in 3–10blättrigen Quirlen, im oberen Stengelbereich wechselständig. **V** Krautreiche Laub- und Nadelmischwälder, Bergwälder und -wiesen. **B** Bestäubung v. a. durch Schmetterlinge (Schwärmer). Kommt oft nicht zur Blüte, da bereits die Knospen von Rehen und einer Käferart (Lilienhähnchen) verzehrt oder verbissen werden.

Frühlings-Platterbse
Lathyrus vernus

Foto oben

Ⓜ Schmetterlingsblütler. 20–40 cm hoch. Im April/Mai erscheinen die 3–8blütigen, traubigen Blütenstände am aufrechten, unverzweigten, ungeflügelten Stengel. Blüten 15–20 mm groß, anfangs rotviolett, später blauviolett bis grünblau. Blätter 3–7 cm lang, mit 4–6 breit-eiförmigen, lang zugspitzten Fiederblättchen. Die abgeplatteten Samen in der braunschwarzen, 4–6 cm langen Hülse gaben der Pflanze den Namen. Ⓥ Buchen-, Eichen-, Nadelmischwälder, Gebüsche. Kalkliebende Schatten- bis Halbschattenpflanze. Ⓑ Wird v. a. von Hummeln bestäubt. Die unterschiedliche Blütenfarbe hängt vom Säurezustand der Kronblätter ab: in jungen Blüten ist der Zellsaft sauer und die Blüte rötlich, bei älteren Blüten geht der pH-Wert über neutral in den alkalischen Bereich über und bedingt dadurch den Farbwechsel nach blau (Lackmus-Effekt).

Wald-Veilchen
Viola reichenbachiana

Foto Mitte

Ⓜ Veilchengewächs. 10–30 cm hoch. Grundblätter herz-eiförmig, oberseits zerstreut behaart, unten oft violett. Nebenblätter schmallanzettlich, lang kammartig gefranst. Blüten rötlich-violett, knapp 2 cm groß, die Kronblätter überdecken sich nicht. Der abwärts gebogene, dunkelviolette Sporn mißt bis 6 mm. Ⓥ Laub- und Nadelmischwälder, Gebüsche. Ⓑ Zur Anlockung bestäubender Insekten wird Nektar in den Sporn abgegeben; daneben ist auch Selbstbestäubung möglich. Die Verbreitung der Samen erfolgt durch Ameisen, die diese wegen eines eiweiß- und fettreichen Anhängsels (Elaiosom) sammeln.

Echtes Lungenkraut
Pulmonaria officinalis

Foto unten

Ⓜ Rauhblattgewächs. Aus dem dünnen Wurzelstock wächst der derbe, meist unverzweigte, 15–30 cm hohe, rauhhaarige Stengel. Grundblätter herz-eiförmig, oft weiß gefleckt, verschmälern sich plötzlich in den Stiel; obere Stengelblätter oval, stengelumfassend. Die röhrig-trichterigen Blüten sitzen in einem steifhaarigen, dichten Blütenstand am Stengelende. Blütezeit März–Mai. Die 1 cm große, mit 5 Haarbüscheln versehene Blütenkrone überragt den zipfeligen Kelch deutlich. Blüten erst rot, später blau (Lackmus-Effekt, s. o.: Frühlings-Platterbse). Ⓥ Krautreiche Laubmischwälder, Waldränder, Gebüsche. Ⓑ Bestäubung durch Bienen und Hummeln, Fruchtverbreitung durch Ameisen. Wegen ihres Gehaltes an Schleimstoffen, Kieselsäure, Gerbstoffen, Allantoin u. a. wurde die Art schon früh bei Lungenerkrankungen (Name!) und zur Wundheilung eingesetzt.

Leberblümchen
Foto oben

Hepatica nobilis

M Hahnenfußgewächs. 5–15 cm hoch. Bereits im März/April erscheinen die blauvioletten (selten rosa oder weißen), 15–30 mm großen, langgestielten Blüten. Die 6–9 Kronblätter werden von einem Scheinkelch (Involucrum) aus 3 eiförmigen, grünen Hochblättern umgeben. Die 3lappigen, grundständigen Blätter sind oben dunkelgrün, unten oft purpurn, erscheinen erst nach der Blüte und überwintern. **V** Lichte Buchen-, Eichen-, Nadelmischwälder, v. a. auf Kalk. **B** Der Frühblüher bildet oft regelrechte »Teppiche«. Bereits im Mittelalter wurde das getrocknete Kraut gegen Leber- und Gallenleiden (Name!), bei Erkrankungen von Milz, Blase und Lunge sowie zur Behandlung von Wunden, Ausschlägen und Geschwüren eingesetzt.

Kleines Immergrün
Foto Mitte

Vinca minor

M Hundsgiftgewächs. 15–20 cm hoch. Die immergrünen (Name!), ledrigen, kahlen, lanzettlichen Laubblätter sitzen gegenständig an den kriechenden Stengeln. Aus den Blattachseln entspringen im April/Mai die gestielten, hellblauen, bis 3 cm großen Blüten. Die 5 Kronblätter sind in der Knospe (links-)gedreht, und bilden eine stieltellerförmige Krone. **V** Krautreiche Laubwälder, Gebüsche. **B** Charakteristisch ist der Besitz unverzweigter, ungegliederter Milchröhren, in denen Milchsaft gebildet wird. Bestäubung durch Bienen und Schmetterlinge, Samenverbreitung durch Ameisen. Die erfolgreichste Art der Verbreitung geschieht jedoch durch reichliche Bildung von Ausläufern. Aus diesem Grund wird die Art gerne in Gärten und auf Friedhöfen als Bodendecker angepflanzt.

▶ **Kriechender Günsel** → Wiesen, Felder . . . S. 128

Nesselblättrige Glockenblume
Foto unten

Campanula trachelium

M Glockenblumengewächs. 30–100 cm hoch. Die blauen (selten weißen), trichterförmigen, 3–4 cm langen Blüten bilden einen traubigen, beblätterten Blütenstand am Ende des kantigen, steifhaarigen Stengels. Blütezeit Juni–September. Je 2 Hochblätter stehen am Grund der Blütenstiele. Sie sind wie die übrigen Stengelblätter eiförmig-3eckig, am Rand grob gesägt, kurz gestielt. Nach unten hin sind die Blätter lang gestielt. Die Ähnlichkeit mit Brennesselblättern gab der Art den Namen. **V** Schattige Standorte in krautreichen Laubwäldern, Kahlschläge, Gebüsche. **B** Die Früchte sind Kapseln, die sich mit 5 seitlichen Poren öffnen und die Samen entlassen. Der beste Fruchtansatz wird durch Insektenbestäubung erzielt. Um Selbstbestäubung zu verhindern, reifen daher zuerst die Pollen (♂), im Anschluß daran die Samenanlagen (♀). Diese Entwicklungsfolge nennt man Proterandrie (»Vormännlichkeit«).

Wald-Bingelkraut
Foto oben
Mercurialis perennis

Ⓜ Wolfsmilchgewächs. 15–30 cm hoch. ♀ und ♂ Blüten 2häusig, d. h. auf verschiedenen Pflanzen, stehen in einem rispig-knäueligen, 3–5 cm langen Blütenstand. Kelch 3teilig, grün. Blütezeit April/Mai. Stengel rund, trägt im oberen Bereich gestielte, elliptisch bis eiländlich-lanzettliche Blätter, unten nur Schuppenblätter. Pflanze ohne (!) Milchsaft. Ⓥ Schattige Laub-, Nadelmisch- und Schluchtwälder. Bildet gern größere Bestände. Ⓑ Aufgrund der Inhaltsstoffe (Saponine, versch. ätherische Öle) leicht giftig. Verwendung u. a. als Rheumamittel.

Vierblättrige Einbeere
Foto Mitte
Paris quadrifolia

Ⓜ Liliengewächs. 10–40 cm hoch. Im Zentrum des 4blättrigen (selten 5–6) Blattquirls steht eine langgestielte Einzelblüte. Blütenhüllblätter 6–12, frei, die äußeren grün, die inneren gelb. 6–10 Staubblätter umgeben den Fruchtknoten mit 4–5 freien Griffeln. Blütezeit Mai/Juni. Laubblätter eiförmig, zugespitzt, netznervig (selten bei Einkeimblättrigen!). Frucht eine blauschwarze Beere (Name!). Ⓥ Laub-, Nadelmisch-, Auwälder. Zeigerpflanze für Grund- und Sickerwasser. Ⓑ Die giftige Pflanze galt früher als Mittel gegen Pest.

Nestwurz
Foto unten links
Neottia nidus-avis

Ⓜ Knabenkrautgewächs. 20–45 cm hoch. Der lockere, traubige Blütenstand der gelbbraunen Pflanze trägt 10–30 Einzelblüten. Äußere Blütenhüllblätter stumpf, helmartig zusammenneigend; Lippe an der Basis verbreitert, an der Spitze 2lappig. Blüht Mai–Juli. Den aufrechten Stengel umhüllen scheidige Schuppenblätter. Ⓥ Schattige Buchen(misch)-, Eichen(misch)- und Nadelwälder. Gern auf kalkigen Lehmböden. Ⓑ Die nestartig verflochtenen, fleischigen Rhizomwurzeln gaben der Pflanze den Namen. Die Vogelnestorchis benötigt kein Blattgrün, da sie in enger Symbiose mit Pilzen lebt (Mycorrhiza).

Aronstab
Foto unten rechts
Arum maculatum

Ⓜ Aronstabgewächs. 15–50 cm hoch. Im April/Mai erscheint der braunviolette Kolben (Spadix), der von einem grünlichweißen Hüllblatt (Spatha) umgeben ist. Unterhalb der keuligen Spadix-Verdickung sitzen die ♂ Blüten, es folgt ein Kranz borstiger Haare, darunter die ♀ Blüten. Die grundständigen Laubblätter sind pfeilförmig, selten gefleckt. Ⓥ Feuchte Laubmisch-, Au- und Schluchtwälder. Liebt Kalk. Ⓑ Die leuchtend roten Beeren enthalten das stark hautreizende Aroin und sind wie die ganze Pflanze giftig. Die Bestäubung erfolgt durch vom Aasgeruch angelockte Insekten, die in die Spatha gleiten (Kesselfallenprinzip).

Rote Wegschnecke

Foto oben

Arion rufus

M Gehäuselose, bis 15 cm lange, 2 cm breite Landlungenschnecke. Körper ziegelrot bis graubraun, in Längsrichtung kräftig gerunzelt. Im glatten Mantelschild der vorderen Körperhälfte fällt das Atemloch auf, das in die als Lunge dienende Atemhöhle mündet. Fühler tragen an der Spitze je ein Auge, werden bei Berührung eingezogen. **V** Feuchte Laub- und Mischwälder, Wiesen, Felder, Gärten. **L** Als Nacktschnecke ist sie v. a. im Regen aktiv, hält sich an feuchten Stellen auf. Die muskulöse Fußsohle scheidet einen durchsichtigen Schleimfilm aus, auf dem sie sich mit wellenförmigen Bewegungen fortbewegt. Ernährt sich von Pflanzenresten, Pilzen, Aas. Zwitter, die sich gegenseitig befruchten; die Eiablage erfolgt in eine Erdhöhle. Die jungen Schnecken schlüpfen nach einigen Wochen.

▶ **Hainbänderschnecke** → Wiesen, Felder . . . S. 138

Weinbergschnecke

Foto Mitte

Helix pomatia

M Größte heimische Landlungenschnecke. Gehäuse bräunlich, bis 5 cm ⌀; durch erstarrendes Schleimhäutchen verschließbar. Max. 5 Gehäusewindungen. **V** Lichte, feuchte Laub- und Mischwälder, Wiesen, Felder, Weinberge, Gärten, Parks. **L** Fortbewegung wie bei allen Landschnecken durch wellenförmige Fußmuskelkontraktionen. Kräuterfresser. Während des Winterschlafs (Dezember– April) in der Erde wird das Gehäuse mit einem Kalkdeckel verschlossen. Zwitter mit wechselseitiger Fremdbefruchtung, wobei zur Stimulierung ein Kalkpfeil (»Liebespfeil«) in die Fußsohle des Partners gebohrt wird. Paarungszeit Mai–August. 40–60 erbsengroße Eier werden in eine selbstgegrabene Höhle gelegt; nach einigen Wochen schlüpfen Jungtiere, die mit 3–4 Jahren erwachsen und geschlechtsreif sind. Lebensdauer 6 Jahre.

Kreuzspinne

Foto unten

Araneus diadematus

M Grundfärbung gelbbraun bis dunkelbraun, variabel. Charakteristisch ist das weiße Kreuz auf dem Hinterleib (Name!). ♀ 10–18 mm, ♂ 6,5 mm groß. Radnetzspinne, baut kreisrunde Netze mit 30 cm ⌀. **V** Nahezu überall in allen Waldtypen, Wiesen, Gärten, Parks, auch an Gebäuden. Juli–September. **L** Zum Beutefang lauert die Spinne im Netzzentrum oder einem nahen Versteck, lähmt die Beute mit einem Biß, um sie später auszusaugen. Zur Paarung im Spätsommer nähert sich das kleinere ♂ vorsichtig dem ♀, stimmt es durch Netzvibrationen paarungswillig. Danach verläßt es seine Partnerin schnell wieder, um nicht gefressen zu werden. Das ♀ legt im Herbst mehrere hundert Eier, die Jungspinnen schlüpfen im folgenden Frühjahr.

▶ **Veränderliche Krabbenspinne** → Wiesen, Felder . . . S. 138

▶ **Siebenpunkt-Marienkäfer** → Wiesen, Felder . . . S. 142
▶ **Zweipunkt-Marienkäfer** → Wiesen, Felder . . . S. 142

Maikäfer
Foto oben

Melolontha melolontha

M Bekannter, 20–30 mm großer Käfer mit braunen, längsrippigen Flügeldecken. Kopf, Bruststück und Unterseite des Hinterleibes schwarz, Flanken mit weißen Dreiecksmarken. Fühlerende des ♀ mit 6 Lamellen, des ♂ mit 7 Lamellen. Beine braun. **V** In Laubwäldern und an Waldrändern zu beobachten; man findet ihn jedoch auch in Feldgehölzen und an Obstbäumen. Mai–Juli. **L** Fliegt v. a. abends, frißt tagsüber Blätter und Triebe, was bei Massenauftreten zu Kahlfraß führen kann. Eiablage im Boden. Die Larven (Engerlinge, S. 272) fressen Wurzeln und entwickeln sich innerhalb 3–4 Jahren über eine Puppe zum Käfer. Wegen der Periodik der Entwicklung gab es früher sog. »Maikäferjahre«; heute ist die Art recht selten geworden.

Junikäfer
Foto Mitte

Amphimallon solstitiale

M Mit 12–18 mm ist der Junikäfer merklich kleiner als der verwandte Maikäfer. Sein Körper ist gelblich bis rostrot und stark behaart. Flügeldecken mit 3 erhabenen Längsrippen. Fühlerfächer mit 3 Lamellen. **V** Laubgehölze in Wäldern, Wiesen, Feldern und Gärten. April–Juni. **L** Frißt tagsüber an Blättern, schwärmt in der Dämmerung. ♀ leben häufiger am Boden als ♂. Die Larven (Engerlinge) entwickeln sich innerhalb von 2 (selten 3) Jahren im Boden, ernähren sich von Wurzeln. Es gibt noch einige sehr ähnliche, verwandte Arten, die der Volksmund als »Junikäfer« bezeichnet.

▶ **Erdhummel** → Wiesen, Felder . . . S. 142

Rote Waldameise
Foto unten

Formica rufa

M 4–11 mm große Insekten, deren Brust und Hinterleib durch einen dünnen, aufrecht gekielten Stiel verbunden sind. ♂ schwarz, ♀ schwarz und rot. Einmal im Jahr treten geflügelte Individuen auf; es sind Geschlechtstiere, die nach der Paarung im Hochzeitsflug die Flügel abwerfen (♀) bzw. sterben (♂). **V** V. a. Nadelwälder; sie bauen dort die bekannten, aus Koniferennadeln und Zweigen bestehenden Ameisenhaufen. **L** Ein Ameisenvolk mit mehr als 100 000 Mitgliedern ist ein hochorganisiertes Staatengefüge mit Arbeitsaufteilung. Die Kommunikation erfolgt durch bestimmte Duftstoffe (Pheromone). Überwiegend Arbeiterinnen (verkümmerte ♀) pflegen die Brut. Allesfresser, die Schadinsekten vertilgen, aber auch gern süße Pflanzensäfte nehmen und die ebenfalls zuckerreichen Ausscheidungen (»Honigtau«) von Blattläusen.

Zitronenfalter
Gonepteryx rhamni

Foto oben

M Körper schwarz mit heller Behaarung. Flügel zitronengelb (♂) bzw. weißgelb (♀), im Zentrum jeder mit einem orangefarbenen Punkt. Alle 4 Flügel laufen in zipfelige Spitzen aus. Spannweite 50–60 mm. **V** Lichte Laubwälder, Waldränder, auch in Gebüschen, Gärten. **L** 1 Generation, doch mit 3 Flugzeiten: Im Frühjahr nach dem Überwintern paaren sich die Falter und legen ihre Eier ab. Im Juli schlüpft die neue Faltergeneration, fliegt kurze Zeit, hält 1–2 Monate Sommerruhe, fliegt wieder im September zur Nahrungsaufnahme, um dann unbeweglich an einem Zweig zu überwintern. Mit 9–10 Monaten erreicht die Art somit die längste Lebensdauer unserer heimischen Falter. Der Falter besucht Blüten, die Raupe (S. 274) lebt an Faulbaum oder Kreuzdorn (wiss. Artname!). Die Puppe ist eine grüne Gürtelpuppe mit spitzem Kopf.

Landkärtchen
Araschnia levana

Fotos Mitte

M Der Falter tritt bei uns in 2 verschiedenen Generationen auf: zuerst (April–Juni) die rotbraune Frühjahrsform mit schwarzen und einigen weißen Flecken (Foto links) und dann (Juli/August) die schwarze Sommerform mit weißlichen Querbinden (Foto rechts). Körper schwarz, Spannweite 30–40 mm. Früher wurden beide Formen als unterschiedliche Arten beschrieben, es handelt sich jedoch lediglich um einen von Tageslänge und Temperatur abhängigen, sog. Saisondimorphismus. **V** Feuchte Wälder, Lichtungen, Waldränder, Gehölze an Bachufern. **L** Die Falter besuchen Blüten, die Raupen (S. 278) ernähren sich von Brennesselblättern, an deren Unterseite das ♀ die tönnchenförmigen Eier zu kleinen Säulchen aneinander geklebt hatte. Die Puppen hängen kopfabwärts (Sturzpuppen). Aus denen, die der Frühjahrsgeneration folgen, schlüpft im Sommer die schwarze Form; die Puppen, die der Sommerform folgen, überwintern und bringen im kommenden Frühjahr die rotbraune Frühjahrsform hervor.

Kaisermantel
Argynnis paphia

Foto unten

M Mit 65–80 mm Flügelspannweite ein großer Falter. ♂ leuchtend orangerot mit dunkler Fleckung und schwarzen, längs den Adern der Vorderflügel verlaufenden, samtigen Duftschuppenstreifen. Die Unterseite der Hinterflügel glänzt silbrig-perlmuttern. ♀ blasser gelblich bis grüngrau, Duftschuppenstreifen fehlen. **V** Typischer Waldfalter, gern auf Lichtungen, an Waldrändern. **L** Der Falter saugt bevorzugt an Disteln und anderen Korbblütlern. Es entwickelt sich 1 Generation; die Falter fliegen im Sommer (Juni–August). Das ♀ klebt die Eier an Baumstämme und Steine in der Nähe von Veilchen; die Eier überwintern dort. Im Frühjahr schlüpfen die Raupen (S. 278), die bis zur Verpuppung im Mai an Veilchen leben.

Brauner Bär

Foto oben

Arctia caja

M Auffallend gefärbter Falter, Spannweite 50–70 mm. Vorderflügel dunkelbraun mit weißen Bändern, Hinterflügel ziegelrot mit schwarzgeränderten, blauen Augenflecken, ♀ und ♂ sind gleich, nur ist das ♀ etwas größer, seine Antennen sind kürzer gefiedert. **V** Wälder, Lichtungen, Parks, Wiesen. **L** 1 Generation. Fliegt im Juli/August, in der Dämmerung und nachts. Verbirgt sich tagsüber unter Laub. Die auffällige Färbung des ungenießbaren Falters dient als Warnsignal, bei Störung oder Gefahren (Warntracht). Die Raupen (S. 280) sind kräftig schwarz und rostrot behaart und gaben der Art den Namen. Sie ernähren sich von unterschiedlichen Kräutern. Die Puppe liegt in einem feingesponnenen Kokon und überwintert meist.

▶ **Wolfsmilchschwärmer**   Wiesen, Felder . . .   S. 152

Nagelfleck

Foto Mitte

Aglia tau

M Ockergelber Falter mit 55–85 mm Flügelspannweite. Das etwas größere ♀ ist fahler gelb. Alle Flügel tragen im Zentrum einen schwarzgerandeten, blauen Augenfleck mit einem weißen, T- oder nagelförmigen Zeichen (Name!). Der dunklere Flügelsaum wird durch eine schwarze Binde abgegrenzt. Rüssel stark reduziert. **V** Überwiegend Buchenwälder, auch an Birken. **L** 1 Generation. Im April/Mai fliegen die ♂ tagsüber auf der Suche nach ♀ umher, die versteckt am Boden sitzen. Diese fliegen nur nachts zur Eiablage in den Stammbereich der Baumkronen. Die grünen, anfangs bedornten Raupen weiden die Blätter in Baumwipfeln ab und kriechen zur Verpuppung den Baumstamm entlang nach unten zum Boden. Ihre Farbe wechseln sie dabei zur Tarnung nach grauviolett. Die Verpuppung erfolgt am Boden in einem Kokon; die Puppe überwintert.

Rotes Ordensband

Foto unten

Catocala nupta

M Großer Falter mit 70–80 mm Spannweite. Vorderflügel graubraun mit rindenartiger Zeichnung. Hinterflügel rot mit je 2 unregelmäßig breiten, schwarzen Binden und gewelltem, weißem Saum. Fühler fadenförmig. **V** In Wäldern, Obstgehölzen. **L** 1 Generation. Die Falter fliegen im Sommer (Juli–September), überwiegend nachts. Tagsüber ruhen sie mit dachförmig zusammengelegten Flügeln an Baumstämmen und sind durch ihre Flügelzeichnung gut getarnt. Bei Störung oder Gefahr klappt der Falter seine Vorderflügel nach vorne und zeigt die roten Hinterflügel. Das Erschrecken der Feinde nutzt der Falter zur Flucht (Schrecktracht). Saugt gern an gärendem Obst. Die Eier überwintern, die Raupen schlüpfen im Frühjahr und leben v. a. an Pappeln und Weiden. Auch sie sind rindenartig gefärbt, wie ein Zweig geformt und daher bestens getarnt.

Feuersalamander
Foto oben
Salamandra salamandra

M Bis 20 (28) cm langer, glänzend schwarzer Schwanzlurch mit breitem Kopf. Flecken dottergelb bis orange, können zu Längsstreifen verschmelzen. **V** Feuchte Wälder des Hügel- und Berglandes, oft in der Nähe klarer, sauerstoffreicher Gewässer. **L** Jagt in der Dämmerung, nachts oder nach warmem Regen tags Würmer, Nacktschnecken, Gliederfüßer. Versteckt sich tagsüber unter Laub, Steinen, in Erdlöchern. **F** Nach der Paarung im Sommer an Land entwickeln sich im ♀ 20–70 Eier zu 4beinigen, 2,5 cm langen, kiemenbüscheltragenden Larven. Sie werden im folgenden März im flachen Bereich von Gewässern abgesetzt und entwickeln sich dort in 2–3 Monaten zu den landlebenden Volltieren.

Der Alpensalamander, *Salamandra atra,* ist schlanker und wird höchstens 16 cm lang. Rumpf deutlich quergefurcht, glänzend schwarz. Er lebt hauptsächlich im Hochgebirge (bis 3000 m), ist weitgehend von Wasser unabhängig. Paarung im Juli an Land; nach bis zu 2jähriger Tragzeit werden meist zwei 4 cm lange, fertig entwickelte Junge geboren.

Erdkröte
Foto Mitte
Bufo bufo

M Größte heimische Kröte: ♀ bis 15 cm, ♂ bis 8 cm. Rücken graubraun bis oliv, warzig. Unterseite heller. Pupillen waagrecht. ♂ ohne Schallblasen, zur Laichzeit mit schwärzlichen, hornigen Brunftschwielen an den ersten 3 Fingern. **V** Wälder, Kulturland, Steinbrüche, Kiesgruben, Gebüsche. Laichgewässer sind Tümpel und Teiche. **L** Dämmerungs- und nachtaktiv; sucht Weichtiere, Insekten, Spinnen. Ruft leise »oak«. Überwintert in Erdhöhlen, unter Steinen, Holz. **F** Aus den 2–4reihigen, bis 5 m langen, gallertigen Laichschnüren schlüpfen nach 12–18 Tagen Larven, deren Umwandlung zur fertigen Kröte nach 3–4 Monaten beendet ist.

▶ **Grasfrosch** → Wiesen, Felder . . . S. 154

Blindschleiche
Foto unten
Anguis fragilis

M Bis 50 cm lange, glattschuppige, beinlose Echse. Färbung hell-, kupfer-, bis schwarzbraun; ♀ oft mit dunklen, zarten Längsstreifen. **V** Wälder, Gebüsche. **L** Tag- und dämmerungsaktiv, ruht gern unter Steinen. Jagt v. a. morgens, abends oder nach Regen Insekten, Spinnen, Weichtiere. Überwintert ab Oktober, oft in kleinen Gruppen, in Erdhöhlen, Baumstümpfen. Kann bei Gefahr den Schwanz abwerfen. **F** 12 Wochen nach der Paarung im April gebärt das ♀ 8–25 Junge, die 4–9 cm lang und gleich nach der Geburt selbständig sind.

▶ **Kreuzotter** → Wiesen, Felder . . . S. 154

Habicht
Accipiter gentilis

Foto oben

M ♀ bussardgroß, ♂ krähengroß. Oberseite braun bis braungrau, Kopfplatte dunkel, weißer Überaugenstreif. Unterseite weiß, fein schwarz quergebändert. Im Flug vom Bussard durch die langen Schwanz und kurze, breite Flügel unterschieden. **V** Reich gegliederte Wälder, brütet auf alten, hohen Waldbäumen. Jagt bevorzugt an Waldrändern, aber – aus der Deckung heraus – auch über offener Kulturlandschaft. Stand-/Strichvogel. **L** Jagdflug oft niedrig über dem Boden, erbeutet Vögel, Säuger, meist im Überraschungsangriff. Streckenflug wechselt mit Gleitflug und Segeln ab. Gefährdet! **F** 1 Jahresbrut (März–Juni). Horst auf hohen Waldbäumen. V. a. das ♀ erbrütet in 35–42 Tagen 2–5 Junge, die den Horst nach 36–40 Tagen verlassen und mit 70 Tagen selbständig sind.

▶ **Sperber** → Wiesen, Felder . . . S. 156

▶ **Mäusebussard** → Wiesen, Felder . . . S. 156

▶ **Ringeltaube** → Wiesen, Felder . . . S. 160

Waldkauz
Strix aluco

Foto Mitte

M Mittelgroße, braune oder graue Eule, Unterseite etwas heller, wie die Oberseite kräftig dunkel längsgefleckt und schwach quergebändert. Keine Federohren. **V** Lichte Wälder, Gehölze, Parks mit genügend Höhlen. Standvogel. **L** Dämmerungs- und nachtaktiv. Typisch ist das im Frühjahr und Herbst von ♀ und ♂ vorgetragene, tremolierende »hu-u, hu-u-u-u«. Ganzjährig territorial. Jagt in der Dämmerung und nachts Kleinsäuger, Vögel, Amphibien; tagsüber versteckt. **F** 1 Jahresbrut (März–Juni). Nistet in Baum- und Felshöhlen, geeigneten Nistkästen. Nur das ♀ brütet. Nach 28–30 Tagen schlüpfen 3–5 Junge, die mit 30–35 Tagen – flugunfähig – das Nest verlassen (Ästlinge), mit 7 Wochen flügge und mit 10 Wochen selbständig sind.

Waldohreule
Asio otus

Foto unten

M Krähengroße, schlanke Eule. Oberseite dunkelbraun, rindenfarbig marmoriert, Unterseite rostgelb, kräftig dunkel längsgestreift und fein quergebändert. Augen orange. Lange, anlegbare Federohren. **V** Wälder, Feldgehölze. Stand-/Strichvogel. **L** Dämmerungs- und nachtaktiv. Zur Brutzeit territorial, sonst recht gesellig. Reviergesang ein dumpfes, weittragendes »huh«, vom ♂ im Sitz oder Flug vorgetragen. Jagt v. a. Mäuse. **F** 1 Jahresbrut (März–Juni). Das ♀ legt 4–5 weiße Eier in alte Krähen-, Elsternnester oder Greifvogelhorste und brütet 27–28 Tage. Nach 23–26 Tagen verlassen die flugunfähigen Ästlinge das Nest; sie sind mit 33–35 Tagen flügge.

Kuckuck

Foto oben

Cuculus canorus

M Kleiner als Haustaube. Graublau mit weißer, gesperberter Unterseite und langem Schwanz. **V** Laubwälder, Parklandschaften. Zugvogel, überwintert in Afrika südlich des Äquators (September–April). **L** Sehr scheu. Ruft im Flug oder aus der Deckung sein bekanntes »kuku«, auch nachts. Ernährt sich von Insekten, hauptsächlich Schmetterlingsraupen. **F** Das ♀ legt je 1 Ei in ein Singvogelnest, das Junge schlüpft nach 11–13 Tagen, wirft Eier und Junge des Wirtsvogels hinaus. Die Wirtseltern füttern das Junge 19–24 Tage im Nest und noch bis zu 2 Wochen nach dem Ausfliegen (Brutparasitismus).

Grünspecht

Foto Mitte

Picus viridis

M Kleiner als Krähe. Oberseite oliv, Unterseite graugrün. Scheitel, beim ♂ auch Nacken rot. Bartstreif des ♀ schwarz, des ♂ rot mit schwarzem Rand. **V** Laubmischwälder, Streuobstwiesen, Parks. Stand-/Strichvogel. **L** Wie alle Spechte scheu, ungesellig. Macht sich durch sein laut lachendes »klüklüklü . . .« bemerkbar. Sucht am Boden nach Beeren, Insekten, v. a. Ameisen, die er mit seiner langen Zunge aus deren Bauten holt. **F** 1 Jahresbrut (April–Juli). Erbrütet in selbstgezimmerten Baumhöhlen in 15–17 Tagen 5–8 Junge. Sie fliegen nach 18–21 Tagen aus, bleiben noch 3–7 Wochen zusammen.

Schwarzspecht

Foto unten links

Dryocopus martius

M Krähengroß und ganz schwarz. ♀ mit rotem Hinterkopf, Kopfplatte des ♂ vom Schnabel bis Hinterkopf rot. **V** Große, zusammenhängende Nadel- und Mischwälder. Stand-/Strichvogel. **L** Fliegt schwerfällig, ruft dabei »krrü-krrü . . .«. Typisch ist der Erregungsruf »kliööh«, sowie zur Brutzeit sein kehliges »kwoi-kwihkwikwiki . . .«. Sucht Ameisen und deren Entwicklungsstadien. **F** 1 Jahresbrut (April–Juni). Schlägt Bruthöhlen in Buchen und Kiefern. V. a. das ♂ erbrütet in 12–14 Tagen 4–5 Junge, die nach 24–28 Tagen ausfliegen.

Buntspecht

Foto unten rechts

Picoides major

M Drosselgroßer, schwarzweißer Specht mit rotem Nacken (♂) und rotem Unterschwanz. **V** Laub- und Nadelwälder, Parks, Gärten. Standvogel. **L** Sein helles »kick« kann man ganzjährig hören. Zur Verständigung dient auch schnelles Schnabeltrommeln an Stämmen, Masten. Im Sommer besteht die Nahrung aus Insekten. Im Winter bearbeitet er Koniferenzapfen in »Spechtschmieden«, um die fettreichen Samen herauszuholen. **F** 1 Jahresbrut (April–Juli). Legt die Bruthöhle v. a. in Weichhölzern an. 4–7 Eier, Brutdauer 10–13, Nestlingszeit 20–28 Tage.

Baumpieper

Foto oben

Anthus trivialis

M Sperlingsgroßer Vogel mit brauner, schwärzlich gestreifter Oberseite und rahmfarbener, kräftig schwarz gestreifter Brust und Flanken. Gelber Überaugenstreif. Beine rötlich. Sichere Bestimmung im Freiland nur durch den Gesang möglich. **V** Waldränder, -lichtungen, Hänge und Wiesen mit Baum- und Buschbestand. Zugvogel, überwintert im tropischen Afrika (Oktober–April). **L** Charakteristisch ist der Singflug von einer erhöhten Warte (Baumwipfel) oder im Steigflug vom Boden, der mit leisen, kanarienartigen Sequenzen beginnt und mit dem typischen »zia-zia-zia . . .« endet. Hierbei werden die Flügel schräg nach oben gehalten. Die Nahrung besteht hauptsächlich aus Insekten und anderen kleinen Bodentieren. **F** 2 Jahresbruten (Mai–Juli). Das ♀ erbrütet im gut versteckten Bodennest in 12–14 Tagen 5–6 Junge, die von beiden Eltern noch 12–13 Tage im Nest gefüttert werden. Gelege S. 286.

Zaunkönig

Foto Mitte

Troglodytes troglodytes

M Sehr kleiner, rundlicher, dunkelbrauner Vogel mit kurzem, stets aufgestelltem Schwanz. **V** Dichte, schattige Dickichte in Wäldern, Parks und Gärten, gern in Wassernähe. Standvogel. **L** Seinen lauten, schmetternden Gesang, der meist von einer Singwarte (Busch, Baumstumpf) vorgetragen wird, kann man fast das ganze Jahr hören. Knickst häufig bei Erregung. Huscht im dichten Unterwuchs mausartig umher und sucht Insekten, Spinnen, Sämereien. In kalten Wintern manchmal gemeinschaftliches Übernachten an besonderen Schlafplätzen. Sehr strenge Fröste können in einigen Populationen zu erheblichen Verlusten führen. **F** 2 Jahresbruten (April–Juli). Das ♂ baut mehrere kugelige Moosnester in Höhlungen, Reisighaufen, Wurzelstöcke (Wahl- oder Spielnester). Das ♀ sucht eines davon aus, polstert es mit Federn und erbrütet in 14–17 Tagen 5–7 Junge, die das Nest nach 15–18 Tagen verlassen.

Heckenbraunelle

Foto unten

Prunella modularis

M Knapp sperlingsgroßer, graubrauner Vogel mit schiefergrauer Kopf- und Halsregion und schlankem Insektenfresserschnabel. **V** Laub-, Mischwälder, Gebüsche, Parks, Gärten. Gern in Fichtenkulturen und Dickungen. Teilzieher. **L** Der sehr scheue, unauffällige Vogel sucht immer im Schutz des Dickichts in Bodennähe nach Insekten, Spinnen; im Winter nach feinen Sämereien. Bereits im zeitigen Frühjahr trägt das ♂ sein feines Liedchen von der Spitze eines Busches vor. Hält sich v. a. ab Herbst gern in Wassernähe auf. **F** 2 Jahresbruten (April–Juli). Das napfförmige Moosnest wird dicht über dem Boden versteckt. Die 4–5 Jungen schlüpfen nach 12–14 Tagen und fliegen nach 12–14 Tagen aus. Gelege S. 288.

Nachtigall

Foto oben links

Luscinia megarhynchos

M Etwas mehr als sperlingsgroß, mit brauner Oberseite, weißlich-brauner Unterseite und rotbraunem Schwanz. **V** Unterholzreiche Laub- und Mischwälder. Zugvogel, überwintert im nördlichen Afrika (Oktober–April). **L** Der flötende, schluchzende Gesang wird bei Tag und Nacht vorgetragen. Nahrung sind kleine Kerbtiere und Beeren. **F** 1 Jahresbrut (Mai/Juni). Das Nest steht am Boden oder in dichtem Kraut. Das ♀ erbrütet in 13 Tagen 4–6 Junge, die nach 11–12 Tagen ausfliegen.

Der etwas dunklere Sprosser, *Luscinia luscinia,* ähnelt der Nachtigall in Aussehen und sogar im Gesang (Zwillingsart) und kommt im Norden und Osten vor.

Rotkehlchen

Foto oben rechts

Erithacus rubecula

M Knapp sperlingsgroßer, rundlicher, olivbrauner Vogel. Bauch weißlich, Vorderbrust und Gesicht rot (Name!). **V** Unterholzreiche Wälder. Teilzieher. **L** Seinen perlenden Gesang kann man bis zum Abend, auch im Winter hören. Er wird meist von einer Singwarte – auch vom ♀ – vorgetragen. Sucht am Boden Insekten, Spinnen, im Winter Beeren. **F** 2 Jahresbruten (April–Juli). Kugeliges Nest, meist in Bodenvertiefungen, Wurzelnischen. 5–7 Eier, Brutdauer 13–15, Nestlingszeit 12–15 Tage.

Amsel

Foto Mitte

Turdus merula

M Allbekannte Drossel: ♂ schwarz mit gelbem Schnabel und Augenring; ♀ dunkelbraun mit hellerer Unterseite, Schnabel braun. **V** Ursprünglich ein Waldbewohner, heute auch in Parks und Gärten. Teilzieher. **L** Das ♂ trägt den variablen, volltönenden Gesang bereits ab Spätwinter, v. a. morgens und abends vor, meist von einer hohen Warte aus. Sucht hüpfend Würmer, Insekten am Boden, Früchte. **F** 2–3 Jahresbruten (März–Juli). 4–7 Eier (S. 290), Brut- und Nestlingszeit ca. 14 Tage.

Singdrossel

Foto unten

Turdus philomelos

M Kleinste Drossel mit braunem Rücken und rahmfarbener, dunkelbraun gefleckter Unterseite. **V** Unterwuchsreiche Laub- und Mischwälder. Zugvogel, überwintert in Südeuropa/Nordafrika (November–Februar). **L** Der laute Gesang wird von einer hohen Singwarte vorgetragen, Motive werden meist 2–3mal wiederholt. Sucht am Boden nach Schnecken, Würmern, Früchten. **F** 2 Jahresbruten (April–Juni). Nest in Bäumen, Büschen; 4–6 Eier, (S. 290), Brutdauer 14, Nestlingszeit 12–16 Tage.

Deutlich größer ist die ähnlich gefärbte und gefleckte Misteldrossel, *Turdus viscivorus.* Sie fällt am Boden v. a. durch ihre aufrechte Haltung auf. Im Herbst gern in kleineren Trupps.

Mönchsgrasmücke
Fotos oben

Sylvia atricapilla

M Die schwarze Kopfplatte des ♂ gab der Art den Namen; beim ♀ ist die Kopfplatte rotbraun. Beide Geschlechter sind knapp sperlingsgroß, oberseits graubraun, unterseits grau. **V** Unterholzreiche Wälder, Parks, Gärten. Zugvogel, überwintert im Mittelmeerraum bis ins tropische Afrika (November–März). **L** Heimlicher Dickichtbewohner, verrät sich v. a. durch seinen erst leise zwitschernden, dann laut flötenden Gesang. Sucht im Unterholz nach Insekten, nimmt ab Herbst gern Beeren. **B** 1–2 Jahresbruten (April–Juni). 4–6 Eier (S. 288), Brutdauer 10–15, Nestlingszeit 10–14 Tage.

Noch heimlicher lebt die etwas größere Gartengrasmücke, *Sylvia borin,* in unterholzreichen Laub-, Mischwäldern, Schonungen. Sie ist an ihrem orgelnden Gesang gut zu erkennen.

Zilpzalp
Foto Mitte

Phylloscopus collybita

M Etwa blaumeisengroßer, olivbrauner Laubsänger mit weißlicher Unterseite und hellem Überaugenstreif. **V** Lichte, unterholzreiche Wälder, Lichtungen, Parks. Zugvogel, überwintert im Mittelmeerraum und Afrika (Oktober–März). **L** Mit seinem einfachen »zilpzalp-zilp-zalp . . .«, vorgetragen von einer hohen Singwarte, nennt er seinen Namen. Das ♀ stöbert im Unterwuchs nach Insekten, das ♂ sucht in Baumwipfeln nach ihnen. **B** 1–2 Jahresbruten (April–Juli). Das backofenförmige Bodennest ist im Gestrüpp versteckt. 4–6 Eier, Brutdauer 13–14, Nestlingszeit 12–15 Tage.

Der zum Verwechseln ähnliche Fitis, *Phylloscopus trochilus,* (Zwillingsart), bewohnt oft gleiche Biotope, unterscheidet sich von ihm jedoch deutlich durch seinen flötenden Gesang.

Der etwas größere, gelbgrüne Waldlaubsänger, *Phylloscopus sibilatrix,* mit gelbem Überaugenstreif und leuchtend gelber Kehle, bevorzugt hochstämmige, lichte Laub- (Buchen!) und Mischwälder. Er trägt sein schwirrendes »sib-sib-sib-sirr« im horizontalen Singflug von Ast zu Ast oder von einem Zweig des unteren Kronenbereichs vor. Charakteristisch ist auch eine Flötenstrophe aus gereihten »düh«-Rufen.

Sumpfmeise
Foto unten

Parus palustris

M Kleiner als Sperling. Oberseite graubraun, Unterseite und Backen hell. Kopfplatte, Nacken und Kehlfleck glänzend schwarz. **V** Laubwälder, Parks, Feldgehölze. Stand-/Strichvogel. **L** Unverkennbar sind der klappernde Gesang »tji-tji-tji . . .« und die »psitja«-Rufe. Sucht in Bäumen und Büschen nach Insekten. Häufig halten im Winter zwei Meisen zusammen, schließen sich auch gemischten Meisenschwärmen an. **B** 1 Jahresbrut (April–Juni). Höhlenbrüter in natürlichen und Spechthöhlen. Das ♀ erbrütet in 13–17 Tagen 6–10 Junge, Nestlingszeit 16–21 Tage.

Haubenmeise
Parus cristatus

Foto oben links

M Kleiner als Sperling. Graubraune Meise; rahmfarbene Unterseite und charakteristische, schwarzweiß gesprenkelte Kopfhaube. Wangen weiß, schwarz begrenzt. Der schwarze Augenstreif bildet einen Haken nach unten. Schwarzer Kehllatz. **V** Nadelwald, nadelholzreiche Mischwälder. Standvogel. **L** Sucht kleine Insekten an Bäumen. Die typischen »zigürr«-Rufe werden zum einfachen Gesang aneinandergereiht. Nicht sehr gesellig. **B** 1–2 Jahresbruten (März–Juli). Baut in Baumspalten, -höhlen, die sie auch selber zimmert ihr Nest. Geht auch in Nistkästen. 5–9 Eier, Brutdauer 15–18, Nestlingszeit 18–21 Tage.

Blaumeise
Parus caeruleus

Foto oben rechts

M Unverkennbare gelbe Meise; Flügel, Kopfplatte, Schwanz hellblau (Name!). Rücken grünlich. Wangen weiß, schwarzer Augenstreif. **V** Laub-, Mischwälder, Parks, Gärten. Stand-/ Strichvogel. **L** Turnt geschickt, auch kopfüber, an Zweigen; liest dort Insekten, Spinnen, Blattläuse ab. Kommt im Winter gern an Futterstellen. Läßt bereits an schönen Wintertagen ihr typisches Lied erklingen. **B** 1 Jahresbrut (April–Juni). Höhlenbrüter in Spechthöhlen oder Nistkästen. 7–13 Eier (S. 294), Brutdauer 12–16, Nestlingszeit 15–20 Tage.

Kohlmeise
Parus major

Foto Mitte

M Größte heimische Meise. Kopf glänzend schwarz mit weißen Wangen. Rücken grünlich, Flügel und Schwanz blaugrün. Unterseite gelb mit schwarzem Längsstreifen. **V** Alle Waldtypen, Parks, Gärten. Standvogel. **L** Turnt gewandt an Zweigen, sucht auch am Boden nach Insekten, Sämereien. Häufiger Gast an Futterplätzen. Typisch ist ihr sehr variantenreiches »zizibe«, das bereits an schönen Wintertagen ertönt. **F** 1 Jahresbrut (März–Mai). Höhlenbrüter, nimmt gern Nistkästen an. 6–12 Eier (S. 294), Brutdauer 10–14, Nestlingszeit 15–22 Tage.

Tannenmeise
Parus ater

Foto unten

M Kleinste heimische Meise. Die glänzend schwarze Kopfplatte wird von einem weißen Nackenfleck durchbrochen. Kehlfleck trapezförmig, schwarz. Oberseite olivgrau, Unterseite weißlich, ohne Mittelstreifen. Doppelte weiße Flügelbinde. **V** Nadel- (Name!), Mischwälder. Standvogel. **L** Sammelt geschickt kleine Kerbtiere von Zweigen und Rinde; schließt sich im Winter gern gemischten Meisenschwärmen auf der Suche nach Sämereien an. Ihr feines Lied »wizewize . . .« ist fast das ganze Jahr zu hören. **B** 2 Jahresbruten (März–Juli). Höhlenbrüter. 6–10 Eier, Brutdauer 14–18, Nestlingszeit 18–20 Tage.

Kleiber
Foto oben links

Sitta europaea

M Sperlingsgroßer, blaugrauer Vogel mit gelblicher Unterseite und schwarzem Augenstreif. Schnabel kräftig, spitz. **V** Laub-, Mischwälder. Parks. Standvogel. **L** Klettert geschickt stammaufwärts und – als einziger heimischer Vogel – kopfüber stammabwärts. Fängt im Sommer Insekten, legt im Winter Samenvorräte an. Typisch sind seine »Lausbubenpfiffe« und der trillernde Gesang. **B** 1 Jahresbrut (April–Juni) in alten Spechthöhlen, Nistkästen, deren Eingang er mit Lehm verklebt (Name!). 5–9 Eier, Brutdauer 14–18, Nestlingszeit 23–25 Tage.

Gartenbaumläufer
Foto oben rechts

Certhia brachydactyla

M Laubsängergroßer, weißbauchiger Vogel mit rindenfarbiger Oberseite und langem, gebogenem Pinzettenschnabel. **V** Nadel-, Mischwälder, Parks, Gärten. Standvogel. **L** Klettert geschickt, meist spiralförmig an Baumstämmen aufwärts, benutzt den Schwanz als Stütze. Sucht Rindenspalten nach kleinen Kerbtieren ab, zieht im Winter mit Meisenschwärmen auf der Suche nach Sämereien umher. Singt ein einfaches, kurzes Lied, das ihn von seiner Zwillingsart, dem sehr ähnlichen Waldbaumläufer, *Certhia familiaris,* unterscheidet. **F** 1 Jahresbrut (April–Juni). Nistet in Baumspalten hinter Rinde. Das ♀ erbrütet in 15 Tagen 5–7 Junge, die nach 14–16 Tagen ausfliegen.

Buchfink
Foto Mitte

Fringilla coelebs

M Sperlingsgroßer Fink mit doppelter weißer Flügelbinde und weißen äußeren Steuerfedern (auch beim braungrauen ♀). Ober-, Unterseite und Gesicht des ♂ kastanienbraun, Oberkopf und Nacken blau. **V** Wälder, Parks, Feldgehölze, Gärten. Teilzieher. **L** Zur Nahrungssuche (Insekten, im Winter Sämereien) oft am Boden. Sein schmetternder Gesang mit bekanntem Endschnörkel wird ab März von einer hohen Singwarte vorgetragen. **F** 1–2 Jahresbruten (April–Juli). Napfnest mit 4–6 Eiern (S. 290), Brutdauer 12–13, Nestlingszeit 12–15 Tage.

Grünfink
Foto unten

Carduelis chloris

M Sperlingsgroßer, gelbgrüner Fink (♀ graugrün) mit gelbem Bürzel und Flügelspiegel. **V** Lichte Wälder, Waldränder, Gärten, Parks. Standvogel. **L** Seinen kanarienartigen Trillergesang trägt er von einer hohen Singwarte oder im Balzflug vor. Er ernährt sich von Samen, Knospen, Blüten, Früchten, nur im Sommer von Insekten und Blattläusen. **F** 2–3 Jahresbruten (April–August). Brütet gern an Waldrändern in dichtem Gebüsch. Das ♀ erbrütet in 12–15 Tagen 4–6 Junge, die nach 14–17 Tagen ausfliegen. Gelege S. 292.

Gimpel, Dompfaff

Foto oben

Pyrrhula pyrrhula

M Sperlingsgroßer Vogel mit schwarzer Kopfkappe (Name!), grauem Rücken, weißem Bürzel, schwarzem Schwanz. Flügel schwarz mit weißer Binde. Unterseite und Wange beim ♂ leuchtend rot, beim ♀ rötlich-graubraun. **V** Wälder, buschreiche Waldränder, Parks, Gärten. Standvogel. **L** Die Paare halten zumindest das Jahr über, wenn nicht lebenslang, zusammen. Häufig hört man den typischen, kurzen, abfallenden Pfeiflaut »diu« und bereits im Herbst/Winter den leisen Gesang. Während der Brutzeit sehr heimlich, sonst gesellig und gut zu beobachten. Ernährt sich v. a. im Frühjahr von Knospen der Bäume und Sträucher, sonst von Sämereien. Beliebter Gast am Futterhaus. **F** 1–2 Jahresbruten (April–Juli). Nest in jungen Nadelbäumen oder dichtem Gebüsch. Das ♀ erbrütet in 12–14 Tagen 4–6 Junge, die nach 14–18 Tagen ausfliegen. Gelege S. 292.

Star

Foto Mitte

Sturnus vulgaris

M Knapp amselgroß; Schnabel gelb. Im Frühjahr ist sein Gefieder glänzend schwarz mit metallisch grünviolettem Glanz (Glanzstar). Nach der Mauser im Herbst sind die frischen Federn hell gefleckt (Perlstar). **V** Ursprünglich ein Laubwaldbewohner, heute auch in Feldgehölzen, Parks, Gärten, Kulturland. Teilzieher. **L** Sehr gesellig, tritt oft in großen Schwärmen auf. Sucht Insekten, Regenwürmer, Schnecken watschelnd am Boden, im Herbst auch Beeren und Früchte. Seinen variantenreichen, schnalzenden Gesang mit vielen Imitationen trägt er von einer erhöhten Warte vor, mit weit geöffnetem Schnabel und halb geöffneten, flatternden Flügeln. **F** 1–2 Jahresbruten (April–Juni). Brütet am liebsten kolonieweise in alten Baumhöhlen, nimmt auch gerne Nistkästen an. 4–6 Eier (S. 294), Brutdauer 13–15, Nestlingszeit 18–22 Tage.

Eichelhäher

Foto unten

Garrulus glandarius

M Elsterngroßer, rötlichbrauner Rabenvogel mit schwarzem Schwanz, weißem Bürzel, schwarzen Flügeln mit blauweiß gebändertem Bug und weißem Fleck. Scheitel schwarzweiß, Bartstreif schwarz. **V** Wälder aller Art. Stand-/Strichvogel. **L** Recht gesellig, nur zur Brutzeit sehr heimlich. Auffällig ist sein lautes, durchdringendes Rätschen (Warnruf), sein Gesang ist leise, schwätzend. Neben tierischer Nahrung (Insekten, Schnecken, Eier, Jungvögel, Mäuse) sammelt er v. a. im Herbst Eicheln, Bucheckern, Nüsse, die er als Wintervorräte zwischen Wurzeln oder in der Erde versteckt. **F** 1 Jahresbrut (April–Juni). Das Nest ist meist in Bäumen versteckt. 5–6 Eier, Brutdauer 16–17, Nestlingszeit 19–20 Tage.

▶ **Kolkrabe** → Alpen, S. 262

▶ **Igel** → Wiesen, Felder . . . S. 172

▶ **Große Hufeisennase** → Wiesen, Felder . . . S. 172

Waldspitzmaus
Foto oben

Sorex araneus

M Kleiner als Hausmaus. Lange, spitze Schnauze (Name!), Augen und Ohren sehr klein, im Fell versteckt. Schwanz lang, dünn. Oberseite schwarzbraun, Bauch gelblich-weißgrau. **V** Dicht bewachsene, feuchte Stellen in Wäldern; im Gebirge bis zur Waldgrenze. Auch in Hecken, Wiesen, Gärten. **L** Tag- und nachtaktiv. Lebt in selbstgegrabenen und alten Wühlmausgängen. Klettert, läuft und schwimmt behende. Piepst und zwitschert laut. Sehr gefräßig: nimmt Weichtiere, Insekten, kleine, tote Wirbeltiere, auch Spitzmäuse. **F** Baut Kugelnest aus Blättern, Moos, Gras, oft unter Baumwurzeln. Jährlich 3–4 Würfe. Tragzeit 13–20 Tage, 4–10 nackte, blinde Junge. Augenöffnen mit 18–21, Säugezeit 21–23 Tage. Geschlechtsreif mit 3–4 Monaten.

Waldmaus
Foto Mitte

Apodemus sylvaticus

M Hausmausgroß; gelblich-graubraun mit weißgrauer Unterseite, gelblichen Flanken. Augen, Ohren groß, Schwanz fast so lang wie der Körper. **V** Laub-, Mischwälder, Feldgehölze, Parks, Gärten. **L** Dämmerungs- und nachtaktiv. Wenig gesellig. Ernährt sich von Kräuter- und Grassamen, Knospen, Beeren, Nüssen (Fraßspuren S. 306), Früchten, Pilzen, Insekten, Weichtieren. Piepst hell. Lebt in selbstgegrabenen oder alten Wühlmaus- und Maulwurfgängen. Klettert und läuft gewandt, springt bis 80 cm weit. Fährte S. 300. **F** Paarung April–Oktober. Tragzeit 23 Tage. Jährlich meist 3(–4) Würfe mit je 3–9 nackten, blinden Jungen. Augenöffnen nach 12–14, Säugezeit 14–15 Tage, mit 21 Tagen selbständig. Geschlechtsreif mit 8 Wochen.

Siebenschläfer
Foto unten

Glis glis

M Unser größter, knapp eichhörnchengroßer Bilch. Oberseite silbrigglänzend graubraun, Unterseite scharf abgesetzt weiß. Ohr klein, rundlich, Augen groß, dunkel umrandet. Schwanz buschig. **V** Laub-, Mischwälder, Parks, Gärten. **L** Dämmerungs- und nachtaktiv. Lebt im Familienverband in Baumhöhlen, Felsspalten, Nistkästen, manchmal in Gebäuden. Fiept und pfeift. Legt manchmal Sommervorräte, jedoch keinen Wintervorrat an. Nahrung sind Blätter, Knospen, Rinde, Eicheln, Bucheckern, Nüsse, Beeren, Früchte, zuweilen auch Insekten, Eier, Jungvögel. Klettert und springt sehr gut. Winterschlaf (Oktober–Mai) in selbstgegrabenen Erdhöhlen. **F** 1 Wurf jährlich mit 4–6(–11) nackten, blinden Jungen. Tragzeit 30–32 Tage. Augenöffnen mit 21–23 Tagen, Säugezeit 4–5 Wochen, selbständig mit 8 Wochen. Mit 1 Jahr geschlechtsreif.

Eichhörnchen
Foto oben

Sciurus vulgaris

M Oberseite rotbraun, graurot, braun oder schwarz; Unterseite weiß. Schwanz buschig, Ohren im Winter mit langen Haarbüscheln. **V** Wälder, Parks, Gärten. **L** Überwiegend tagaktiv. Baut Kugelnester (Kobel) in Bäumen, bewohnt auch Baumhöhlen, alte Krähen- und Elsternnester. Ruft bei Erregung »tjuk-tjuk . . .«. Sammelt Vorräte, hält aber keinen Winterschlaf. Nahrung sind Laub- und Nadelbaumsamen, Nüsse (Fraßspuren S. 306), Beeren, Rinde, Knospen, Pilze Kerbtiere, Eier, Jungvögel. Klettert (auch kopfabwärts) und springt sehr gut, hoppelt am Boden (Fährte S. 300). **F** Paarung Dezember–Juli, Wurfzeit Februar–August. Tragzeit 38 Tage. Jährlich 1–2 Würfe mit je 2–5 nackten, blinden Jungen. Augenöffnen nach 4, Säugezeit 9–12 Wochen. Geschlechtsreif Ende 1. Jahr.

Dachs
Foto Mitte

Meles meles

M Fuchsgroßer, plumper, kurzbeiniger, grauer Marder. Rücken mit schwarzem Aalstrich, Bauch und Beine dunkelgrau-schwarz. Kopf flach, schwarzweiße Gesichtsmaske. Augen, Ohren klein, Schwanz kurz. **V** Laub-, Mischwälder, Steppen, Sümpfe. **L** Nacht- und dämmerungsaktiv. Lebt paarweise, in Dauerehe. Gräbt Erdbaue mit mehreren Eingängen, geht auch in Fuchs- und Kaninchenbaue. Warnruf quiekend. Allesfresser, nimmt pflanzliche und tierische Nahrung, auch Aas. Kein echter Winterschlaf. Fährte S. 298. **F** Paarung Februar–Oktober, Tragzeit 7–13 Monate, Wurfzeit Januar–April des Folgejahres. 1 Wurf mit 3–5 nackten, blinden Jungen. Augenöffnen nach 12 Tagen, Säugezeit 2 Monate, selbständig mit 6 Monaten. Geschlechtsreif im 2. Jahr.

▶ **Mauswiesel** → Wiesen, Felder . . . S. 176
▶ **Baummarder** → Steinmarder: Wiesen, Felder . . . S. 176

Rotfuchs
Foto unten

Vulpes vulpes

M Färbung variabel; meist oberseits rotbraun, Kehle, Bauch, Bein-innenseiten weißlich. Varianten: »Brandfuchs«, »Kohlfuchs« mit dunkler bis schwarzer Unterseite, »Kreuzfuchs« mit dunklem Schulterkreuz, »Birkenfuchs« hell. Schwanz buschig mit weißer Spitze. **V** Wälder, buschreiche Feldflur. **L** Dämmerungs- und nachtaktiv. Fährte S. 298. Sieht, hört, riecht sehr gut. Jagt Wirbeltiere, v. a. Mäuse, nimmt auch Früchte. Kot S. 304. Sein lautes »hau« ertönt v. a. in der Ranzzeit. Überträger des Tollwut-Erregers und des Fuchsbandwurms. **F** Paarungszeit (Ranzzeit) Januar/Februar, Tragzeit ca. 50 Tage. Wurfzeit März/April. 1 Wurf mit 3–5(–12) grauwolligen, blinden Jungen. Augenöffnen in der 2. Woche, Säugezeit bis 4 Wochen, mit 3–4 Monaten selbständig. Geschlechtsreif mit 9 Monaten.

Rothirsch
Foto oben

Cervus elaphus

M Größtes heimisches Schalenwild. Im Sommer rotbraun, im Winter graubraun. Spiegel gelblich-rötlich. Jungtiere rotbraun mit weißer Fleckung. Geweihe der ♂ in Form und Größe je nach Alter verschieden. **V** Große, zusammenhängende Wälder. **L** Überwiegend dämmerungsaktiv. Alte ♂ sind oft Einzelgänger, sonst leben ♂, ♀ und Junge in Rudeln. ♂ »röhren« in der Brunftzeit. Geweihabwurf Februar–April, Fegezeit bis Ende August. Läuft, springt, schwimmt, sieht, hört und riecht gut. Ernährt sich von Gräsern, Kräutern, Rinde, jungen Trieben, Pilzen, Früchten. **F** Paarung (Brunftzeit) September/Oktober. Tragzeit knapp 8 Monate. Setzeit Mai/Juni. Meist kommt nur 1 Junges sehend zur Welt. Säugezeit 3–4 Monate, ab etwa 1 Jahr selbständig, im 2.–3. Jahr geschlechtsreif.

Reh
Foto Mitte

Capreolus capreolus

M Sommerfell rostbraun mit gelblichem Spiegel, Winterfell graubraun mit weißem Spiegel. Kitze mit weißer Fleckung. Geweih des Bocks mit bis zu 3 Enden pro Stange. **V** Wälder, Felder, Wiesen. **L** Dämmerungsaktiv. Lebt im »Sprung« (Mutterfamilie), paarweise oder einzeln. Hört, schwimmt, läuft, springt sehr gut. Fährte S. 298. Zur Brunftzeit territorial, bellt kurz, rauh, zur Warnung oder Drohung. Nahrung sind Kräuter, Jungtriebe, Früchte, Pilze. Kot S. 302. Geweihabwurf Oktober/November, Neuansatz Januar, Fegezeit April. **F** Paarung Juli/August oder November/Dezember (Nachbrunft). Obwohl die Befruchtung bereits im Sommer erfolgt, dauert die Tragzeit wegen einer vorgeschalteten Eiruhe rund 6 Monate. Setzeit Mai/Juni. Meist 1–2 Junge mit offenen Augen. Säugezeit 2–3 Monate, selbständig gegen Ende des 1. Lebensjahres. Geschlechtsreif im 2. Lebensjahr.

Wildschwein
Foto unten

Sus scrofa

M Kopf keilförmig, Behaarung schwarzbraun, borstig, Schwanz mit Endquaste. ♂ (Keiler) mit großen, gebogenen Eckzähnen (Hauer). Fell der Jungen (Frischlinge) braun-gelblich längsgestreift. Stammform unseres Hausschweins. **V** Laub-, Mischwälder. **L** Tag- und nachtaktiv. Lebt im Familienverband (Rotte); alte Keiler sind oft Einzelgänger. Hört gut, riecht ausgezeichnet, schwimmt und läuft ausdauernd. Fährte S. 298. Durchwühlt zur Nahrungssuche mit der Schnauze den Boden nach Wurzeln, Knollen, Früchten, Insektenlarven, Würmern, Schnecken, nimmt auch Eier und Aas. Quiekt und grunzt. **F** Paarung (Rauschzeit) November–Januar, Tragzeit 4–5 Monate, Wurfzeit März/April. 1 Wurf (seltener 2) mit 3–12 sehenden Jungen. Säugezeit 3 Monate, danach verschwindet die Fellstreifung. Selbständig mit 6 Monaten, geschlechtsreif mit 9–18 Monaten.

Wiesenchampignon

Foto oben

Agaricus campester

M Hut bis 10 cm ⌀, dick fleischig, weiß mit abziehbarer, leicht schuppiger Oberhaut. Hutform zunächst halbkugelig, später gewölbt. Stiel fleischig mit glatter Oberfläche und weißem, häutigem Ring; Stielspitze oftmals leicht rosa. Wichtig zur Unterscheidung von Giftpilzen, v. a. Knollenblätterpilzen: Die Lamellenfärbung ist zunächst rosa, später schokoladenbraun und letztlich schwarz. Fleisch weiß, evtl. leicht rosa, angenehm im Geruch, milder Geschmack. **V** Juni–Oktober, auf gedüngten Wiesen, seltener auf Feldern und an Waldrändern. **B** Bekannt guter Speisepilz. Tritt nach Regenfällen meist in großen Massen auf, wächst dabei oft in Hexenringen oder in deutlichen Reihen und Gruppierungen.
Verwechselt wird die Art oft mit anderen Champignon-Arten, v. a. dem <u>Waldchampignon</u>, *Agaricus silvaticus*. Dessen Hutoberfläche meist aber zimtbraun, faserig beschuppt. Das Fleisch läuft beim Anschneiden oder bei Verletzungen blutrot an.

Parasolpilz

Foto Mitte

Macrolepiota procera

M Hut schirmartig, 10–30 cm ⌀; bei Jungpilzen sind die Hüte eiförmig bis kugelig. Huthaut immer hellbräunlich bis ockerfarben, schuppig zerrissen, im Hutzentrum nicht geschuppt. Lamellen weiß, später leicht bräunend, nicht mit dem Stiel verwachsen. Stiel braun flockig geschuppt, bis 40 cm hoch, an der Basis knollig hohl. Auffallend ein deutlich verschiebbarer Ring. **V** Juli–Oktober, bevorzugt waldrandnahe Wiesenareale, v. a. bei Laubwäldern. **B** Gilt als ausgezeichneter Speisepilz. Fleisch reinweiß, bei Verletzung nicht rötend; Geruch und Geschmack nußartig. Verwendbar ist allerdings nur der Hut.

Schopftintling

Foto unten

Coprinus comatus

M Hut anfangs walzenförmig, schirmt dann zur Glockenform auf. Später zerfließt der Hut vom Rande her, wird dabei schwarztintig (Name!). Hutoberfläche weiß mit bräunlichen, im Scheitelbereich abstehenden Schuppen. Stiel weiß, hohl, meist mit beweglichem Ring, der allerdings oft abfällt. Die Stielbasis ist meist verdickt. **V** Mai–November, auf gedüngten Wiesen, an Waldrändern, oft auch in Gärten, an Wegrainen und auf Schuttplätzen. Meist in kleinen Büscheln wachsend. **B** Das Auflösen des Hutes in eine tintenartige Flüssigkeit ist eine alternative Methode, Sporen zu verbreiten. Diese tropfen mit der Flüssigkeit ab, bei anderen Pilzen werden sie überwiegend mit dem Wind verblasen. Eßbar sind demnach nur sehr junge Exemplare, die noch reinweiß sind; auch die Lamellen sollten noch nicht rosafarben sein. Die Zubereitung sollte sofort erfolgen.
Verwechselt werden kann der Schopftintling mit dem im selben Lebensraum vorkommenden <u>Faltentintling</u>, *Coprinus atramentarius,* der, ebenfalls als Jungpilz genießbar, allerdings zusammen mit Alkohol eine deutliche Giftwirkung zeigen kann.

Wacholder

Foto oben

Juniperus communis

M Zypressengewächs. Meist mehrstämmiger, immergrüner Strauch, bis 6 m hoch, selten auch 10–15 m hoher Baum. Die glatte, grau- bis rotbraune Rinde schuppt im Alter ab. Nadelförmige, sehr spitze, 1–2 mm breite Blätter stehen rechtwinkelig in 3 zähligen Wirteln an den Trieben. Sie sind graugrün mit grauweißem Mittelband. ♂ Blüten gelblich, 4–5 mm lang, elliptisch, in den Blattachseln vorjähriger Triebe. ♀ Blütenstände unscheinbar grünlich, 2 mm, ebenfalls achselständig an vorjährigen Trieben. Windbestäubung. Blütezeit April–Juni. Früchte (S. 266): Ovale bis kugelige, anfangs grüne, später schwarzblau bereifte, fleischige Beerenzapfen (»Wacholderbeeren«). **V** Flachgründige, felsige Heiden, auch lichte Nadelwälder. **B** Wird bis 800 Jahre alt. Beerenzapfen dienen als Gewürz, das Holz wird zum Räuchern verwendet.

Berberitze, Sauerdorn

Foto Mitte

Berberis vulgaris

M Berberitzengewächs. Bis 3 m hoher, sommergrüner Strauch mit glatter, hellgrüner Rinde. An den kantigen, grünlich bis bräunlichweißgrauen Zweigen stehen eiförmige bis länglich verkehrt-eiförmige Blätter, gebüschelt an Kurztrieben. Unmittelbar am Kurztrieb ein 3(5)teiliger, aus einem Blatt hervorgegangener Dorn. In 2–4 cm langen, hängenden Trauben stehen gelbe, stark duftende, zwittrige Blüten. Bestäubung v. a. durch Bienen. Blütezeit April–Juni. Früchte (S. 266): Längliche, 8–11 mm lange, fleischige Beeren. **V** Gebüschreihen in Wiesen, an Waldrändern, trockene Sonnenhänge, seltener Auenwälder. **B** Früher wurde die Pflanze zu Heilzwecken verwendet, die Beeren können zu Konfitüre verarbeitet werden. Treibt im Frühjahr als erstes Laubgehölz aus. Berberitzen dienen dem auf verschiedenen Getreidearten parasitierenden Getreiderost-Pilz als Zwischenwirt.

Hängebirke

Foto unten

Betula pendula

M Birkengewächs. Bis 25 m hoher Baum mit anfangs schmalkegelförmiger, später rund-überhängender Krone. Rinde weiß, im unteren Stammbereich mit rissiger, schwärzlicher Borke; oben weitgehend glatt weiß. An den hängenden, mit trockenen Harzdrüsen versehenen Zweigen sitzen 2–3 cm lang gestielte, rhombisch 3eckige Blätter. Blattgrund breit keilförmig, Blattrand scharf doppelt gesägt. Pflanze 1 häusig; ♂ Kätzchen 3–6 cm lang, zu 1–3 am Ende vorjähriger Triebe, ♀ Kätzchen aufrecht in grünen, geschlossenen, walzenförmigen Blütenzäpfchen, 1,5–3 cm lang. Windbestäubung. Blütezeit April/Mai. Früchte (S. 267): Hängende Fruchtzäpfchen mit Flügelnüssen. **V** Wiesen und Waldränder, vereinzelt in Laub- und Nadelwäldern und auf sandigen Magerweiden. **B** Weiches, weißes, auch frisch brennbares Holz. Blätter werden heilkundlich verwendet.
Ähnlich ist die Moorbirke, *Betula pubescens,* mit glatter, weißer, selten grauer Rinde. Ihre Blätter und Zweige sind weich behaart.

Feldulme, Feldrüster
Ulmus minor

Foto oben

M Ulmengewächs. 10–30 m hoher Baum mit glatter, gefeldeter, graubrauner Rinde. Entstehende Borke korkreich und zerklüftet. An kahlen Zweigen stehen 2zeilig kurz gestielte, elliptisch bis verkehrteiförmige Blätter; Blattgrund unsymmetrisch, Blattrand doppelt gesägt, vorne zugespitzt. Blattoberseite glänzend hellgrün, unten in den Blattnervenwinkeln bärtig. Blüten 1–1,5 cm, zwittrig, unscheinbar, zu 15–30 in büschligen Blütenständen im oberen Kronenbereich. Windbestäubung. Blütezeit März/April, vor dem Laubaustrieb. Früchte (S. 267): Eiförmige bis rundliche, geflügelte Nüßchen mit papierartigem, zunächst grünem, später gelblichem Flügelsaum; bei Laubaustrieb bereits ausgereift. Verbreitung durch den Wind. **V** Sonnenexponierte Wiesengebiete mit nährstoffreichen Böden, zudem in Laub- und Auenwäldern. **B** Kann ein Alter von mehreren hundert Jahren erreichen. Liefert wertvolles Rüsterholz. In den letzten Jahren zunehmend von einer durch den Ulmensplintkäfer übertragenen Pilzerkrankung (»Ulmensterben«) betroffen.

Feldahorn
Acer campestre

Foto Mitte

M Ahorngewächs. 3–15 m hoher Baum oder Strauch mit knorriger Wuchsform und rundlicher Krone. Dicke, braune Borke mit Längs- und Querrissen, oft mit Korkleisten. (3)–5lappige, ganzrandige Blätter, unterseits meist weichhaarig, an 5–10 cm langen Stielen. Zwittrige Blüten, 6–8 mm, bilden 10–20blütige Rispen (oft auch 1geschlechtlich). Bestäubung durch Insekten, v. a. Bienen. Blütezeit Mai. Früchte (S. 269): Spaltfrucht mit 2 geflügelten, 1samigen Teilfrüchten. Flügel stehen waagerecht ab und färben sich während der Reife rötlich. **V** Waldrandnahe Wiesen, Gebüschsäume, in Auenwäldern, Eichen-Hainbuchenwäldern und an sonnigen Hanglagen. **B** Die Art ist raschwüchsig und wird bis 150 Jahre alt. Das rötliche, schön gemaserte Holz ist sehr hart und elastisch. Es gilt als begehrtes Tischler- und Drechslerholz.

Roßkastanie
Aesculus hippocastanum

Foto unten

M Roßkastaniengewächs. Bis 25 m hoher Baum mit überhängenden Ästen. Rinde glatt, graubraun, später dünnschuppig abblätternd. Zweige graubraun bis braun, anfangs braunfilzig. Blätter gegenständig, 5–7zählig gefingert, Teilblätter länglich, verkehrteiförmig, zum Grund keilförmig verschmälert, am Rand doppelt gesägt. Weiße, zwittrige, 1–2 cm große Blüten in 20–30 cm hohen, aufrechten, kegelförmigen, reichblütigen Scheinrispen (»Kerzen«). Insektenbestäubung. Blütezeit April/Mai. Früchte (S. 269): In grüner, bis 6 cm großer, stacheliger Fruchtschale reifen 1–3 Samen (Kastanien) mit glänzend brauner Schale und weißem Nabelfleck. **V** An Straßenrändern und in Parks als Zierbaum, sonst auf Waldlichtungen, in Berg- und Schluchtwäldern. **B** Kastanienextrakt wird als Heilmittel bei Venenerkrankungen (Krampfadern, Hämorrhoiden) verwendet.

Eberesche

Foto oben

Sorbus aucuparia

M Rosengewächs. Verzweigter Strauch oder 5–15 m hoher Baum. Rinde glatt, glänzend hellgrau mit später längsrissig-schwarzgrauer Borke abschuppend. Junge Zweige grau bis rötlichbraun berindet, anfangs filzig behaart. Laubblätter eschenähnlich (Name!), wechselständig, unpaarig gefiedert, bis 20 cm lang mit 2,5–3 cm langem Stiel. 9–15 Fiedern, linealisch, einfach gesägter Rand, oberseits anliegend behaart, unterseits filzig. Zahlreiche, 8–10 mm große Blüten in filzig behaarten, flachen Rispen, am Ende junger Triebe. Blütezeit Mai/Juni. <u>Früchte (S. 268):</u> Leuchtend korallenrote Scheinbeeren mit jeweils 3 Samen bilden üppige Doldenrispen. **V** Weiden, Wiesenraine, Felshänge mit sauren bis kalkhaltigen Steinböden. **B** Die Blüten sind eine begehrte Bienenweide, die Früchte eine wichtige Nahrungsquelle für Vögel und Wild.

Mehlbeere

Foto Mitte

Sorbus aria

M Rosengewächs. Strauch oder 5–15 m hoher Baum mit rundlicher Krone. Rinde grau, längsrissig, zunächst glatt, später leichte Borkenbildung. Braunrote, glänzende Zweige, anfangs filzig behaart. Gestielte, breit-elliptisch bis eiförmige Blätter, unregelmäßig doppelt gesägt, unterseits silbrig behaart. Am Ende junger Triebe wohlriechende, weiße, 6–8 mm große Zwitterblüten in schirmartig ausgebreiteten Trugdolden. Insektenbestäubung. Blütezeit Mai/Juni. <u>Früchte (S. 268):</u> Im Oktober erscheinen leuchtend orangerote, eikugelige Scheinbeeren mit gelbem, mehligem (Name!) Fruchtfleisch. **V** Bevorzugt sonnige, trockene Wiesenhänge, in Gebüschsäumen, auch in lichten Eichen- Hainbuchenwäldern. **B** Das Holz wird zu Tischler- und Schreinerarbeiten gerne verwendet. Früher wurden die Früchte zu Marmelade verarbeitet.

Eingriffeliger Weißdorn

Foto unten

Crataegus monogyna

M Rosengewächs. 2–8 m hoher Strauch oder Baum mit glatter, grauer Rinde an den Ästen, Stamm schuppig beborkt. Am Ende der Kurztriebe stechende, bis 2 cm lange Sproßdornen. Kahle Blätter mit tief fiederspaltig eingeschnittenen Blattbuchten; am Blattgrund breit-keilförmig, Blattrand ungleichmäßig gesägt. Weiße, gestielte Blüten, 10–15 mm groß, mit roten Staubbeuteln; in endständigen Doldenrispen meist 5–10 Blüten vereint. 1 Griffel (Name!). Blütezeit Juni. <u>Früchte (S. 238):</u> Auffallend rot und glänzend, rundlich bis oval, meist 1 Steinkern im mehligen Fruchtfleisch; reifen im August/September. **V** An Waldrändern und in Gebüschen, auch in Auwäldern und im Gebirge. **B** Die Bestäubung erfolgt v. a. durch Fliegen, Käfer und andere Insekten, im Samenverbreitung durch Vögel. In der Naturheilkunde wird die Pflanze v. a. bei Herz- und Kreislauferkrankungen eingesetzt. Bildet Bastarde mit dem sehr ähnlichen Zweigriffeligen Weißdorn, *C. laevigata*.

▶ **Traubenkirsche** → Feuchtgebiete S. 178

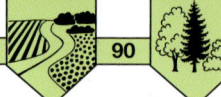

Schlehe, Schwarzdorn
Foto oben
Prunus spinosa

M Rosengewächs. 1–3 m hoher, sparriger, dicht verzweigter, dorniger Strauch. Rinde schwarz bis dunkelgrau, leicht rissig. Zweige anfangs behaart, später kahl; die Kurztriebe verdornen. Verkehrt-eiförmige, 2–5 cm lange Blätter, doppelt gesägter Rand, kurz gestielt; erscheinen erst nach der Blüte. Weiße, kurzgestielte Blüten, zwittrig, 10–15 mm, einzeln an Kurztrieben. Insektenbestäubung. Blütezeit März/April. <u>Früchte (S. 269):</u> Kugelige, bis 1 cm große, blau bereifte Steinfrüchte (Schlehen). Sehr saures Fruchtfleisch, löst sich nicht vom Steinkern. **V** Sonnige Wiesenränder in Waldnähe, Fels- und Berghänge. Liebt nährstoffreiche, kalkhaltige Lehmböden. **B** Früchte werden schon von alters her zur Marmeladen-, Saft- und Likörherstellung gesammelt. Sie sind Vitamin-C-haltig und haben auch heilkundliche Bedeutung.

Heckenrose, Hundsrose
Foto Mitte
Rosa canina

M Rosengewächs. 1–3 m hoher Busch mit bogig überhängenden Ästen. Üppig mit unterschiedlich großen Stacheln besetzt; diese sitzen meist unterhalb der unpaarig gefiederten Blätter. Blattfiedern 5–7, eiförmig-elliptisch, am Rand einfach oder doppelt gesägt. Blüten weiß bis blaßrosa, 40–50 mm, zwittrig, einzeln oder in Dolden-rispen am Ende beblätterter Kurztriebe, sehr kurzlebig; werden von Insekten bestäubt. Blütezeit Mai/Juni. <u>Früchte (S. 268):</u> Die bekannten 2–2,5 cm langen Hagebutten sind korallenrot, fleischig, innen mit harten Nüßchen gefüllt. **V** Typische Heckenpflanze auf Magerweiden, in Waldrandnähe und an Böschungen. **B** Die Früchte werden von verschiedenen Vogelarten verzehrt, die damit für die Verbreitung sorgen. Sie sind reich an Vitamin C und können zu Tee oder Marmelade verarbeitet werden.

Brombeere
Foto unten
Rubus fruticosus

M Rosengewächs. Sommergrüner Strauch mit stacheligen, robusten Zweigen. Diese sind kahl bis flockig behaart, grün bis rötlich. Wechselständige Blätter, 3–7zählig gefiedert; Fiedern elliptisch bis verkehrt-eiförmig, gesägt, unten weißfilzig. Blüten 15–30 mm, zwittrig, in vielblütigen, endständigen Rispen an Seitentrieben vorjähriger Sprosse. Blütenblätter weiß bis hellrosa. Insektenbestäubung. Blütezeit. Mai–August. <u>Früchte (S. 268):</u> Schwarz glänzende Sammelfrüchte, die sich aus kleinen, 1 samigen Steinfrüchtchen zusammensetzen. **V** Nährstoffreiche, steinige Lehmböden in Feldgebüschen, auf Kahlschlägen und an Waldrändern. **B** Bildet undurchdringliche Dickichte. Früchte für Wein-, Marmelade- und Likörherstellung verwendbar. Viele schwer unterscheidbare Kleinarten.

▶ **Salweide** → Feuchtgebiete S. 178

▶ **Kreuzdorn** → Wälder S. 26

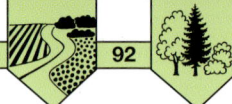

▶ **Pfaffenhütchen** → Wälder S. 28
▶ **Roter Hartriegel** → Wälder S. 28

Schwarzer Holunder
Sambucus nigra

Foto oben

M Geißblattgewächs. 5–7 m hoher Strauch oder Baum. Rinde längsrissig, graubraun; an den graugrünen Zweigen auffallende Rindenporen. Typisch das weiße, fast wattig-weiche Mark. Blätter unpaarig gefiedert, mit meist 5 eiförmig-elliptischen, zugespitzten Blättchen. 5zählige, zwittrige, 5–8 mm große Blüten in endständigen, vielblütigen, 10–15 cm breiten Schirmrispen. Insektenbestäubung. Blütezeit Juni. Früchte (S. 271): 5–6 mm große, schwarzglänzende, beerenartige Steinfrüchte mit meist 3 Steinkernen. Fruchtstiele rotviolett. **V** Gebüsche, Wegränder, Waldränder. **B** Früchte sind sehr Vitamin-C-haltig. Ihr intensiver Farbstoffgehalt wurde früher zur Lederfärbung genutzt. Inhaltsstoffe der Blüten werden bei Entzündungen und Erkältungskrankheiten verwendet.

Gemeiner Schneeball
Viburnum opulus

Foto Mitte

M Geißblattgewächs. Bis 4 m hoher Strauch mit kahlen, überhängenden Zweigen. Rinde hellgrau bis graubraun, im Alter abschuppend. Laubblätter gestielt, gegenständig, Spreite 3–5lappig; Lappen zugespitzt, buchtig gezähnt, unterseits flaumig behaart. Blattstiel mit fädigen Drüsen. In endständigen, bis 10 cm breiten Schirmrispen stehen 5zählige, 6–20 mm große, weiße Blüten; unfruchtbare Randblüten als »Schauapparat« zur Insektenanlockung vergrößert. Blütezeit Mai/Juni. Früchte (S. 271): Leuchtend scharlachrote, kugelige Steinfrüchte mit flachem, rotem Stein. Schwach giftig. **V** Als Halbschattenpflanze v. a. in Hecken, Gebüschen und an Waldrändern. **B** Früchte werden von Vögeln weitgehend verschmäht und hängen deshalb noch im Winter am Strauch.

Wolliger Schneeball
Viburnum lantana

Foto unten

M Geißblattgewächs. Buschiger, reich verzweigter, bis 3 m hoher Strauch. Blätter gegenständig, gestielt, elliptisch bis länglich-eiförmig, gezähnt, oberseits runzelig, unten deutlich geadert, weißgrauwollig (Name!) behaart. Duftende, 6–8 mm große Zwitterblüten in 5–10 cm großen Schirmrispen. Insekten- und Selbstbestäubung. Blütezeit Mai/Juni. Früchte (S. 271): In einer Trugdolde oft unreife grüne, halbreife rote und reife schwarze, glänzende Steinfrüchte. **V** Gebüsche, Waldränder und lichte Eichen- und Kiefernwälder. **B** Früchte gelten als giftverdächtig. Zweige wurden früher zum Flechten von Körben und zum Binden von Korngarben verwendet.

▶ **Sommerlinde/Winterlinde** → Wälder S. 30
▶ **Liguster** → Wälder S. 30

Wiesen-Kerbel
Foto oben

Anthriscus silvestris

M Doldengewächs. 60–150 cm hohe, mehrjährige Pflanze. Blätter 2–3fach gefiedert, Fiederblättchen lanzettlich, zugespitzt. Stengel hohl, deutlich gereift, im unteren Bereich behaart. Weiße Blüten in 8–15strahliger, 6–12 cm breiter Dolde, Hülle fehlt; Döldchen mit 4–8blättrigen Hüllchen, Hüllchenblätter am Rand bewimpert. Blütezeit April–August. Früchte glatt, dunkelbraun glänzend, mit 5–10 mm etwas länger als ihr Stiel. V Fettwiesen, Wegraine, Waldränder, in Hecken und Gebüschen. B Die oft in großen Massen in Wiesen vorkommende Pflanze ist ein Stickstoffanzeiger. Die Blüten werden von Insekten, v. a. Fliegen und Käfern, bestäubt.
Der verwandte <u>Geißfuß</u>, *Aegopodium podagraria,* unterscheidet sich durch seinen 3kantigen, markigen Stengel und die fehlenden Hüllchenblätter. Blütezeit Mai–September. Der Name leitet sich aus der ziegenfußähnlichen Form der Fiederblättchen ab. Wurde früher als Heilmittel bei Gicht und Rheuma verwendet.

Wiesen-Bärenklau
Foto Mitte

Heracleum sphondyleum

M Doldengewächs. 30–180 cm hoch, Stengel bis 20 mm stark, kantig, deutlich gefurcht und steif beborstet. Blätter einfach gefiedert, bis 40 cm groß; die unteren sind rinnig gestielt, bei den oberen, sitzenden Blättern fällt die deutlich aufgeblasene Blattscheide auf. 15–30strahlige, 10–15 cm große Dolde mit weißen Blüten, Randblüten der Döldchen deutlich vergrößert; Hülle fehlend, die Hüllchenblätter sind lanzettlich. Blüht Juni–Oktober. Früchte bis 11 mm lang, oval, abgeflacht und am Rand geflügelt. V Fettwiesen, Gebüsche, Gräben und Auenwälder. B Die vergrößerten Randblüten erhöhen die optische Attraktivität für die bestäubenden Insekten. Die Pflanze gilt als Anzeiger für sehr nährstoffreiche Böden. In der Volksmedizin wurden Wurzeln und Blätter bei Verdauungsstörungen verwendet. Bei empfindlicher Haut kann intensiver Kontakt mit der Pflanze zu Hautreizungen führen.

Wilde Möhre
Foto unten

Daucus carota

M Doldengewächs. 50–80 cm hohe Pflanze mit weißblütigen, 3–7 cm großen Dolden. Diese sind zur Blütezeit (Mai–August) flach gewölbt, im Reifezustand bilden sie eine nestartige Mulde, da sich die Doldenstrahlen zum Zentrum hin krümmen. Fiederteilige Hüllblätter umgeben die Dolde, Hüllchenblätter einfach linealisch. Im Doldenzentrum oftmals schwarzpurpurne »Mohrenblüte« (Name!). Stengel borstig behaart. Blätter 2–4fach gefiedert, behaart. V Wiesen, Magerrasen, Äcker, Wegraine, in Unkrautbeständen und Steinbrüchen. B Die Pflanze ist als Stammform unserer Gartenmöhre anzusehen. Erkennbar ist die Verwandtschaft am deutlichen Möhrengeruch der leicht verdickten Wurzel. Sie wurde früher als Nahrungspflanze genutzt. Naturheilkundlich hat sie auch heute noch etwas Bedeutung als Heilmittel bei schlecht heilenden Wunden, innerlich als harntreibendes Mittel bei Blasen- und Nierensteinen.

Weiß-Klee
Foto oben links

Trifolium repens

M Schmetterlingsblütengewächs. 5–20 cm hoch. Weiße, kugelige Blütenköpfchen, bestehend aus 2–5 mm langen, gestielten Einzelblüten; Blütezeit Mai–September. Nach dem Verblühen werden Blüten hellbraun, herabhängend. Blätter 3fiedrig, Fiederblättchen eiförmig, fein gezähnt. Nebenblätter trockenhäutig, rotviolett. Stengel kriechend, an den Knoten teils wurzelnd. **V** Wiesen, Äcker, Gärten und Parkanlagen. **B** Die Pflanze gilt als Stickstoffanzeiger, gedeiht deshalb bevorzugt auf gut gedüngten Standorten. Der hohe Eiweißgehalt macht den Weiß-Klee zu einer wichtigen Futterpflanze.

Hederich
Foto oben rechts

Raphanus raphanistrum

M Kreuzblütengewächs. 20–60 cm hohe, rauhhaarige Pflanze mit weißen oder gelben, 20–30 mm großen Blüten. Blütezeit Mai–September. Blütenkronblätter violett geadert, Kelchblätter aufrecht. Gestielte Blätter, im oberen Stengelbereich ungeteilt und unregelmäßig gezähnt, untere Blätter fiederlappig bis fiederteilig. Im Blütenstand meist auch reife Schoten, diese perlschnurartig gegliedert mit langem, samenlosen Schnabel, 2–10 cm lang. **V** Typische Acker- und Feldrandpflanze, auch auf Schuttplätzen und in Gärten. **B** Nah verwandte Varietäten dieser Art werden in unseren Gärten als Radieschen und Rettiche kultiviert, daher auch der Name Acker-Rettich.

Wiesen-Schaumkraut
Foto Mitte

Cardamine pratensis

M Kreuzblütengewächs. Am 10–40 cm hohen, hohlen Stiel sitzen linealisch gefiederte Blätter; die rosettig angeordneten Grundblätter haben hingegen rundliche Fiedern. Blüten weiß, rosa oder zart violett mit gelben Staubblättern, 15–25 mm, angeordnet in einer Traube. 4 Kelchblätter mit ca. 1/3 der Länge der Kronblätter. Blüht April–Juni. Früchte sind 2–4 cm lange Schoten, die Samen werden durch einen Schleudermechanismus verbreitet. **V** Bevorzugt feuchtere Wiesen, deshalb auch in Mooren, Auen und an Ufern anzutreffen. **B** Während der Blütezeit dominiert diese Pflanze in manchen Wiesen und gibt diesen damit den sog. Frühjahrsaspekt.

Taubenkropf-Leimkraut
Foto unten

Silene vulgaris

M Nelkengewächs. 10–50 cm hohe, mehrjährige Pflanze mit 10–20 mm großen, weißen Blüten und tief 2teiligen Blütenblättern. Der netzaderige Kelch ist kugelig aufgeblasen. Blütezeit Mai–September. Blätter gegenständig, blaugrün, elliptisch bis lanzettlich. **V** Magerrasen, Wegränder, Böschungen, Steinbrüche und andere Standorte mit steinigem Untergrund. **B** Die nektarreichen Blüten werden bevorzugt von Nachtfaltern und Bienen bestäubt. Die Art besiedelt oftmals als Pionier neue Standorte und gilt deshalb als sehr anspruchslos. Es gibt einige schwer zu unterscheidende Unterarten.

Weiße Lichtnelke

Foto oben

Silene alba

M Nelkengewächs. 30–60 cm hoch. Kronblätter der 20–30 mm großen Blüten tief 2lappig, Kronröhre 18–25 mm lang, in glockig aufgeblasenem Kelch steckend. Blüten stehen in kurzhaarig-drüsigem Blütenstand, eingeschlechtlich auf ♂ und ♀ Pflanzen. Blütenöffnung erst am Nachmittag. Blüht Juni–September. Blätter breitlanzettlich bis eiförmig, oben ansitzend, unten gestielt. Stengel reich verzweigt, im oberen Bereich drüsig weichhaarig. Fruchtkapsel 10zähnig, eiförmig. **V** Wegränder, Äcker, Schuttplätze, Gebüschsäume und andere Ruderalstandorte. **B** Die Bestäubung der Art erfolgt in erster Linie durch Nachtfalter, die durch den schwachen Duft der Blüten angelockt werden.

Gemeine Zaunwinde

Foto Mitte

Calystegia sepium

M Windengewächs. Windet mit 1–3 m langen Stengeln an anderen Pflanzen empor. Blätter tief herzförmig, 8–15 cm lang. In den Blattachseln 2–6 cm breite, trichterförmige Blüten mit weißen Kronblättern; Staubblätter sind in der unteren Hälfte drüsenhaarig. 2 herzförmige, die Kelchblätter weit überragende Vorblätter schließen den Blütenkelch ein. Blütezeit Juni–September. Unterirdische, weit kriechende Stengel sorgen für eine beachtliche Verbreitung der Pflanze an ihrem Standort. **V** Wiesenareale an Gewässerufern werden bevorzugt, auch in Gärten, Hecken, an Zäunen und in sonstigen Unkrautfluren. **B** Bestäubt wird die Pflanze v. a. von Schwebfliegen und Nachtfaltern, die mit ihren langen Rüsseln in die tiefen Blütentrichter gelangen. Früher wurden Tees aus Blättern und Blüten der Pflanze als Abführmittel verwendet. Im Bereich der Ostseeküste kommt eine seltene Unterart mit zartrosa Blüten vor.

Augentrost

Foto unten

Euphrasia rostkoviana

M Braunwurzgewächs. 5–25 cm hohe, verzweigte Pflanze mit oben meist drüsenhaarigem Stengel. Blätter eiförmig, ungestielt und ebenfalls dicht drüsenhaarig, jederseits mit 3–6 spitzen Zähnen. Blüten 10–15 mm, stehen einzeln in den Achseln der oberen Blätter; Oberlippe weiß und violett angehaucht, Unterlippe weiß, 3lappig, violett gestreift und gelb gefleckt; 4 Staubblätter, Kelch 4zähnig. Blüht Juni–Oktober. **V** Bevorzugt werden karge Magerrasen, wie Berg-, Heide- und Moorwiesen und Schafweiden. **B** Dem Namen entsprechend wird die Pflanze bei Augenleiden verwendet. Während früher Teezubereitungen gegen die verschiedensten Augenleiden, aber auch bei Schnupfen und Erkältungskrankheiten, angewendet wurden, benutzt man einen Absud heute allenfalls noch für Lidrandentzündungen. Die Pflanze ist ein Hemiparasit (Halbschmarotzer), der die Wurzeln verschiedener Wirtspflanzen anzapft, um an Wasser und Nährsalze zu gelangen. Da sie damit Weidepflanzen schädigen kann, wird sie in der Landwirtschaft als Weidedieb bezeichnet. Im alpinen Raum sind mehrere Unterarten des Augentrostes bekannt.

Weiße Taubnessel
Foto oben

Lamium album

M Lippenblütengewächs. 20–50 cm hohe Pflanze, oftmals mit der Brennnessel verwechselt, jedoch ohne Brennhaare (Name!). Blüten weiß, 20–25 mm groß, 2lippig, die Oberlippe dabei helmartig; Kronröhre länger als der Kelch, gekrümmt, innen mit schrägem Haarring. Die Blüten stehen in Scheinquirlen. Blütezeit April–Oktober. Blätter gestielt, lang zugespitzt und scharf gesägt, stehen kreuzgegenständig am 4kantigen Stengel. **V** Gut gedüngte Wiesenränder, Wegränder, an Zäunen, Mauern, in Hecken und auf Schuttplätzen. **B** Die Pflanze bildet unterirdische Ausläufer und gilt als Kriechpionier auf stickstoffreichen Böden. Die Bestäubung erfolgt durch Hummeln, daneben gibt es auch Selbstbestäubung. In der Volksmedizin galt die Taubnessel als wirksames Heilmittel bei entzündlichen Erkrankungen in der Frauenheilkunde, bei Blutarmut und bei Lungenerkrankungen.

Schafgarbe
Foto Mitte

Achillea millefolium

M Korbblütengewächs. Am 20–80 cm hohen Stengel stehen in doldenartigen Blütenständen 3–6 mm große, weiße bis rosa Blüten. Blütenkopf aus randständigen Zungenblüten und zentralen Röhrenblüten, die Blütenhüllblätter braun umrandet. Blüht Mai–Oktober. Blätter wechselständig, länglich, doppelt fiederteilig mit kurzen, linealischen Zipfeln. Die Pflanze duftet aromatisch. **V** Wiesen, Weiden, Halbtrockenrasen, Acker- und Wegränder und sonstiges Kulturland. **B** Die Schafgarbe wird seit dem Altertum als Heil- und Nutzpflanze verwendet. Die enthaltenen ätherischen Öle wirken schleimlösend, blutstillend und verdauungsfördernd. Tee wird deshalb zur Wundheilung, bei Magen- und Darmerkrankungen, sowie in der Frauenheilkunde eingesetzt. Als Gewürz können Schafgarbenblättchen für Salate und Suppen verwendet werden. Schafgarbensaft kann in seltenen Fällen bei Hautkontakt zu Ausschlag führen.

Gänseblümchen
Foto unten

Bellis perennis

M Korbblütengewächs. 3–20 cm hoch, Stengel anliegend behaart und blattlos. Die Blätter bilden mit kurzen Stielen eine grundständige Rosette. Sie sind spatelförmig bis verkehrt-eiförmig, stumpf gezähnt, verschmälern sich in den Stiel. Blütenkörbchen 10–25 mm groß; randliche Zungenblüten weiß bis rosa, zentrale Röhrenblüten dottergelb. Blütezeit Februar–November. **V** Bevorzugt kurzrasige Wiesen, Weiden, Wegränder und Parkrasen. **B** Gänseblümchen haben ein hohes Lichtbedürfnis und sind sehr wärmeliebend. In hohen Wiesen sind sie deshalb benachteiligt und kaum anzutreffen. Seit dem Mittelalter werden Gänseblümchen in der Volksmedizin verwendet. Ihre Inhaltsstoffe sollen stoffwechselanregend und harntreibend sein. Die jungen Blättchen der Pflanze werden für Wildsalate verwendet.

Margerite

Foto oben

Leucanthemum vulgare

M Korbblütengewächs. Blütenköpfe mit 3–5 cm Ø einzeln am Ende 20–80 cm langer Stengel. Die randlichen Zungenblüten sind weiß, die zentralen Röhrenblüten gelb. Hüllblätter länglich-lanzettlich, grün mit bräunlichem Rand. Blätter im oberen Stengelbereich länglich-lanzettlich, am Rand gesägt, ungestielt; untere Blätter gestielt und am Rand gekerbt. Blütezeit Mai–September. **V** Hochstehende Wiesen, Wegränder und felsige Sonnenhänge. An den Standorten meist in größeren Beständen anzutreffen. **B** Die Bestäubung erfolgt durch Fliegen, Käfer und andere Insekten, daneben aber auch Selbstbestäubung möglich. Die Art kommt bei uns in vielen Unterarten vor.

Geruchlose Kamille

Foto Mitte

Matricaria inodora

M Korbblütengewächs. Die Stengel dieser 10–50 cm hohen Pflanze sind niederliegend bis aufrecht, im oberen Bereich verzweigt. 2–4 cm breite Blütenköpfe aus 12–30 weißen Zungenblüten und gelben Röhrenblüten; Zungenblüten stehen waagrecht ab. Blütenboden halbkugelig, markerfüllt. Blütezeit Juni–Oktober. Blätter 2–3fach fiederteilig mit langen dünnen Abschnitten. **V** Gut gedüngte Wiesen, Äcker, Wegränder, Schuttplätze und andere Unkrautstandorte. **B** Unter dem alltagssprachlich verwendeten Begriff »Kamille« sind einige leicht verwechselbare Arten zusammengefaßt, die botanisch verschiedenen Gattungen angehören. Neben der hier beschriebenen Art ist die <u>Echte Kamille</u>, *Matricaria chamomilla,* wegen ihrer vielfältigen Heilwirkung von besonderer Bedeutung, kommt heute allerdings seltener vor. Ihr Blütenkopfboden ist stärker aufgewölbt und innen hohl; kennzeichnend ist auch ihr typischer Duft. Blütezeit Mai–August. In der Volksmedizin gilt sie als »Allheilmittel« und wird bei Entzündungen, Krampfzuständen und zur Wundheilung verwendet. Man erntet die Blütenköpfchen.

Silberdistel

Foto unten

Carlina acaulis

M Korbblütengewächs. 3–30 cm hoch, mit sehr dornigen, rosettig angeordneten Laubblättern. Sie sind fast bis zum Mittelnerv buchtig-fiederteilig. 3–8 cm große Blüten mit silberweißen, 3–4 cm langen, inneren Blütenhüllblättern. Röhrenblüten weißlich bis rosa. Blüht Juli–September. Gefährdet. **V** Sonnige Magerrasen und Halbtrockenrasen, bevorzugt in Hanglagen, seltener auch in lichten Wäldern. **B** Die Pflanze kommt in zwei Unterarten vor, die sich etwas im Blattbau, v. a. aber im Verbreitungsgebiet unterscheiden. Die Bestäubung erfolgt durch Bienen, Käfer und Hummeln, die Fruchtverbreitung durch den Wind mittels »Flughaaren«. Interessant ist die feuchtigkeitsabhängige Bewegung der Blütenhüllblätter. Bei Befeuchtung krümmen sie sich nach innen, bei Trockenheit spreizen sie sich weit nach außen. Früher wurde die Art heilkundlich gegen Katarrhe, Entzündungen und Wurmkrankheiten verwendet.

Scharfer Hahnenfuß

Foto oben

Ranunculus acris

M Hahnenfußgewächs. Blüten leuchtend gelb, 10–25 mm groß, 5zählig, mit den Kronblättern anliegenden Kelchblättern. Blütezeit April–Oktober. Stengel 10–80 cm hoch, wie die Kelchblätter angedrückt behaart und nicht gefurcht. Grundblätter 5–7teilig und langgestielt, Stengelblätter 3–5teilig, eingeschnitten gezähnt, mit sehr kurzem Stiel oder direkt ansitzend. **V** Typische, in größeren Massen auftretende Pflanze auf Wiesen, Weiden, an Wegrändern und in Hecken. **B** Die Pflanze ist in frischem Zustand giftig und wird deshalb vom Weidevieh weitgehend gemieden; im Heu ist sie allerdings unschädlich.

Ähnlich ist der Kriechende Hahnenfuß, *Ranunculus repens,* der mit 10–50 cm Wuchshöhe allerdings kleiner bleibt. Seine Blütenstiele sind gefurcht, er bildet oberirdische Ausläufer, die an den Knoten wurzeln und der Pflanze damit eine rasche Ausbreitung ermöglichen. Sie ist deshalb Pionier auf unbesiedelten Standorten; blüht Mai–September. Auch diese Art ist schwach giftig.

Großes Schöllkraut

Foto Mitte

Chelidonium majus

M Mohngewächs. Die Blüten der bis zu 70 cm hohen Pflanze stehen in 2–8blütigen Dolden, sind 10–20 mm groß und goldgelb. 4 verkehrt-eiförmige Kronblätter, fallen leicht ab. Kelchblätter gelblich, behaart. Blütezeit Mai–September. Blätter gefiedert, Fiedern lappig gekerbt, unterseits blaugrün. Nach der Blüte bilden sich charakteristische, nach oben stehende Schoten. Ganze Pflanze mit orangegelbem Milchsaft. **V** Wiesen- und Wegränder, oft in Gebüschen, an Mauern, Zäunen und sonstigen Unkrautstandorten. **B** Der Milchsaft ist giftig und soll angeblich wirksam Warzen zum Verschwinden bringen. Tinkturen des Schöllkrauts finden Verwendung in Arzneimitteln gegen Leber- und Gallenerkrankungen. Die Pflanze ist ein typischer Kulturbegleiter und gilt als Zeigerpflanze für hohen Stickstoffgehalt im Boden.

Gänse-Fingerkraut

Foto unten

Potentilla anserina

M Rosengewächs. 10–50 cm hohe Pflanze mit langen, rötlichen, oberirdischen Ausläufern. Blätter bis 25 cm lang, gefiedert, oberseits grün, unterseits silberhaarig; Fiedern ei-länglich, grob gezähnt. 18–25 mm breite, gelbe Blüten mit 5 rundlichen Kronblättern, diese doppelt so lang wie der Kelch. Blüht Mai–August. **V** Feuchte, nährstoffreiche Standorte an Wiesenrändern, Ufern, auf Schuttplätzen und in Straßengräben. **B** Der Name leitet sich von den bei den meisten Arten der Gattung *Potentilla* handförmig geteilten Blättern ab. Naturheilkundlich früher bei Krampfzuständen des Verdauungstraktes angewendet.

Kommt oft vergesellschaftet mit dem Kriechenden Fingerkraut, *Potentilla reptans,* vor. Auch dieses hat lange, kriechende Ausläufer, die Blätter sind hier 5–7fiedrig, lang gestielt und deutlicher handförmig. Blüht Mai–August.

Wundklee

Foto oben

Anthyllis vulneraria

M Schmetterlingsblütengewächs. 10–30 cm hoch. Niederliegender bis aufsteigender Stengel mit vielblütigen, 10–20 mm großen Blütenköpfen. Kronblätter gelb, Kelch zottig-filzig; blüht Mai–August. Blätter gefiedert, Endfieder immer größer, Form der Fiedern länglich-oval. Untere Bätter meist nur aus der Endfieder bestehend. **V** Bevorzugt sandigen oder steinigen Boden auf Magerwiesen, Halbtrockenrasen, in Steinbrüchen, an Wegrainen und auf Sanddünen. **B** Dem Namen entsprechend wurde die Pflanze in der Volksheilkunde zur Wund- und Geschwürbehandlung eingesetzt. Bestäubung durch Hummeln.

Gewöhnlicher Hornklee

Foto Mitte

Lotus corniculatus

M Schmetterlingsblütengewächs. Am 10–45 cm hohen, bogig aufsteigenden Stengel stehen verkehrt-eiförmige 5teilige Fiederblätter. 2 der Fiedern sitzen direkt am 4kantigen Stengel, die anderen sind abgesetzt. Blattunterseiten blaugrün. 8–15 mm lange, gelbe Blüten bilden 2–7blütige Dolden. Blütenschiffchen zur Spitze rechtwinkelig aufgebogen, oft rötlich überlaufen. Blütezeit Mai–September. **V** Verschiedenste Wiesentypen, in Gebüschen, Steinbrüchen, an Wegrändern und auf Geröllhalden. **B** Kommt bei uns in 2 Unterarten vor. Die tiefreichenden Wurzeln führen zu einer Bodenverbesserung. Hornklee gilt als wichtige Bienenweide und als gute Futterpflanze.

Echter Steinklee

Foto unten links

Melilotus officinalis

M Schmetterlingsblütengewächs. 2jährige Pflanze, 30–90 cm hoch, mit kantigem, verzweigtem Stengel. Gelbe, 5–7 mm große Blüten in 4–10 cm langen Trauben, deutlich nach Honig duftend. Blütenschiffchen kürzer als Fahne und Flügel. Blütezeit Mai–September. Blätter 3teilig mit länglichen, gesägten Fiederblättchen; 6–13 Paare von Seitennerven. **V** Weg- und Wiesenränder, auf Schuttplätzen, an Ufern, in Steinbrüchen und anderen typischen Unkrautfluren. **B** Der aromatische Duft der getrockneten Pflanze ist durch entstehendes Cumarin verursacht. Naturheilkundlich zur Behandlung von Entzündungen verwendet. Der Duft wehrt Motten ab.

Wiesen-Platterbse

Foto unten rechts

Lathyrus pratensis

M Schmetterlingsblütengewächs. Stengel kantig, 20–100 cm hoch, kurz anliegend behaart, mit unterirdischen Ausläufern. Blüht Juni–August. Blüten gelb, 10–20 mm lang, in 3–10blütigen Trauben. Blätter bestehen aus einem Paar lanzettlicher Fiederblätter mit einer Endranke; Nebenblätter pfeil- bis spießförmig. **V** Gut gedüngte, sog. Fettwiesen, Moorwiesen, Gebüschsäume und lichte Wälder mit feuchtem Boden. **B** Wegen enthaltener Bitterstoffe wird die Pflanze von Weidevieh gemieden.

Gewöhnliche Nachtkerze

Foto oben

Oenothera biennis

M Nachtkerzengewächs. Aufrechte, meist unverzweigte Pflanze, 50–100 cm hoch. In einer Grundrosette, die dicht dem Boden anliegt, stehen verkehrt-eiförmige, bis 15 cm lange Blätter. Am Stengel sind die Blätter deutlich kleiner und am Blattrand meist fein gesägt. Blüht Juni–September. Endständiger, traubiger Blütenstand mit gelben, 25–30 mm breiten Blüten. V Wiesen- und Wegränder mit sandigem Boden, Gewässerufer, Steinbrüche, Bahndämme, Schuttplätze und andere Ruderalstandorte. B Die sehr lichtbedürftige Pflanze wurde, aus Nordamerika kommend, bei uns im 17. Jahrhundert heimisch. Ihre Bestäubung erfolgt in erster Linie durch Nachtfalter. Die Nachtkerze gehört zu einer sehr formenreichen Sammelart mit mehreren Kleinarten.

Zypressen-Wolfsmilch

Foto Mitte

Euphorbia cyparissias

M Wolfsmilchgewächs. Bis 50 cm hohe Pflanze mit schmal-linealischen, meist hellgrünen Blättern; an nicht blühenden Stengeln sehr dichte Blattstellung, deshalb tannwedelartiges Aussehen. Blüten an der Spitze 9–15strahliger Scheindolden, diese 5–8 cm breit. Honigdrüsen der Blüten halbmondförmig, 2hörnig, wachsgelb. Jeder Einzelblütenstand mit hellgelber, unverwachsener Hochblatthülle. Blütezeit April–Juli. Die ganze Pflanze enthält einen weißen, giftigen Milchsaft. V Gedeiht auf Magerrasen, Schafweiden, an Wegen, Böschungen und felsigen Hängen, vorzugsweise auf kalkigen Böden. B Der enthaltene Milchsaft soll die Pflanze vor Tierfraß schützen. Auch die Samen der Gattung *Euphorbia* sind giftig. Sehr häufig ist die Art von dem Rostpilz *Uromyces pisi* befallen, der das Erscheinungsbild der Pflanze stark verändert: Der Stengel bleibt unverzweigt, die Blätter abnorm klein und sehr hell. Auf der Blattunterseite erkennt man die Fortpflanzungsorgane des Pilzes als kleine, hellbraune Pusteln.

Echtes Johanniskraut

Foto unten

Hypericum perforatum

M Hartheugewächs. Stengel aufrecht, ästig, 30–100 cm hoch, markig, kahl mit 2 Längsleisten, im Spitzenbereich drüsig. Blätter gegenständig, ei-länglich, durchscheinend punktiert mit schwarzen Drüsen am Blattrand. In reichblütigen Trugdolden 20–30 mm große, goldgelbe Blüten mit asymmetrischen, schwarz punktierten Kronblättern. Kelchblätter ganzrandig und zugespitzt. Blüht Juni–August. V Magerrasen, sonnige Trockenhänge, Gebüsche, Wegränder und lichte Wälder. B In den als Punkte in den Blättern sichtbaren Sekretbehältern sind Gerbstoffe und ätherische Öle enthalten, die die Pflanze seit altersher zu einer wichtigen Heilpflanze machen. Ihr Anwendungsgebiet ist sehr umfangreich: Neben einem ausgeprägten nervenberuhigenden Effekt zur Anwendung bei psychischen Erkrankungen wird sie auch zur Wundheilung, bei Frauenleiden und bei Nerven- und Muskelschmerzen verwendet.

Acker-Senf

Foto oben

Sinapis arvensis

M Kreuzblütengewächs. 20–60 cm hoch; Stengel und Blätter der Pflanze rauhhaarig. Untere Blätter gestielt, tief fiederteilig und buchtig gezähnt, bis 20 cm lang; obere Blätter sitzend, lanzettlich und ganzrandig. Blüten Mai–September, schwefelgelb, 8–12 mm breit, mit waagerecht abstehenden Kelchblättern. Charakteristisch die im unteren Bereich des Blütenstands bereits entwickelten Schoten, 2–4 cm lang, kahl, mit geradem, kegeligen Schnabel und schwarzen Samen. **V** Wiesenränder, Äcker, Schuttplätze und andere Ruderalstandorte. **B** Der gebräuchliche Senf wird üblicherweise aus den Samen des Weißen Senf, *Sinapis alba,* oder des Schwarzen Senf, *Brassica nigra,* hergestellt. Die Samen dieser Pflanze werden nicht genutzt. Früher wurden ihre grünen Triebe manchmal als Gemüse gegessen. Auch naturheilkundlich fand sie Verwendung.

Wiesen-Schlüsselblume

Foto Mitte

Primula veris

M Primelgewächs. An der Spitze des 10–20 cm hohen Stiels intensiv gelbe und duftende Blüten in einseitswendiger Dolde. Einzelblüte 8–12 mm, Schlund rot gefleckt, glockiger Saum, Kelch bauchig; Blütezeit April/Mai. Blätter stehen in einer grundständigen Rosette; sie sind länglich-eiförmig mit gekerbtem Rand, verschmälern sich in den geflügelten Stiel und sind, wie dieser, samtig-flaumig behaart. Wird oft mit der Wald-Schlüsselblume, S. 38, verwechselt. **V** Wiesen, lichte Wälder, Gebüsche, häufig auch auf Kalkmagerrasen. **B** Die Bestäubung erfolgt durch Bienen und Hummeln, wobei – zur Vermeidung von Selbstbestäubung – langgriffelige Individuen mit kurzgestielten Staubgefäßen und umgekehrt vorkommen. Auf diese Art und Weise ist eine wechselseitige Pollenübertragung gewährleistet. Die Samenverbreitung erfolgt bei allen Schlüsselblumen durch den Wind.

Kleinblütige Königskerze

Fotos unten

Verbascum thapsus

M Braunwurzgewächs. Im langen, traubigen Blütenstand (Foto links) stehen 20–25 mm große, hellgelbe Blüten (Foto rechts). Sie sind weit trichterförmig und kurz gestielt. Staubgefäße unterschiedlich: die 2 unteren kahl, die 3 oberen weißwollig behaart. Blüht Juli–September. Am 10–170 cm hohen Stengel laufen die eiförmig-lanzettlichen Blätter bis zum nächstunteren Blatt herab. Blätter der Grundrosette bis 40 cm, ei-länglich, wie der Stengel und die anderen Blätter filzig behaart. **V** An Wegrändern, auf Schutthalden, an Ufern und auf sonnigen Magerrasenhängen. **B** Die Art gilt als Zeigerpflanze für hohen Stickstoffgehalt des Bodens. Schon in der Antike wurde die Pflanze bei Magen- und Darmerkrankungen, gegen Entzündungen und zur Wundheilung verwendet.

Ähnlich, allerdings noch mächtiger im Wuchs, ist die <u>Großblütige Königskerze</u>, *Verbascum densiflorum,* mit Blüten bis 5 cm Ø. Blütezeit Juli–September.

Gemeines Leinkraut
Foto oben

Linaria vulgaris

M Braunwurzgewächs. Die schwefelgelben Blüten erscheinen Juni–September. Sie sind 15–30 mm groß, stehen in einem traubig-verlängerten Blütenstand; Sporn gerade, bis 8 mm lang, Schlund orangefarben. Stengel 20–60 cm hoch, gewöhnlich unverzweigt. Blätter wechselständig, lineal-lanzettlich und bläulichgrün. **V** Bevorzugt typische Unkrautstandorte an Wiesenrändern, an Wegrainen, in Straßengräben, Steinbrüchen und auf Schuttplätzen. Hohes Lichtbedürfnis. **B** Der Name geht auf die frühere Gepflogenheit zurück, mit einem Absud, der der Wäschestärke zugesetzt wurde, einen Gelbton der Wäsche zu erreichen. Seit dem Mittelalter wurde die Art naturheilkundlich verwendet. Ihre Inhaltsstoffe wurden in verschiedenen Darreichungsformen bei Hämorrhoiden, zur Wundheilung und bei Venenentzündungen eingesetzt. Heute hat die Pflanze keine heilkundliche Bedeutung mehr.

Rainfarn
Foto Mitte

Tanacetum vulgare

M Korbblütengewächs. 60–100 cm hoch; Stengel zäh, mit tief gefiederten, bis 25 cm langen, farnähnlichen (Name!) Blättern. Blattspreite besteht aus 16–24 lanzettlichen, am Rand gesägten Fiedern. Blüten 8–11 mm, goldgelb, in reichblütigen Schirmrispen; keine Zungenblüten. Blütezeit Juli–September. Die ganze Pflanze duftet aromatisch. **V** Typische Pflanze auf Unkrautfluren, auf Schuttplätzen, an Dämmen, Wegrändern, auch an Waldrändern und auf Kahlschlägen. **B** Wegen des Gehalts an ätherischen Ölen, Bitterstoffen und Gerbstoffen wurde die Pflanze früher naturheilkundlich verwendet. Innerlich angewandt sollte sie Würmer vertreiben und Verdauungsbeschwerden lindern, äußerlich nutzte man Essenzen gegen Rheuma und Gicht. In den Wohnungen wurden Rainfarnbüschel zur Mottenvertreibung und zum Schutz des Hauses aufgehängt.

Huflattich
Foto unten

Tussilago farfara

M Korbblütengewächs. Blüht zeitig, Februar–April. Blüten 2–3 cm groß, gelb, am Ende der mit rötlichen Schuppenblättern besetzten, 5–20 cm langen Stengel. Die schmalen Zungenblüten stehen im Blütenköpfchen in mehreren Reihen und sind von einer Reihe grüner Hüllblätter eingefaßt. Erst nach der Blüte erscheinen grundständige, große, herzförmige (hufförmige, Name!), unterseits graufilzige Laubblätter; Blattrand schwärzlich gezähnt. **V** Weg-, Wiesen- und Straßenränder, Schuttplätze, Bahndämme und andere Ruderalstandorte. **B** Wird von Fliegen und Bienen bestäubt. Auch heute noch gehört die Art zu den häufig genutzten Heilpflanzen. Innerlich wird sie vorwiegend bei Husten und anderen Erkrankungen der Atmungswege verwendet, äußerlich nutzt man die Blätter als Kompressen bei Krampfadern, Kopfschmerzen oder naturkosmetisch zur Pflege bei Hautunreinheiten.

Kohl-Kratzdistel

Foto oben

Cirsium oleraceum

M Korbblütengewächs. Weichdornige, 50–150 cm hohe Pflanze mit locker beblättertem Stengel. Blätter weich, kaum stechend, im unteren Stengelbereich fiederteilig und lanzettlich, die oberen ungeteilt, eiförmig, den Stengel umfassend. Alle Blätter hellgrün. Gelblichweiße Blüten, meist gehäuft an der Stengelspitze, von bleichen, eiförmigen, weichstacheligen Hochblättern umgeben; Blütengröße 10–25 mm. Blüht Juni–September. **V** Feuchte Wiesen, Staudenfluren, Auenwälder, Flachmoore, Gewässerufer und andere Standorte mit feuchten, lehmigen Böden. **B** Die jungen Blätter der Pflanze werden als Salat genutzt. In der Naturheilkunde wurde die Pflanze früher gegen Rheuma, Gicht oder gegen Nervenschmerzen und Krampfzustände eingesetzt. In erster Linie verwendete man einen Wurzelabsud der getrockneten Wurzel. Die Bestäubung der Blüten erfolgt durch Bienen und Falter.

▶ **Arnika** → Alpen S. 250

Wiesen-Bocksbart

Foto Mitte

Tragopogon pratensis

M Korbblütengewächs. Die 2–5 cm breiten, leuchtend gelben Blütenköpfchen bestehen nur aus Zungenblüten und sind von 5–8 Hüllblättern umgeben. Blütezeit Mai–Juli. Stengel 30–70 cm hoch, mit ungestielten, schmal-lenzettlichen Blättern, die in lange Spitzen auslaufen. **V** Gut gedüngte, sog. Fettwiesen, aber auch Halbtrockenrasen, Wegränder und auf Schuttplätzen. **B** Blätter und Wurzeln der Pflanze wurden früher als Salat gegessen. Die von Fliegen und Käfern bestäubten Blüten öffnen sich nur in der ersten Tageshälfte, meist von ca. 8–14 Uhr. Nach der Blüte entwickeln sich als Anhängsel der Hüllblätter sog. Pappushaare, die der Samenverbreitung dienen. Das bärtige Erscheinungsbild des Blütenkörbchens in dieser Zeit hat zur Namensgebung geführt.

Löwenzahn

Foto unten

Taraxacum officinale

M Korbblütengewächs. Allbekannte Pflanze mit blattlosen, innen hohlen, 10–50 cm hohen Blütenstengeln; der Stengel ist kahl, meist blaßgelb, beim Abbrechen tritt weißer Milchsaft aus. Am Oberende 3–5 cm breite Blütenköpfchen, leuchtend gelb, mit zurückgeschlagenen äußeren Hüllblättern; gesamtes Blütenkörbchen nur aus Zungenblüten bestehend. Blätter in grundständiger Rosette, länglich und tief fiederspaltig, 10–30 cm lang, ebenfalls milchsaftführend. Blütezeit April–Oktober. **V** Fettwiesen, auch Weg- und Ackerränder, Unkrautstandorte und Schuttplätze. **B** Wegen tiefreichender Wurzel (bis 2 m) kann die Art selbst kargste Standorte als Pionierpflanze besiedeln. Tritt zur Blütezeit auf Wiesen meist in großen Massen auf. Junge Bätter werden als Salat gegessen. Naturheilkundlich wird die Pflanze auch heute verwendet.

Klatschmohn
Foto oben

Papaver rhoeas

M Mohngewächs. 20–80 cm hohe Pflanze mit leuchtenden, scharlachroten, 4–8 cm großen Blüten. Basis der Kronblätter häufig mit schwarzem Fleck, Staubblätter in großer Zahl, dunkelviolett, umgeben den zentral stehenden Fruchtknoten. Narbe 8–12strahlig, scheibenförmig. Blütezeit Mai–August. Blätter behaart, stark fiederteilig mit tieflappig gezähnten Abschnitten. Stengel aufrecht, spärlich verzweigt und borstig behaart. Die Pflanze enthält weißen Milchsaft. **V** Weg-, Wiesen- und Ackerränder, Getreidefelder, Schuttplätze und andere Ruderalstandorte. **B** Klatschmohn gilt als sehr alter Kulturbegleiter des Menschen. Schon die Ägypter verwendeten ihn wegen seines Aromas. Später wurde er naturheilkundlich gegen Husten, bei kindlichen Schlafstörungen und als Schmerzmittel eingesetzt. Die Farbstoffe der Kronblätter wurden zur Herstellung roter Tinte genutzt.

▶ **Bach-Nelkenwurz** → Feuchtgebiete S. 184

Wiesen-Klee
Foto Mitte

Trifolium pratense

M Schmetterlingsblütengewächs. Blüht Mai–September. Die rosa bis roten Blütenköpfchen stehen meist zu zweit am Ende 10–40 cm hoher Stengel. Sie sind 10–20 mm groß; der Kelch der Einzelblüten ist 10nervig, außen behaart. Blätter 3zählig, bestehend aus 1–3 cm langen, eiförmig-länglichen Fiederblättchen, ganzrandig und meist gefleckt. Nebenblätter ebenfalls eiförmig und scharf zugespitzt. **V** Fettwiesen, an Wegrändern, auf Weiden und in lichten Wäldern. **B** Wie alle Schmetterlingsblütler ist der Wiesen-Klee sehr eiweißreich und deshalb eine hervorragende Futterpflanze. Der hohe Eiweißgehalt erfordert eine gesteigerte Stickstoffaufnahme, die hier über Bakterien in sog. Wurzelknöllchen gewährleistet ist. Man kann die Pflanze deshalb auch zur Gründüngung verwenden.

Bunte Kronwicke
Foto unten

Coronilla varia

M Schmetterlingsblütengewächs. Am niederliegenden bis aufsteigenden Stengel stehen kurz gestielte, gefiederte Blätter mit 4–12 Paaren ovaler Fiederblättchen. Der Stengel ist kantig, hohl, 30–100 cm hoch. Blütendolde 10–20blütig mit 8–15 mm großen Einzelblüten; Fahne rosa, Schiffchen weiß mit violetter Spitze, Flügel weiß. Blütezeit Mai–September. **V** Bevorzugt trockene Wiesen, Steinbrüche, Böschungen und Waldränder mit kalkreichen Böden. **B** Aufgrund ihres Gehalts an Glykosiden gilt die Pflanze als schwach giftig, wird aber dennoch z. T. als Futterpflanze angebaut. Die 3 Blütenteile Fahne, Schiffchen und Flügel sind kennzeichnend für die ganze Familie der Schmetterlingsblütengewächse. Es handelt sich um verschieden gestaltete Kronblätter, wobei 2 verwachsene das Schiffchen bilden.

Karthäuser-Nelke
Dianthus carthusianorum

Foto oben

M Nelkengewächs. 20–25 mm breite, purpurfarbene Blüten stehen in 4–10blütigen Köpfchen, umgeben von trockenhäutigen, braunen Hochblättern. Kelch rotbraun, Kronblätter an der Spitze gezähnt. Blüht Juni–September. Blätter 2–4 mm breit, linealisch, gegenständig, am Grunde scheidig verwachsen. Blütenstengel 15–40 cm lang, nichtblühende Stengel bleiben kürzer. **V** Trockenrasen, Heiden, lichte Wälder mit kalkigen oder sandigen Böden. **B** Bestäubung durch Tagfalter, da der Nektar nur mit langem, dünnem Rüssel in der engen Kronröhre erreichbar ist.

Rote Lichtnelke
Silene dioica

Foto Mitte links

M Nelkengewächs. Drüsig behaarte Pflanze, 30–80 cm hoch. Blüten rot, 2–3 cm breit, eingeschlechtlich und zweihäusig, in lockerer Trugdolde; 5 Kronblätter, tief 2lappig, 5 Griffel. Kelch stark behaart, bauchig, von 10 Nerven durchzogen. Blütezeit April–September. Blätter eiförmig-spitz, an schlaffem, oben ästigem, 30–80 cm hohem Stengel. **V** Bevorzugt feuchten Boden in Wiesen, Hecken, in lichten Wäldern, auf Kahlschlägen. **B** Die Blüten dieser Pflanze sind nur tagsüber geöffnet. Wie bei der Karthäuser-Nelke und der Kuckucks-Lichtnelke werden die Blüten von Tagfaltern bestäubt.

Kuckucks-Lichtnelke
Lychnis flos-cuculi

Foto Mitte rechts

M Nelkengewächs. Im locker verzweigten Blütenstand stehen rosafarbene, 3–4 cm breite Blüten. 5 Kronblätter, 4zipfelig gespalten. Kelch rötlich, 10nervig. Blütezeit Mai–August. Stengel angedrückt behaart, 30–80 cm hoch, mit schmal-lanzettlichen, glatten Blättern; Grundblätter hingegen spatelig, gewimpert und gestielt. **V** Gut gedüngte, humusreiche Wiesen, Sumpf- und Moorwiesen, an Ufern und in feuchten Gebüschen. **B** An der Pflanze leben häufig Schaumzikaden, die Körpersekrete zu Schaumklümpchen »schlagen« und darin Schutz vor Freßfeinden finden. Der Schaum wurde früher als Kuckucksspeichel aufgefaßt (Name der Pflanze!).

Schlangen-Knöterich
Polygonum bistorta

Foto unten

M Knöterichgewächs. Die Pflanze entspringt einem schlangenähnlich gewundenen Wurzelstock (Name!), wird 30–80 cm hoch, blüht Mai–Juli. Blüten hellrosa, in 3–5 cm langen Scheinähren. Grundblätter eirund bis länglich, flügelig gestielt, Stengelblätter sitzend mit herzförmigem Grund. **V** Ausschließlich an bodenfeuchten Standorten in Wiesen, Auenwäldern und an Ufern. **B** Der Wurzelstock der Pflanze wurde früher heilkundlich verwendet.

▶ **Gemeiner Beinwell** → Feuchtgebiete S. 184

Acker-Winde
Foto oben

Convolvulus arvensis

M Windengewächs. 30–100 cm lange Triebe, kriechend und windend, mit spieß- bis pfeilförmigen Blättern. In den Blattachseln gestielte, rosarote, 2–3 cm breite Blüten; Blütenkrone trichterförmig, am Rand schwach gelappt, oft mit 5 purpurfarbenen Streifen, Narbe zweiteilig. Blüht Mai–Oktober. **V** Ackerränder, oft an Getreidehalmen windend, Gärten und als Pionierpflanze an typischen Unkrautstandorten. **B** Bestäubung der Blüten durch Bienen und Fliegen. Aus Kraut und Blüten der Pflanze wurde früher ein Tee mit mild abführender Wirkung zubereitet.

Gefleckte Taubnessel
Foto Mitte links

Lamium maculatum

M Lippenblütengewächs. Die Blüten der Pflanze sind 20– 30 mm lang, purpurfarben mit gefleckter Blütenunterlippe (Name!) und aufwärtsgekrümmter Kronröhre. Im Inneren der Kronröhre gerader, purpurner Haarring. Blütezeit April–November. Stengel 20–80 cm hoch, spärlich behaart, mit lang gestielten, eiförmig-3eckigen, am Rand gezähnten Blättern. **V** Unkrautstandorte an Wiesen- und Waldrändern, in Gebüschen, Hecken und an Straßengräben. **B** Gilt als typische Halbschattenpflanze. Bestäubung durch verschiedene Insekten; die Samenverbreitung erfolgt durch Ameisen.

Rote Taubnessel
Foto Mitte rechts

Lamium purpureum

M Lippenblütengewächs. Pflanze 10–30 cm hoch, unangenehm riechend. Blüten 10–15 mm lang, purpurfarben, in pyramidenförmigem Blütenstand. Kronblätter doppelt so lang wie der Kelch, in der Kronröhre ein deutlicher, querverlaufender Haarring. Blütezeit März–November. Blütentragblätter eiförmig-3eckig, gekerbt; Laubblätter rundlich bis herz-eiförmig, ebenfalls gekerbt. **V** Wiesen- und Wegränder, Schuttplätze, Gärten und Weinberge, Waldränder. **B** Gilt als Kulturbegleiter und Anzeiger für stickstoffreiche Böden. Sehr lichtbedürftig.

Gemeine Kratzdistel
Foto unten

Cirsium vulgare

M Korbblütengewächs. Blüht Juli–September. Blütenköpfe purpurrot, 2–4 cm breit, meist paarweise oder in 3er-Gruppen; Blütenhülle eiförmig, meist kahl, selten leicht wollhaarig. Blätter tief fiederteilig, stachelig gezähnt, in einem langen, gelben Stachel an der Spitze endend. Blätter laufen am 60–180 cm hohen Stengel herab; Unterseite graufilzig. **V** Unkrautgesellschaften an Weg- und Wiesenrändern, auf Schuttplätzen und Kahlschlägen. **B** Die Art gilt als Stickstoffanzeiger. Auf den Blütenköpfen findet man häufig Käfer und Hummeln als Bestäuber.

▶ **Breitblättriges Knabenkraut**   → Feuchtgebiete S. 186

Küchenschelle
Pulsatilla vulgaris

Foto oben

M Hahnenfußgewächs. 5–10 cm, zur Fruchtzeit bis 40 cm hohe Pflanze, insgesamt seidig behaart. 6 violette Blütenhüllblätter, im Blütenzentrum eine Vielzahl leuchtend gelber Staubblätter, ca. halb so lang wie die Blütenblätter. Kelchblätter nicht vorhanden, Blütengröße 4–5 cm. Unterhalb der Blüte 3 Hochblätter, in schmale Abschnitte zerteilt. Blütezeit März–Mai. Grundblätter erscheinen erst nach der Blüte; sie sind 2–3fach gefiedert. Gefährdet. **V** Kalkmagerrasen, Heiden, meist in sonnigen Hanglagen. **B** Bienen und Hummeln bestäuben die Pflanze. Nach der Befruchtung entwickelt sich am sich streckenden Stengel ein zottig-buschiger Fruchtstand. Die Pflanze wird naturheilkundlich verwendet.

Zaun-Wicke
Vicia sepium

Foto Mitte links

M Schmetterlingsblütengewächs. Der kurz-, weichhaarige Stengel erreicht 30–60 cm, windet sich meist an anderen Pflanzen empor, steht teils auch selbständig. Blätter 8–18fiedrig, Fiedern eiförmig, gewimpert; an der Spitze geteilte Ranke. Blüht Mai–August. 2–5blütige Trauben; Einzelblüte bräunlich-violett, 12–15 mm lang, mit ungleich großen Kelchzähnen. **V** Wiesen, in Gebüschen, an Weg- und Ackerrändern und in lichten Wäldern. **B** Die Blüten werden durch Insekten bestäubt. Die auf der Pflanze häufig anzutreffenden Ameisen nehmen Nektar aus sog. Nebenblattnektarien auf.

Vogel-Wicke
Vicia cracca

Foto Mitte rechts

M Schmetterlingsblütengewächs. Am niederliegenden bis aufsteigenden, bis 150 cm langen Stengel stehen 15–20fiedrige Blätter mit schmal-linealen Fiedern und verzweigter Ranke. Blauviolette Blüten in 10–30blütigen Trauben, Einzelblüte 8–12 mm. Tragblatt des Blütenstandes ist etwa so lang wie die Traube. Blütezeit Juni–August. **V** Wiesen, Gebüsche, auf Äckern und an Waldrändern. **B** Bestäubung durch Bienen, Samenverbreitung durch einen Schleudermechanismus oder als Verdauungsverbreitung über Pflanzenfresser. Alter Kulturbegleiter.

Wiesen-Storchschnabel
Geranium pratense

Foto unten

M Storchschnabelgewächs. 20–60 cm hoch; aufrechter, oben drüsig behaarter Stengel. Blätter 7lappig, doppelt fiederspaltig mit lanzettlichen Zähnen. Blüten blauviolett, stehen meist paarweise; Einzelblüte 2–4 cm. Nach der Blüte (Mai–August) storchschnabelähnliche (Name!), nach unten gebogene Früchte. **V** Fettwiesen, an Gräben, Wegrändern und an Straßenrändern mit kalkigen Böden. **B** Die tief wurzelnde Pflanze gilt als Nährstoffzeiger. Die Bestäubung erfolgt durch Bienen und andere Insekten, die Samenverbreitung durch einen Schleudermechanismus.

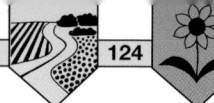

Gundermann
Glechoma hederacea

Foto oben

M Lippenblütengewächs. Stengel 15–60 cm, niederliegend, an den Knoten wurzelnd. Blätter rundlich bis nierenförmig, oberseits glänzend, unterseits mattrötlich, am Rand gekerbt. Den Blattachseln entspringen 2–3blütige Halbquirle mit blauvioletten, gestielten Blüten; sie werden 10–20 mm lang, Oberlippe gerade, vorn ausgerandet, Unterlippe 3lappig mit vergrößertem Mittellappen. Staubblätter und Griffel überragen die Kronröhre. Der Kelch ist regelmäßig 5zähnig. Blütezeit März–Juni. **V** Sehr variabel in den Standortansprüchen, deshalb auf Wiesen, Weiden, in Auenwäldern, in Hecken, an Ufern, Mauern und Straßenrändern. **B** Die Pflanze nennt man auch Gundelrebe. Sie wird von Insekten bestäubt, die Samenverbreitung erfolgt durch Ameisen. Während sie heute allenfalls noch als Salatkraut eine gewisse Rolle spielt, hatte sie früher eine breite heilkundliche Bedeutung bei vielen Krankheitsbildern.

Kleine Braunelle
Prunella vulgaris

Foto Mitte

M Lippenblütengewächs. Kopfartiger Blütenstand mit blauvioletten, 8–15 mm langen Blüten; ihre Oberlippe helmähnlich mit 3 kurzen, stachelspitzen Zähnen, Unterlippe mit 2 begrannten Zähnen. Blütenröhre gerade. Der Kelch ist ungleich 2lippig, halb so lang wie die Blüte. Die Tragblätter des Blütenstands sind purpurn. Blütezeit Juni–September. Stengel aufrecht bis aufsteigend und schwach behaart. Blätter länglich-eiförmig, stehen gekreuzt gegenständig, ebenfalls schwach behaart. **V** Wiesen, Weiden, an Wegrändern, Ufern, auf Moorwiesen und in Wäldern. **B** Die Verbreitung der Pflanze erfolgt durch oberirdische Ausläufer und über einen raffinierten Mechanismus der Samenverbreitung: Auftreffende Regentropfen lösen einen Mechanismus aus, der die Samen aus den Bruchfrüchten schleudert. Enthält Gerbstoffe, ätherische Öle und Bitterstoffe, deshalb als Heilpflanze von gewisser Bedeutung.

Wiesen-Glockenblume
Campanula patula

Foto unten

M Glockenblumengewächs. Lockerer Blütenstand mit nickenden trichterförmigen, lilafarbenen Blüten. Sie werden 15– 25 mm lang, die Blütenkronzipfel sind bis zur Hälfte gespalten. Kelchzipfel spitz lanzettlich. Blüht Juni–Oktober. Am 20–60 cm hohen, verzweigten Stengel unterscheiden sich kurzgestielte, länglich-eiförmige, am Rand gekerbte Grundblätter und etwas mehr lanzettlich gestaltete Stengelblätter. **V** Bevorzugt nährstoffreiche Fettwiesen mit feuchtem, lehmigem Boden, seltener in Gebüschen und Wäldern. **B** Die Pflanze ist sehr lichtbedürftig. Selbstbestäubung wird durch unterschiedliche Reifezeit von Pollen und Samenanlagen – Pollen reifen zuerst – verhindert. Bestäubung in erster Linie durch Bienen. Die Gattung *Campanula* ist mit vielen Arten in unserer Flora vertreten.

Acker-Witwenblume
Foto oben links

Knautia arvensis

M Kardengewächs. Aus grundständiger Blattrosette entspringt ein 30–100 cm hoher, meist borstiger Stengel. Rosettenblätter ei-lanzettlich, gestielt; Stengelblätter gegenständig sitzend, graugrün, tief fiederspaltig. Blüht Mai–Oktober; blauviolette, 2–4 cm breite Köpfe mit deutlich vergrößerten Randblüten. Blütenkopfboden ohne Spreublätter, eiförmige, behaarte Hüllblätter. **V** Wiesen, Äcker, Weg- und Waldränder mit kalkhaltigen Böden. **B** Die Bestäubung erfolgt durch Bienen und Schmetterlinge, die Samenverbreitung durch Ameisen.

Wiesen-Flockenblume
Foto oben rechts

Centaurea jacea

M Korbblütengewächs. Die rotvioletten Blütenköpfe werden 2–6 cm breit, bestehen ausschließlich aus Röhrenblüten; Randblüten deutlich vergrößert. Äußere Hüllblattanhängsel rundlich, schwarzbraun bis weißlich, vom übrigen Hüllblatt abgeschnürt. Stengel 20–80 cm, kantig, rauh, oben verzweigt. Grundblätter gestielt, ausgebuchtet bis gefiedert; Stengelblätter sitzend, lanzettlich. Blütezeit Juni–Oktober. **V** Wiesen, Wegränder, Magerrasen und in Gebüschen. **B** Die Pollen der Pflanze werden nach Berührung durch Insekten aus den Staubblättern ausgepreßt.

Herbstzeitlose
Foto Mitte

Colchicum autumnale

M Liliengewächs. Blüten blaßviolett, 4–6 cm groß, Blütenröhre bis 20 cm lang. Die 6 Blütenblätter umgeben 3 aus der Blütenröhre ragende Griffel und 6 Staubgefäße. Während der Blütezeit (August–November) blattlos, Blätter erscheinen erst im Frühjahr, meist zu 3; sie sind glänzend grün, breit-lanzettlich und umgeben die gleichzeitig erscheinende Fruchtkapsel. Pflanze entspringt unterirdischer Sproßknolle. **V** Feuchte Wiesen und Auenwälder. **B** Enthält – v. a. in der Knolle – hochgiftiges Colchizin. Zwischen Bestäubung und Befruchtung vergehen mehrere Wochen, da die Pollenschläuche den extrem langen Griffel durchwachsen.

Große Händelwurz
Foto unten

Gymnadenia conopsea

M Knabenkrautgewächs. Am Ende des 20–70 cm hohen Stengels entwickeln sich in zylindrischer, vielblütiger Ähre rosa bis violette, schwach duftende, 10–15 mm große Einzelblüten. Sporn nach unten gebogen, 2mal so lang wie der Fruchtknoten. Seitliche Blütenhüllblätter oval; Lippe 3lappig, zur Spitze hin verbreitert. Blüht Juni–August. Stengelblätter lanzettlich, aufrecht abstehend. **V** Magerrasen, lichte Wälder, aber auch an feuchten Standorten, wie Moorwiesen. **B** Häufigste heimische Orchidee. Ihr Name leitet sich von der handförmig geteilten Wurzelknolle ab. Bestäubung durch Schmetterlinge.

Natternkopf

Foto oben

Echium vulgare

M Rauhblattgewächs. 30–100 cm hohe, steifborstig behaarte Pflanze. Am kräftigen Stengel sitzen die Blätter direkt an; sie sind länglich-lanzettlich und deutlich kleiner als die bis 15 cm langen, ebenfalls lanzettlichen, aber gestielten Rosettenblätter. Im pyramidenförmigen Blütenstand entwickeln sich aus anfangs rötlichen Knospen blaue Blüten mit 15–20 mm langen Kronblättern. Sie sind glockig, 2–3mal länger als der Kelch, mit ungleich langen Staubblättern, die die Kronblätter überragen. Blütezeit Juni–Oktober. **V** Unkrautstandorte an Wiesen- und Wegrändern, auf Schuttplätzen, in Steinbrüchen und an Bahndämmen. **B** Die sehr tief wurzelnde Pflanze ist wärmeliebend und gilt als Pionier an neu zu besiedelnden Standorten. Die Blüten werden von Insekten bestäubt; bei den Früchten gibt es sowohl Wind- als auch Klettverbreitung.

Gamander-Ehrenpreis

Foto Mitte

Veronica chamaedrys

M Braunwurzgewächs. Die 8–12 mm großen, leuchtend blauen Blüten erscheinen in blattachselständigen Trauben. Der Blütenkelch ist 4blättrig, die 4 Kronblätter sind dunkelblau geadert. Nur 2 Staubblätter, ragen aus der Blütenkrone. Blüht April–August. Stengel als typisches Kennzeichen 2zeilig behaart, 10–30 cm hoch. Gegenständig stehende Blätter, eiförmig, nur kurz gestielt oder sitzend, Blattrand gekerbt. **V** Sehr vielfältige Standorte auf Wiesen, an Wegrainen, Waldrändern, in Hecken und Gebüschen. **B** Nur bei ausreichender Besonnung bilden sich fruchtbare Blüten aus, die von Bienen und Fliegen bestäubt werden. Die Samenverbreitung erfolgt durch Ameisen. Zur Gattung *Veronica* gehören in unserer Fora sehr viele, leicht verwechselbare Arten, deren gemeinsames Kennzeichen die Zweizahl der Staubblätter ist. Einige Arten gelten als Heilpflanzen.

Kriechender Günsel

Foto unten

Ajuga reptans

M Lippenblütengewächs. Pflanze 15–30 cm hoch, mit oberirdischen, kriechenden Ausläufern (Name!). Rosettig stehende Grundblätter lang gestielt, spatelförmig, ganzrandig oder stumpf gezähnt. Stengelblätter stehen gekreuzt-gegenständig, sind eiförmig und ungeteilt, oft rötlich überlaufen, ganzrandig oder leicht gezähnt. Blüten April–August; sie sind blau, selten rosa oder weiß und 10–15 mm groß. Oberlippe fehlend oder stark reduziert, Unterlippe groß ausgebildet, 3lappig; Kronröhre innen mit Haarring. Blütenstand zylindrisch, ährenartig. **V** Wiesen, Gebüsche, Wegraine, in Wäldern und an Waldrändern. **B** Die Bestäubung erfolgt v. a. durch Insekten, daneben kommt aber auch Selbstbestäubung vor. In der Volksmedizin wurde die Pflanze früher als Wundkraut sehr geschätzt. Innerlich hatte sie eine gewisse Bedeutung bei Lebererkrankungen.

Wiesen-Salbei

Foto oben

Salvia pratensis

M Lippenblütengewächs. Je 4–8 Blüten bilden einen drüsig behaarten Quirl. Die Einzelblüten sind dunkelblau, 20–25 mm lang, mit sichelförmiger Oberlippe. Der unregelmäßig gezähnte Kelch mißt ¹/₃ der Kronblattlänge. Blütezeit April–August. Am 4kantigen, borstig behaarten Stengel sitzen nur wenige Blätter. Stengelblätter und grundständige Rosettenblätter runzelig, eiförmig und unregelmäßig gekerbt. Wuchshöhe 30–60 cm. **V** Sonnige, trockene Standorte auf Kalkmagerrasen, an Wegrändern, Böschungen, seltener auf Fettwiesen. **B** Sehr interessant ist hier der Bestäubungsmechanismus: Hummeln setzen beim Versuch, an den Nektar zu gelangen, einen Hebelmechanismus in Gang, der die Staubblätter auf den Rücken des Insekts herabdrückt, womit die Pollen auf dem behaarten Rücken der Hummel abgestreift werden. Der Mechanismus ist sehr leicht auszulösen, indem man mit einem Grashalm in den Blütenschlund drückt.

Gemeine Wegwarte

Foto Mitte

Cichorium intybus

M Korbblütengewächs. Am sparrig-ästigen, kurzborstig behaarten Stengel stehen länglich-lanzettliche, meist ganzrandige, selten schwach gezähnte Blätter. Grundblätter hingegen tief fiederspaltig, unterseits borstig behaart. In den oberen Stengelbereichen der 25–120 cm hohen Pflanze erscheinen 3–4 cm große, blaue Blütenköpfe. Diese bestehen ausschließlich aus Zungenblüten, umgeben von 2reihig stehenden, drüsig behaarten Hüllblättern, und sind nur in den Vormittagsstunden geöffnet. Blütezeit Juli–September. **V** Typische Pflanze der Weg- und Ackerränder, auf Schuttplätzen und Weiden. **B** Die Art gilt als Kulturbegleiter. Bestäubt wird sie durch Bienen und Schwebfliegen. Die »Zichorienwurzel« diente früher, getrocknet und gemahlen, als beliebter Kaffee-Ersatz. Daneben wurde die Pflanze als Heilmittel bei Gemütserkrankungen, Augen- und Leberleiden verwendet.

Kornblume

Foto unten

Centaurea cyanus

M Korbblütengewächs. An den Stengelenden der reich verzweigten, 30–80 cm hohen Pflanze stehen 2–3 cm breite Blütenköpfe. Randblüten vergrößert, zipfelig, blau; zentrale Scheibenblüten violett. Nur die Scheibenblüten sind fruchtbar. Blütenhüllblätter eiförmig, bis 15 mm lang. Blütezeit Juni–Oktober. Stengel kantig, mit 2–5 mm breiten, lanzettlichen, ansitzenden Blättern. Blattunterseiten und Stengel weißfilzig behaart. **V** Getreidefelder, Unkrautstandorte auf Äckern und Ruderalstandorte. **B** Wie die oben beschriebene Wegwarte gilt auch diese Art als alter Kulturbegleiter des Menschen. Ihr Bestand ist durch zunehmenden Herbizid-Einsatz allerdings an manchen Orten gefährdet. Als Heilpflanze fand die Art früher Verwendung bei Schleimhautentzündungen und Augenerkrankungen.

 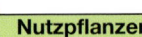

Roggen

Foto oben

Secale cereale

M Süßgras. Pflanze bis 2 m hoch, insgesamt blau bereift. Ähre 8–15 cm lang, vierkantig, mit zunehmender Reife nickend. Die Ähre besteht aus zahlreichen, 2blütigen Ährchen; Hüllspelzen gekielt, linealisch, in lange, grannenartige Spitze auslaufend; Deckspelze mit gewimpertem Kiel und bis 3 cm langer Granne. Blüht Mai/Juni. **V** Roggen wird in ganz Europa kultiviert. Gedeiht auf fast allen Bodenarten, auch auf kalkfreien, leichten Sandböden. Im Gegensatz zu den anderen Getreidearten wächst er auch noch weit im Norden und in Höhen bis 2000 m. **B** Die Pflanze ist Fremdbestäuber; Bestäubung durch den Wind. Roggen wird meist als Winterfrucht angebaut, d. h. die Saat erfolgt im Herbst, die Pflanze überwintert niedrig und wächst im nächsten Frühjahr in die Höhe. Die Körner liefern Schwarzmehl zum Brotbacken; daneben Verwendung als Tierfutter und zur Branntweinherstellung.

Weizen

Foto Mitte

Triticum aestivum

M Süßgras. Am Ende des bis 150 cm hohen Halmes entwickelt sich eine 4seitige, über 5 cm lange, meist unbegrannte Ähre. Sie steht aufrecht und setzt sich aus dicht stehenden, 4blütigen Ährchen zusammen. Hüllspelzen unten rundlich-bauchig, in der oberen Hälfte gekielt; Deckspelzen mit kurzer, dünner Spitze, nur bei wenigen Sorten begrannt. Blattspreite am Grunde deutlich geöhrt und bewimpert; schon bei jungen Pflanzen erkennbar. Blütezeit Juni/Juli. **V** Gedeiht auf allen trockenwarmen, nährstoffhaltigen und kalkhaltigen Böden bis 1000 m Höhe. **B** Die selbstbefruchtende Pflanze wird als Sommer- oder Winterfrucht angebaut. Wichtigste Getreideart zur Herstellung von Weißmehl, Grieß, Graupen und Weizenkleie. Von den altertümlichen Ausgangsarten des Weizens – Emmer, Einkorn und Dinkel – gewinnt letzterer wieder zunehmend als anspruchsloses Getreide an Bedeutung.

Gerste

Foto unten

Hordeum vulgare

M Süßgras. Mit max. 120 cm Wuchshöhe niedrigste heimische Getreideart. Ähre 4- oder 6zeilig, nickend, 5–8 cm lang. Auf den Absätzen der Ährenspindel sitzen 3 einblütige Ährchen mit langen Grannen. Blütezeit Juni/Juli. Die langen, unbehaarten Blattöhrchen umfassen den Halm. **V** Wird in Europa auf fast allen Standorten kultiviert. **B** Die hier beschriebene mehrzeilige Gerste wird v. a. als Winterfrucht angebaut. Sie dient als Grün- oder Körnerfutter und wird zur Graupen- und Grießherstellung verwendet. Neben dieser Art ist auch die Zweizeilige Gerste, *Hordeum distichon,* sehr verbreitet. Sie wird v. a. als Sommerfrucht angebaut und dient in erster Linie als Braugerste, wird aber auch zu Kaffee-Ersatz, Graupen und Mehl weiterverarbeitet. Beide Gerste-Arten sind Selbstbefruchter.

Hafer

Foto oben

Avena sativa

M Süßgras. Aufrechter, 60–120 cm hoher Halm, Blattscheiden glatt, kahl; Blattspreiten meist rauh, graugrün, Spreitengrund ohne Öhrchen. Rispe allseitswendig ausgebreitet mit abstehenden Ästchen, bis 30 cm lang. Die Ährchen sind 2–3 cm lang, meist 2blütig; Deckspelzen kahl, manchmal spärlich behaart, die unteren Ährchen oft mit Granne, die die doppelte Länge der Deckspelze erreicht. Blütezeit Mai–Juli. **V** Liebt schwach saure, mittelschwere, gut durchfeuchtete Böden; vom Tiefland bis in die Voralpenregion. **B** Da der Hafer wenig winterhart ist, wird er meist als Sommerfrucht angebaut. Das selbstbestäubende Getreide war vor der Einführung der Kartoffel bei uns eines der wichtigsten Grundnahrungsmittel. Es wurde zu Hafermus zubereitet. Heute in erster Linie Verarbeitung zu Haferflocken, als Pferdefutter oder vermischt als Grünfutter.

Mais

Foto Mitte

Zea mays

M Süßgras. Am 1,5–3 m hohen, markhaltigen Stengel sitzen hellgrüne, 5–12 cm breite, am Rand rauhe, fein gewimperte Blätter. Endständige Rispe aus männlichen Ähren; Ährchen 6–8 mm lang, dicht an den Rispenästen. Weibliche Blüten sind zu Kolben vereinigt; sie stehen in den Blattachseln der mittleren Stengelblätter, von Blattscheiden umhüllt. Die 15–20 cm langen, fädlichen Narben ragen am Oberende des Kolbens heraus. Blütezeit Juli–Oktober. Die reifen, gelben, weißen, roten oder violetten Früchte sind in dichten Längsreihen an der markigen Spindel des Maiskolbens aufgereiht. **V** Bevorzugt schwere, feuchte Kalkböden bei hohem Wärmeanspruch. **B** Bei uns wird das aus Südamerika stammende Gewächs v. a. als Futterpflanze angebaut. Nur in wärmsten Gegenden kommt es zur optimalen Ausreifung. Die Pflanze gilt als starker Bodenzehrer. Aus den Körnern kann Stärkemehl, Traubenzucker und Maisöl gewonnen werden.

Raps

Foto unten

Brassica napus

M Kreuzblütengewächs. 60–120 cm hohe Pflanze mit goldgelben Blüten. Kronblätter 10–18 mm lang, doppelt so lang wie der Kelch. Blütenknospen überragen die geöffneten Blüten. Blüht Mai–Juli. Blätter kahl, blaugrün; die untersten gestielt, borstig behaart, die oberen länglich-lanzettlich, kahl, mit herzförmigem Grund stengelumfassend sitzend. **V** Als Kulturpflanze auf fast allen Bodentypen; verwildert an verschiedensten Ruderalstandorten. **B** Beim Raps sind 2 Sorten bekannt: Die Kohlrübe mit ihren verdickten Wurzeln wird als Futter- und Gemüsepflanze angebaut, die »Normalform« dient der Gewinnung von Rapsöl, wobei nach dem Pressen mit dem sog. Rapskuchen ein wertvolles Kraftfutter anfällt. Zur Gattung *Brassica* gehören neben dieser Art u. a. auch unsere ganzen Kohl-Sorten, wie Weiß- und Rotkohl, Wirsing, Blumenkohl, Kohlrabi u. a.

Zuckerrübe
Beta vulgaris altissima

Foto oben

M Gänsefußgewächs. 2jährige Pflanze. Im 1. Jahr bildet sich die rübenförmig verdickte Wurzel mit der Rosette aus breit-eiförmigen bis rhombischen Blättern. Erst im 2. Jahr entsteht am bis zu 1 m hohen Sproß der lange, rispig verzweigte Blütenstand, wozu es aber bei kulturmäßigem Anbau nicht kommt, da im Herbst des 1. Jahres die Rüben geerntet werden. **V** Zuckerrüben werden auf verschiedensten Böden in ganz Europa angebaut. **B** Verwendung in erster Linie für die Zuckergewinnung; 100 g Rübenmasse enthalten bis zu 20 g Zucker.
Die Runkelrübe, *Beta vulgaris crassa,* wurde aus derselben Stammform wie die Zuckerrübe gezüchtet. Früher viel als Viehfutter angebaut, ist sie heute weitgehend vom Mais verdrängt. Ihre Rüben ragen weit aus dem Boden, während sie bei der Zuckerrübe fast ganz von Erde bedeckt sind.

Kartoffel
Solanum tuberosum

Foto Mitte

M Nachtschattengewächs. Wuchshöhe 30–80 cm. Blätter unterbrochen gefiedert mit beidseits 3–5 ovalen bis herzförmigen Abschnitten. In langgestielten Blütenständen erscheinen weiße oder rosaviolette Blüten. Deren Krone 2,5–4 cm breit, mit 3eckigen Kronzipfeln, die außen behaart sind. Blütezeit Juni–September. Als Frucht entwickelt sich eine grüne Beere. **V** Auf allen Bodentypen als wichtige Nutzpflanze angebaut. **B** Die aus Südamerika stammende Pflanze ist einer unserer wichtigsten Kohlenhydratlieferanten. Die geerntete Kartoffel ist kein Teil der Wurzel, sondern eine sog. Sproßknolle, die sich an unterirdischen Sproßausläufern bildet, erkennbar an den in Vertiefungen der Knolle sitzenden Blattnarben. Der Pflanze selbst dienen die gebildeten Knollen als Überwinterungsorgane, aus denen im nächsten Frühjahr neue Triebe hervorbrechen.

Ackerbohne
Vicia faba

Fotos unten

M Schmetterlingsblütengewächs. Die kräftige, aufrechte Pflanze wird 80–140 cm hoch. Am 4kantigen Stengel stehen paarig gefiederte, eiförmige, dicke, blaugrüne Blätter ohne Ranken. Die 2 cm großen, weißen, purpurn gestreiften und gefleckten Blüten (Foto links) bilden 1–9blütige Trauben. Blüht Mai–Juli. Die stielrunde, kurzflaumige Hülse wird 12–16 cm lang. Zur Reifezeit (August/September) verfärbt sie sich schwärzlich (Foto rechts). **V** Feldmäßig seit prähistorischer Zeit auf allen Böden angebaut. **B** Regional unterschiedlich wird die Pflanze auch Sau-, Pferde- oder Puffbohne genannt. Die in der Hülse enthaltenen braunen Samen sind sehr nährstoffreich und wohlschmeckend und machen die Art zu einer wertvollen Futterpflanze. Der Eiweißgehalt der ganzen Pflanze ist sehr hoch, da Schmetterlingsblütengewächse in der Lage sind, den Luftstickstoff mit Wurzelknöllchenbakterien zu binden und in Eiweiße einzubauen.

▶ **Rote Wegschnecke** → Wälder S. 50

Hainbänderschnecke
Foto oben

Cepaea nemoralis

M Gehäuse 22–25 mm breit, hellgelblich bis hellrötlich, mit 1–5 schwarzen oder braunen Bändern. Ungebänderte Formen kommen vor. Die Mündungslippe ist braunrot bis schwarz. **V** Verschiedene Kulturgelände wie Wiesen, Gärten, Parks, Bahndämme, aber auch in lichten Wäldern, an Felsen und Mauern. **L** Die Schnecke ernährt sich vorwiegend von frischen Pflanzen. Unteres Fühlerpaar ist Sitz der Geruchsorgane, an der Spitze der oberen Fühler sitzen die Augen. Die Art hält Winterschlaf (Oktober–Mai), wobei das Gehäuse mit einem Kalkdeckel verschlossen wird. Die Tiere sind zwittrig, dennoch kommt es zur wechselseitigen Befruchtung. Nach wenigen Wochen schlüpfen bereits die fertigen Jungschnecken aus den abgelegten Eiern.

▶ **Weinbergschnecke** → Wälder S. 50

▶ **Kreuzspinne** → Wälder S. 50

Zebraspinne
Foto Mitte

Argiope bruennichii

M ♀ bis 25 mm groß, Rücken des Hinterleibs wespenartig gelbschwarz quergebändert. ♂ 3–5 mm groß, deutlich blasser, leicht mit Jungtieren zu verwechseln, die ebenfalls nur sehr blaß gezeichnet sind. **V** Vorwiegend auf sonnigem Ödland (Mai–September); bei idealem Lebensraum oft eine große Individuendichte. **L** Spinne sitzt vorwiegend kopfunter im Netzzentrum. Netz ist an Bodenpflanzen aufgehängt; kennzeichnend sind 2 radiäre Stabilimente (»Fadenstraßen«) und die mit feinen Fäden überzogene Nabe. Das ♂ wird durch das ♀ mit Signalbewegungen angelockt, nach der Paarung von ihm gefressen. Der Kokon mit 300–400 Eiern wird in Netznähe an Gräsern aufgehängt. Jungtiere überwintern im Kokon und verlassen diesen im Mai des nächsten Jahres.

Veränderliche Krabbenspinne
Foto unten

Misumena vatia

M Die Art kann sich dem Untergrund farblich anpassen; sie ist meist gelb oder weiß. ♂ bis 4 mm lang, meist gelblich grün, ♀ 10 mm lang, deutlicher gelb oder weiß. **V** Auf Blüten in Gebüschen oder Stauden. Anzutreffen April–August. **L** Krabbenspinnen fressen vornehmlich Fliegen und Bienen, die beim Blütenbesuch überfallen und auch in der Blüte ausgesaugt werden. Netze werden nicht angefertigt. Die Spinne lauert meist mit seitlich ausgebreiteten Vorderbeinen auf ihre Beute und ist wegen ihrer optimalen Tarnfarbe nur schwer zu erkennen. Der Name leitet sich von der krabbenähnlichen Körperhaltung und der Fähigkeit, wie diese seitlich zu laufen, ab. In unserer heimischen Fauna sind ca. 40 Arten verschiedener Krabbenspinnen bekannt.

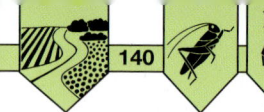

Grünes Heupferd
Foto oben
Tettigonia viridissima

M 30–40 mm großes, grasgrünes Insekt mit keulenförmig verdickten Hinterschenkeln, langen Fühlern und beim ♀ mit langer Legeröhre, die die seitlich zusammengelegten Flügel aber nicht oder kaum überragt. **V** Gebüsche, Bäume, Getreidefelder und Gestrüpp. Juli–Oktober. **L** Die Art macht sich v. a. durch ihren lang anhaltenden »Gesang« bemerkbar. Dieses sehr laute Zirren wird vom ♂ erzeugt, indem es die Vorderflügel aneinander reibt. Die Nachkommenentwicklung verläuft hier ohne Puppenstadium, d. h. aus den in Erdlöchern oder Rindenspalten versteckten Eiern schlüpfen Larven, die dem erwachsenen Tier (Imago) bereits ähneln und sich durch Häutungen jeweils vergrößern.

Feldgrille
Foto Mitte
Gryllus campestris

M Der Körper des 20–25 mm großen Insekts ist glatt und glänzend schwarz. Kopf helmartig, Fühler lang und dünn. Hinterschenkel unten blutrot. ♀ mit Legeröhre. Anzutreffen Mai–Juli. **V** Sonnige, trockene Wiesenhänge, Feldraine. **L** Die ♂ graben eine Erdhöhle, vor deren Eingang sie ab Mai ihr monoton wiederholtes Zirpen hören lassen; Lauterzeugung durch Aneinanderreiben der Flügel. Die ♀ legen die Eier im Boden ab, die Larven überwintern. Grillen sind Einzelgänger und überwiegend nachtaktiv; sie ernähren sich von pflanzlicher Kost.

Feld-Sandlaufkäfer
Foto unten links
Cicindela campestris

M Flügeldecken des 10–18 mm großen Käfers grünlich mit weißen Punkten auf der ganzen Flügelbreite. Große und auffallende Mundwerkzeuge. Anzutreffen April–Juni. **V** Sonnige Areale auf Wiesen, Feldern, Waldlichtungen, in Steinbrüchen und Dünen. **L** Der Käfer jagt Raupen, Spinnen, Würmer und Insektenlarven in schnellem Lauf. Eiablage ab Mai in Erdlöchern; die Larven leben 2–3 Jahre in einer Erdröhre, an deren Eingang sie ihre Beute fangen. Die Käfer schlüpfen nach 2–4wöchiger Puppenruhe im Herbst.

Goldlaufkäfer
Foto unten rechts
Carabus auratus

M 20–27 mm groß. Flügeldecken metallisch grün mit goldgrünen Rippen. Beine und erste 4 Fühlerglieder gelbrot. **V** Wiesen, Felder und Waldränder. April–August. **L** Der tagaktive Käfer ernährt sich v. a. von Regenwürmern, Weichtieren, Insekten, verschmäht auch Aas nicht. In einer ca. 80tägigen Entwicklungszeit – beginnend mit der Eiablage in Bodenlöcher – entstehen zunächst räuberisch lebende Larven (S. 272), die sich nach ca. 10 Wochen verpuppen; nach 2–3wöchiger Puppenruhe schlüpft das Vollinsekt. Käfer überwintern in morschen Baumstümpfen oder Moospolstern.

Siebenpunkt-Marienkäfer
Coccinella septempunctata

Foto oben

M Glänzender, halbkugeliger, 5–8 mm großer Käfer. Flügeldecken rot mit mehreren schwarzen Flecken. Kopf schwarz, Brust schwarz mit 2 weißen Flecken, Beine schwarz. **V** Wiesen, Gärten, Wälder. April–September. **L** Käfer und Larve (S. 272) ernähren sich v. a. von Blattläusen. Gesamte Entwicklung in 1 Jahr. Überwintern meist in größeren Ansammlungen.

Ähnlich ist der Zweipunkt-Marienkäfer, *Adalia bipunctata,* mit 2 Punkten auf den roten Flügeldecken; sehr variabel, z. T. auch einfarbig rot oder schwarz.

▶ **Maikäfer** → Wälder S. 52

▶ **Junikäfer** → Wälder S. 52

Deutsche Wespe
Paravespula germanica

Foto Mitte

M Brust und Hinterleib in jedem Segment schwarz-gelb gezeichnet. Kopf des ♀ mit gelben Schläfen, ♂ mit gelbem Fleck auf der Stirn. 15–27 mm groß. **V** Offenes Kulturland. Aktiv April–Oktober. **L** Das ♀ gründet im Frühjahr ein meist unterirdisches Nest. Bis zum Herbst steigt die Individuenzahl auf mehrere 10 000 Tiere. Es überwintern allerdings nur wenige befruchtete ♀.

Die verwandte Feldwespe, *Polistes gallicus,* unterscheidet sich durch eine allmählich sich verjüngende Hinterleibsbasis und durch 2 gelbe Augenflecke im vorderen Bereich des Hinterleibs. Nest ein kleiner Wabenteller, der offen an Zweigen befestigt wird.

Erdhummel
Bombus terrestris

Foto unten links

M ♀ samtschwarz mit weißem Hinterleibsende, gelbe Haarringe auf Brust und Hinterleib, 12 Fühlerglieder; April–Oktober anzutreffen. ♂ mit 13 Fühlergliedern; fliegen erst ab Juli. Größe 12–20 mm. **V** Wiesen, Felder, seltener in Wäldern. **L** ♀ legen in Erdbauten im Frühjahr ein Nest an. Zunächst schlüpfen Arbeiterinnen, ab Juli ♂. Bis zum Herbst gehören dem Volk 200–400 Individuen an, die, bis auf wenige befruchtete ♀, vor Wintereinbruch absterben. Hummeln sind wichtige Blütenbestäuber.

Feldhummel
Bombus agrorum

Foto unten rechts

M Brust einfarbig rostrot, oft mit zentralem, schwarzem Fleck. Hinterleibssegmente schwarz, die hinteren meist gelbrot behaart. 12–20 mm groß. **V** Wiesen, Felder und Gärten. April–Oktober. **L** Überwinternde ♀ legen Bauten wie bei der oben beschriebenen Erdhummel ebenfalls in Erdhöhlen, z. T. aber auch in Vogelnestern, Scheunen und Hausnischen an. Baumaterial wie bei Bienen Wachs und in der Nesthülle auch zerfaserte Pflanzenteile.

Schwalbenschwanz

Foto oben

Papilio machaon

M Beide Flügelpaare cremegelb, Außensaum mit schwarzem Band, in dem gelbliche, halbmondförmige Flecken aufgereiht sind. Parallel zu diesem Saum läuft bei den eingebuchteten Hinterflügeln eine schwarzblaue Saumbinde, am Innenwinkel sind rötliche bis rostbraune Augenflecken kennzeichnend; deutlich auch die Schwanzfortsätze der Hinterflügel. Spannweite 60–80 mm. Gefährdet. **V** Offenes, sonniges Wiesen- und Hügelgelände. **L** Besucht verschiedenste Blüten zur Nektaraufnahme. Schwalbenschwänze fliegen schnell und meist über längere Strecken. Im Jahresverlauf sind 2 Generationen üblich, die erste April–Mai, die 2. Generation Juli–August. Die Eier werden vom ♀ einzeln abgelegt, in erster Linie an verschiedenen Doldengewächsen, die den Raupen als Nahrung dienen. Raupe S. 274.

Großer Kohlweißling

Foto Mitte

Pieris brassicae

M Flügel weiß, kräftig geädert. Spitzen der Vorderflügel bis zur Mitte des Außensaums geschwärzt, beim ♀ zudem 2 schwarze Flecken in der Mitte der Vorderflügel. Unterseite der Hinterflügel gelblich. Spannweite 60–70 mm. **V** Weit verbreitet in Gärten, auf Wiesen, Feldern und in anderem offenem Gelände. April–Oktober. **L** Die Art kommt bei uns in 2–3 Generationen vor. Die Eier werden vom ♀ in Haufen an der Unterseite von Blättern verschiedener Kohlarten oder anderer Kreuzblütengewächse abgelegt; insgesamt legt das ♀ 200–300 Eier. Bereits nach 4–10 Tagen schlüpfen die Raupen (S. 274) und verpuppen sich nach 3–4 Wochen. Die Verpuppung erfolgt geschützt an Baumstämmen oder Hausmauern. Wegen der großen Raupenzahl kann die Art gebietsweise zum Schädling werden, da die Raupen die Blätter bis auf die Blattstiele abfressen.

Goldene Acht

Foto unten

Colias hyale

M ♀ kräftig gelb, ♂ etwas heller. Vorderflügel schwarz gesäumt, Saum mit hellen Flecken durchsetzt; im Flügelzentrum schwarzer Fleck. Hinterflügel mit der charakteristischen, namensgebenden, gelborangenen Acht. Spannweite 45–50 mm. **V** Wiesen, Weiden, Kleefelder und sonnige Grashänge mit kalkhaltigen Böden. April–Oktober. **L** Der Falter saugt bevorzugt an Kleeblüten Nektar. Auch die Eier werden vom ♀ meistens an Klee, aber auch an anderen Schmetterlingsblütlern, z. B. Wicken, abgelegt. Für die grünen Raupen sind dies die Futterpflanzen. Im Zeitraum Mai–September sind 2–3 Generationen üblich. Meist überwintert die Raupe der letzten Generation. Die Puppe ist eine sog. Gürtelpuppe, die mit einem seidenen Faden an Pflanzenstengeln befestigt wird. Die Art ist leicht mit anderen *Colias*-Arten zu verwechseln.

▶ **Zitronenfalter** → Wälder S. 54

Tagpfauenauge
Foto oben

Inachis io

M Grundfarbe der Vorder- und Hinterflügel braunrot, jeweils blauschwarzer Augenfleck im vorderen Außenwinkel aller Flügel. Der Hinterrand der Vorderflügel verläuft gerade. Fühler mit abgesetzter Keule. Spannweite 45–65 mm. V In offenem Gelände, wie Wiesen, Parks und Waldränder. L Fast das ganze Jahr hindurch anzutreffen, in den Wintermonaten allerdings nur bei höheren Temperaturen auf Dachböden, in Höhlen und Kellern, wo die Falter überwintern. Bereits im zeitigen Frühjahr, ab März, fliegen die noch stark verbreiteten Tagpfauenaugen im Freien. In der Regel kommen 2 Generationen vor, seltener auch 3 Generationen. Das ♀ legt die Eier meist auf Brennesseln ab, wo die Raupen (S. 278) oft gesellig in einem Gespinst der Wipfelblätter ihre Entwicklungszeit verbringen. Falls es zu einer 3. Generation kommt, überwintert die Puppe.

Admiral
Foto Mitte

Vanessa atalanta

M Den schwarzen Falter kennzeichnen eine rote Schrägbinde im Vorderflügel und eine rote Saumbinde am Hinterrand der Hinterflügel; zudem sind die beiden äußeren Ecken der Vorderflügel weiß und bläulich gefleckt. Unterseite der Hinterflügel braungelb gemustert. Spannweite 50–60 mm. V Wie das oben beschriebene Tagpfauenauge in fast allen offenen Geländeformen, allerdings besonders oft und häufig in Obstgärten. Mai–Oktober. L Das gehäufte Vorkommen in Obstgärten erklärt sich aus der Vorliebe der Falter, an überreifem Fallobst zu saugen. Sie bleiben dabei oftmals sehr lange sitzen. Daneben findet man sie auch oft an Blüten. Die Art gehört zu den Wanderfaltern und wandert jedes Jahr aus dem Süden neu zu. Die im Herbst abziehenden Falter schaffen die Alpenüberquerung aber nur selten. Eiablage bevorzugt an Brennesseln. Raupe S. 276.

Distelfalter
Foto unten

Cynthia cardui

M Die Fleckung der hell-ziegelroten Flügel ist überwiegend dunkelbraun, im Spitzenbereich der Vorderflügel schwarz mit weiß. Wie bei den beiden anderen Falter auf dieser Seite sind der Hinterrand der Vorderflügel gerade und die Fühler vorne keulig. Spannweite 50–60 mm. V Fast alle Lebensräume, seltener allerdings in größeren Waldarealen. Bei uns anzutreffen Mai–Oktober. L Die weltweit verbreitete Art gehört bei uns, wie der oben beschriebene Admiral, zu den Wanderfaltern, d. h. die 2. Generation versucht nach Süden abzuwandern, geht dabei allerdings in den Alpen meist zugrunde. Die Falter fliegen sehr schnell und sitzen besonders gern an sonnigen Stellen an Blüten, wobei sie oft in größerer Zahl zu beobachten sind. Die Eiablage erfolgt meist an Disteln, jedoch häufig auch an Brennesseln und anderen Pflanzenarten. Raupe S. 276.

Kleiner Fuchs
Aglais urticae   Foto oben

M Beide Flügelpaare feurig rotbraun mit schwarzen und gelbbraunen Flecken, besonders am Vorderrand der Vorderflügel. Hinterflügel im körpernahen Bereich dunkelbraun bis schwarz. Außenränder
beider Flügelpaare geeckt, schwarz gesäumt, von blauen Halbmon-
den unterbrochen. Spannweite 45–55 mm. V Wiesen, Felder, Gärten und andere offene Landschaften. Mai–Oktober. L Der Falter
kommt in 2 Generationen bei uns vor. Bei zeitigem Frühlingsein-
bruch erwachen einzelne Individuen schon im März aus dem Winterschlaf, den sie in Höhlen, Kellern und auf Dachböden verbringen.
Der Kleine Fuchs gehört bei uns noch zu den häufig anzutreffenden
Schmetterlingen. Die Eiablage erfolgt an Brennesseln, wo die Raupen (S. 276) dann auch in größeren Gesellschaften anzutreffen sind.

▶ **Landkärtchen**   → Wälder S. 54

Schachbrett
Melanargia galathea   Foto Mitte

M Beide Flügelpaare schachbrettartig schwarzweiß oder gelblich
gefleckt. Auf den Flügelunterseiten meist mit Augenflecken. Typisch
für diese Art sind auch die stark verkümmerten Vorderbeine. Spannweite 45–55 mm. V Wiesen, Grashänge, Waldwege und Lichtungen. Mai–August. L Der Falter ist ein eifriger Blütenbesucher, besonders häufig an Disteln und Skabiosen anzutreffen. Nur
1 Generation. Das ♀ legt die Eier an verschiedensten Pflanzen ab.
Die Raupen sind spindelförmig, sandfarben oder grün und am
ganzen Körper fein behaart. Kennzeichnend sind auch die 2 rötlichen Afterspitzen; der Kopf ist deutlich abgesetzt. Sie fressen Gräser, gehen dabei nur nachts auf Nahrungssuche; tagsüber halten
sie sich versteckt. Ab Mitte Juni verpuppen sie sich zu stumpfen,
gedrungenen Puppen mit deutlich eingebuchteter Rückenseite. Die
Falter schlüpfen nach 3 Wochen.

Ochsenauge
Maniola jurtina   Foto unten

M Grundfarbe der Flügel beim ♂ gleichmäßig graubraun, beim ♀ ist
der Vorderflügel braungelb aufgehellt. Im Spitzenbereich der Vorderflügel bei beiden Geschlechtern ein kleiner Augenfleck – oft auf
der Unterseite deutlicher zu erkennen – mit weißem Kernpunkt beim
♀, beim ♂ ungekernt. Spannweite 45–60 mm. V Wiesen, Felder
und Waldränder. Juni–August. L Die Falter besuchen in erster Linie
Blüten. Sie kommen in 1 Generation vor. Das ♀ läßt die Eier meist
frei im Fluge fallen. Nach 3 Wochen schlüpfen die Raupen; sie sind
grün, am Rücken dunkel gestreift, der Kopf mit Augenflecken. Am
Körperende fallen die sog. Analspitzen auf. Wie beim Schach-
brett halten sich auch diese Raupen tagsüber versteckt. Sie überwintern und verpuppen sich im folgenden Frühjahr.

Hauhechel-Bläuling
Polyommatus icarus

Foto oben

M Der Falter ist in den beiden Geschlechtern unterschiedlich gefärbt: ♂ blauviolett, Flügelränder dunkel gesäumt mit weißen Fransen; die Zeichnung der Unterseite schimmert manchmal leicht durch. ♀ dunkelbraun mit rotgelben Saumflecken, oft bläulich überhaucht; Fransen am Flügelrand grau. Bei beiden Geschlechtern Unterseiten gelbbraun mit rotgelben Saumflecken. Spannweite 25–35 mm. **V** Wiesen und Heiden aller Typen. **L** Der Hauhechel-Bläuling ist die verbreitetste Art unter den zahlreichen Bläulingen. Er besucht verschiedenste Blüten; häufig sind viele Falter gemeinsam an feuchten Wegstellen anzutreffen. Flugzeit Mai–September. 2–3 Generationen sind im Jahresverlauf üblich. Die Eiablage erfolgt an Schmetterlingsblütlern. Raupen kurz, asselförmig, grün, mit dunkelgrüner Rückenlinie und weißen Seitenlinien. Die Raupen der 3. Generation überwintern.

Rostfarbener Dickkopffalter
Ochlodes venatus

Foto Mitte

M Kleiner Falter mit 25–30 mm Spannweite, wirkt allerdings sehr kräftig. Ganzer Körper dicht bräunlich behaart, auffallend die großen Augen. Flügelfarbe rostbraun, in den Vorderflügeln undeutlich zwei dunkle Querbänder und weiße Punkte. Unterseiten der Hinterflügel bräunlich-grau mit hellen Flecken. **V** Fliegt auf Wiesen, Feldern, Waldlichtungen und in anderen offenen Geländetypen. Mai–August. **L** Dickkopffalter gelten als schnelle Flieger, die in schwirrendem Flug in Bodennähe verschiedenste Blüten besuchen. Beim Sitzen werden oft die Vorderflügel zusammengeklappt, die Hinterflügel gespreizt. Eiablage erfolgt an Schmetterlingsblütlern, jedoch auch an anderen Pflanzen. Die Raupen sind spindelförmig, mit großem, abgesetztem Kopf. Sie leben sehr versteckt an den Futterpflanzen, die der 2. Generation überwintern in einem Blattgespinst.

Erdeichel-Widderchen
Zygaena filipendulae

Foto unten

M Vorderflügel metallisch schwarz schimmernd mit 6 roten, runden Flecken. Hinterflügel rot mit schwarzem Randsaum. Kennzeichnend auch die vorne keulig verdickten Fühler. Spannweite 30–35 mm. **V** Sonnige Wiesen, Heiden und Trockenrasen, bevorzugt in Hanglagen. Juni–August. **L** Von den ca. 15 *Zygaena*-Arten ist das Erdeichel-Widderchen die am häufigsten anzutreffende Art. Auffallend ist der plump wirkende, langsame Flug; meist findet man sie auf Blüten sitzend, die Flügel dachförmig angelegt, mit vorgestreckten Fühlern. Sie kommen bei uns in 1–2 Generationen vor. Das ♀ legt die Eier häufig an Schmetterlingsblütlern ab, wo dann auch die Raupe anzutreffen ist. Diese ist gelb bis grün, mit fein behaarten schwarzen Warzen auf jedem Segment. Die weichhäutige Puppe steckt in einem pergamentartigen Kokon, der an Gräsern befestigt wird.

▶ **Brauner Bär** → Wälder S. 56

Mittlerer Weinschwärmer
Deilephila elpenor

Foto oben

M Mittelgroßer Falter mit 50–65 mm Spannweite. Am Vorderrand der Vorderflügel mit sehr dünnem rosa Streifen, dahinter geht die Flügelfläche von olivgrün in zartes Rosa über. Am Hinterrand wieder ein dünner weißer Streifen. Die Hinterflügel sind rot bis rosa, im Bereich der Flügelwurzel großflächig schwarz. **V** Diese Weinschwärmer-Art fliegt bevorzugt auf Ruderalgelände, in Gärten, anderen offenen Geländetypen und auf Waldlichtungen. Mai–Juni. **L** Bevorzugt in der Dämmerung kann man die Falter beim Besuch vieler Blüten beobachten, sie fliegen aber auch nachts. Charakteristisch ist der für alle Schwärmer pfeilschnelle Flug. Im Sitzen verdecken die Vorderflügel die Hinterflügel fast vollständig. Bevorzugte Nahrungspflanzen der Raupe (S. 280) sind Weidenröschen, Labkraut und Fuchsien. Weinschwärmer treten nur in 1 Generation auf.

Wolfsmilchschwärmer
Hyles euphorbiae

Foto Mitte

M Vorderflügel gelbgrau, von dunkelbraunen Bändern durchzogen, oft rötlich angehaucht. Auffallend in der Mitte des Vorderrandes ein isolierter dunkler Fleck. Hinterflügel rötlich mit schwarzer Flügelwurzel und weißem Fleck am Innenwinkel. Hinterleib gelbbraun mit weißen und schwarzen Flecken an den seitlichen Bereichen. Spannweite 60–70 mm. Gefährdet. **V** Der Falter ist in offenem Gelände und in Wäldern anzutreffen. **L** Wolfsmilchschwärmer treten bei uns in 2 Generationen auf. Man sieht die Falter im Juni/Juli und dann wieder im September, meist beim Blütenbesuch in der Dämmerung. Sie gelten als Wanderfalter mit Heimat im Mittelmeerraum. Der Name leitet sich von der bevorzugten Nahrungspflanze der Raupe (S. 280) ab. Am häufigsten findet man sie an der Zypressen-Wolfsmilch.

Gammaeule
Autographa gamma

Foto unten

M Vorderflügel bräunlich glänzend, z. T. schwärzlich und violettgrau marmoriert. Namensgebend das deutliche, silberfarbene Gamma-Zeichen im Flügelzentrum. Hinterflügel heller gelbgrau mit breitem, dunklem Saum. Spannweite 35–40 mm. **V** Die Falter fliegen in allen offenen Geländeformen. **L** Gammaeulen wandern zu uns aus dem Süden ein und sind – oft in großen Massen – anzutreffen (Mai–Oktober). Sie besuchen Blüten. 1–2 Generationen sind üblich. Die Eiablage erfolgt an verschiedenen Pflanzen, entsprechend ist die Raupe auch kein – wie bei vielen Faltern üblich – Nahrungsspezialist. Sie ist grün gefärbt, der Kopf auffallend klein. Verpuppung in einem Seidengespinst unter Blättern; die Puppe übersteht den Winter allerdings meistens nicht.

▶ **Gelbbauchunke** → Feuchtgebiete S. 194

▶ **Erdkröte** → Wälder S. 58

Grasfrosch
Rana temporaria

Foto oben

M Bis 10 cm großer Frosch mit sehr variabler Färbung: Oberseite gelblich-braun bis rot- oder schwarzbraun, dunkler gefleckt oder getüpfelt, meist dunkler Schläfenfleck hinter dem Auge. Unterseite beim ♂ graubraun bis rötlich, beim ♀ oft gelblich marmoriert. Schnauze stumpf gerundet, nicht ausstülpbare Schallblasen. ♂ mit schwarzer Daumenschwiele während der Paarungszeit. **V** Bodenfeuchte Standorte in Wiesen, Heiden, Mooren, Rieden und Wäldern. Laicht in stehenden und fließenden Gewässern; deshalb ab Oktober und im Frühjahr nur in Gewässern, sonst auf dem Land anzutreffen. **L** Tag- und Nachtaktiv. Ernährt sich von Insekten, Würmern und Schnecken. **F** Paarung erfolgt immer im selben Gewässer im Februar/März. Quakt nur während dieser Zeit. Legt die Eier (bis 3500) im flachen Wasser ab. Die Kaulquappen schlüpfen nach 3 Wochen; nach 2–3 Monaten Umwandlung zum Frosch.

Zauneidechse
Lacerta agilis

Foto Mitte

M Körper sehr kompakt mit kurzen Beinen und dickem, stumpfem Kopf. Bis 20 cm Körperlänge. Rückenmitte braun mit dunklem Fleckenband, Schuppen dort deutlich verschmälert. Flanken schwarz, weiß und dunkelbraun gefleckt. Beim ♂ während der Paarungszeit Grünfärbung an Kopf und Flanken. **V** Sonnige, krautige Böschungen, Raine, Kahlschläge, Waldränder, Heiden, auch in Parks und Gärten. **L** Häufigste heimische Eidechse. Nicht sehr scheu, sonnt sich gerne auf Steinen. Ernährt sich von Insekten, Würmern und Spinnen. **F** Paarungszeit April–Juni, Eiablage Mai–Juni im mäßig feuchten Boden. Nach ca. 60 Tagen schlüpfen aus den 5–14 weichhäutigen Eiern 3–4 cm große Jungtiere. Manche ♀ machen auch 2 Eigelege.

Kreuzotter
Vipera berus

Foto unten

M Plump und gedrungen wirkender Körper. ♂ meist grau, ♀ dunkelbraun mit zusammenhängendem, dunklem Zickzackband auf der Rückenmitte. Vereinzelt treten kupferrote oder schwarze Exemplare auf. Kennzeichnend auch die senkrechte Pupille im Auge. Körperlänge bis 80 cm. Gefährdet. **V** Gebüschreiche Wiesen, Heiden, Moore, Waldlichtungen und Geröllhalden. **L** Giftschlange; ihr Biß kann Kindern und Kranken gefährlich werden. Jagt tags oder in der Dämmerung nach Mäusen, Fröschen und Eidechsen. Gebissene Beute verendet nach wenigen Minuten. Überwintert Oktober–April in Erdhöhlen oder Baumstümpfen, oft viele Tiere gemeinsam. **F** Paarung Mai/Juni, im August/September werden 5–18 Jungtiere lebend geboren. Sie sind dabei bereits 15–20 cm lang.

▶ **Weißstorch** → Feuchtgebiete S. 198

▶ **Habicht** → Wälder S. 60

Sperber
Foto oben

Accipiter nisus

M ♀ so groß wie der Turmfalke, Oberseite graubraun, Unterseite auf weißem Grund dicht dunkelbraun quergebändert. ♂ etwas kleiner, oberseits blaugrau, Unterseite wie ♀, jedoch etwas rötlich getönt. **V** Buschland und Parks, Waldgelände mit offenen Bereichen. Die Art gilt als Teilzieher, d. h. manche Individuen wandern nach Südeuropa oder Afrika ab, manche bleiben als Standvogel. **L** Gewandter Vogeljäger, der aus der Deckung seine Angriffe fliegt. Wird meist von Kleinvögeln durch Warnlaute (»Hassen«) angezeigt. Lautäußerung »gigigi«, bei Beunruhigung »kirrk kirrk«. Gefährdet. **F** 1 Jahresbrut (April–August). Der Horst wird auf Bäumen angelegt. Das ♀ erbrütet in 24–30 Tagen 4–6 Junge, die den Horst ab dem 35. Tag verlassen.

Mäusebussard
Foto Mitte

Buteo buteo

M Häufigster heimischer Greifvogel, über krähengroß. Färbung sehr variabel von tief dunkelbraun bis fast weiß; Oberseite meist einfarbig, Unterseite meist leicht quergebändert, im Brustbereich v. a. bei dunklen Tieren ein helles Brustschild. Kopf groß; kurzer, bei Spreizung im Flug gerundeter Schwanz mit 10–12 engen Querbändern. **V** Bevorzugt offenes Kulturland mit eingestreuten Wald- und Gehölzarealen. Standvogel. **L** Ansitzjäger auf Feldmäuse, Jungvögel, Reptilien und Amphibien. Segelt ausdauernd, manchmal auch rüttelnd zu beobachten. Die gedehnten »hiäh«-Rufe sind ganzjährig zu hören. **F** 1 Jahresbrut (März–Juni). Nistet in kleineren Waldarealen oder in Waldrandnähe auf hohen Bäumen. 2–4 gefleckte Eier werden von ♀ und ♂ bebrütet. Brutdauer 33–35 Tage; Nestlingszeit 40–50 Tage.

Turmfalke
Foto unten

Falco tinnunculus

M Häufigster heimischer Falke. Taubengroß, schlank, mit spitzen Flügeln und quergebändertem Schwanz. ♂ mit blaugrauem Kopf, Bürzel und Schwanz; Rücken rotbraun, schwarz gefleckt. ♀ mit rotbraunem Kopf und Rücken, ebenso der Schwanz. Gesamter Körper dunkel gefleckt. **V** Meist in offenem Gelände mit Hecken, Buschbestand, Steinbrüchen; auch in Städten mit Brutmöglichkeiten in altem Gemäuer. Stand- oder Strichvogel, manche ziehen nach Südeuropa. **L** Oft beim Rüttelflug in freiem Gelände zu beobachten; hält dabei Ausschau nach Mäusen, Reptilien und Insekten. Beliebte Ansitzplätze sind Hecken. Sein helles »kliklikliklik« oder langgezogenes »wrii wrii« ist oft zu hören. **F** 1 Jahresbrut (April–Juli). 4–6 Eier werden in Fels-, Mauernischen oder alten Krähennestern vom ♀ bebrütet. Brutdauer 21–27 Tage; Nestlingszeit 28–32 Tage.

Rebhuhn

Perdix perdix

Foto oben

M Taubengroßes, rundliches Feldhuhn mit rotorangenen Kopfseiten und Kehle, hellgrauem Hals und rostrot gebänderten Flanken. Beim ♂ deutlicher hufeisenförmiger, dunkelbrauner Fleck am Bauch, beim ♀ kleiner ausgeprägt oder fehlend. **V** Der ehemalige Steppenvogel ist auf Feldern, Heiden und Wiesen mit Heckenbewuchs anzutreffen. Stand- oder Strichvogel. **L** Meist in kleinen Familienverbänden oder paarweise unterwegs, oft auch in der Dämmerung. Flüchtet bei Gefahr zu Fuß und fliegt erst im letzten Moment mit lautem Flügelschlag auf; der Flug ist schon nach kurzer Wegstrecke. Durchstreift den Lebensraum auf der Suche nach Sämereien, Knospen und Insekten. Das ♂ läßt immer wieder ein rätschendes »kirrhäk« hören. Gefährdet. **F** 1 Jahresbrut (April–Juni). Legt ein flaches Muldennest am Boden an. Das ♀ erbrütet in 25 Tagen 10–20 Junge, die bis in den Winter hinein bei den Eltern bleiben.

Fasan

Phasianus colchicus

Foto Mitte

M Fast hühnergroßer, mit Schwanz bis 80 cm langer Vogel. Ursprünglich in Mittel- und Ostasien beheimatet, seit dem 14. Jahrhundert in Mitteleuropa eingebürgert. ♂ kupferrot mit schwarzen Flecken, Kopf grünlich schillernd mit roter, häutiger Gesichtsmaske und deutlichen Ohrfedern. ♀ unscheinbar erdbraun, hell und dunkel gesprenkelt, Schwanz kürzer als beim ♂. **V** In offenem Kulturland mit Deckungsmöglichkeiten, auch in Gewässernähe. Standvogel. **L** Durchsucht die Bodenvegetation nach Samen, Früchten, Knospen, als Jungvogel bevorzugt nach Insekten. Revierruf des ♂ ist ein weit hörbares »gögög«. **F** 1 Jahresbrut (April–September). Die mit Laub und Gras ausgepolsterte Nestmulde wird in gutem Versteck am Boden angelegt. In 23–24 Tagen werden 8–12 Junge erbrütet; es brütet nur das ♀. Der Hahn führt mehrere Hennen. Die Jungen bleiben 70–80 Tage beim ♀.

Kiebitz

Vanellus vanellus

Foto unten

M Oberkopf, Kehle und Brust des taubengroßen Vogels sind schwarz, der Rücken graubraun, violett und grün schimmernd. Kopf, Halsseiten und Bauch sind weiß. Schwanz weiß mit schwarzer Endbinde. Kennzeichnend der schwarze, bei ♀ etwas kürzere Federschopf auf dem Kopf. Die Flügel erscheinen im Flug sehr breit und rund. **V** Bevorzugt feuchte Wiesen und Felder, gerne in der Nähe von Gewässern. Überwintert als Teilzieher in West- und Südwesteuropa. **L** Oft in Schwärmen bei der Nahrungssuche zu beobachten; ernährt sich v. a. von Würmern, Schnecken und Insekten. Sein Flug wirkt unstet, auffallend häufige Schwenks und Richtungsänderungen. Der Ruf ist ein zweisilbiges »kchiu-witt«, v. a. im Flug. **F** 1 Jahresbrut (März–Juli). In einer Bodenmulde werden 4 Junge ausgebrütet. Brutdauer 26–29 Tage; nach 35–40 Tagen sind die Jungen flügge.

Ringeltaube
Columba palumbus

Foto oben

M Größer als die Haustaube. Rücken und Flügeldecken graublau, Brust rötlich schimmernd. Kopf und Bürzel blaugrau; Schwanz länger als bei der Haustaube. An den Halsseiten grünschillernder Bereich, darunter weißer Fleck. Im Flug erkennt man das weiße Flügelband. **V** Meist in größeren Schwärmen auf Wiesen und Feldern zu beobachten, sonst in Wäldern, Parks und in Städten. Die Art gilt als Teilzieher, überwintert ab Oktober in Südwesteuropa. Ab März wieder bei uns anzutreffen. **L** Ernährt sich von Sämereien, Gräsern, Früchten und Blättern. Beim Abflug und im Balzflug ist deutliches Flügelklatschen hörbar. Gilt als sehr scheu. Ruft mit weithin hörbarem »gruh gru grugru«. **F** 2–3 Jahresbruten (April–Oktober). Nest meist auf größeren Bäumen, auch in Städten; Nistmaterial sehr locker verflochtenes Reisig. Das Gelege besteht nur aus 2 Eiern. Brutdauer 16–17 Tage, Junge nach 28–32 Tagen flügge.

Türkentaube
Streptopelia decaocto

Foto Mitte

M Kleiner als die Haustaube. Kopf und Hals hellgrau, am Hals das auffallende schwarze, weiß gesäumte Halsband. Flügeldecken hellbraun; Schwanz lang, unterseits grau. **V** In Gärten, Parks, offenem Kulturland und auch in Städten. Stand- und Strichvogel. **L** Die Türkentaube gilt als Kulturfolger; hält sich gerne dort auf, wo Hühner oder Haustauben gehalten werden. Meist in kleineren Trupps unterwegs, übernachtet auch an Sammelschlafplätzen. Ernährt sich von Samen, Schnecken und Insekten; erscheint oft an Futterplätzen, bei Getreidesilos und auf dem Hühnerhof. Ruft dreisilbig »ru-kuu-ku« mit Betonung auf der 2. Silbe, seltener auch ein heiseres »gäh«. **F** 2–5 Jahresbruten (März–Oktober) mit jeweils 2 Jungen. Nest auf Bäumen, Sträuchern und Mauern; ♀ und ♂ brüten 14–17 Tage, Nestlingszeit 18–21 Tage.

▶ **Grünspecht** → Wälder S. 62

Mauersegler
Apus apus

Foto unten

M Schwalbenähnlicher, rauchschwarzer Vogel, jedoch größer als Schwalbe. Flügel sehr lang und sichelförmig schmal; sehr breite Mundspalte, tief gegabelter Schwanz und sehr kleine Füße. **V** Städte und Dörfer. Zieht im August ins tropische Afrika, Rückkehr ab Mai. **L** Pfeilschneller Flieger mit häufigen Segeletappen; oft in größeren Scharen auf Insektenjagd. Charakteristisch dabei das schrille »srih srih«. Die Insekten werden im Flug erbeutet. **F** 1 Jahresbrut (Mai–Juli). Das mit Speichel zusammengeklebte Nest wird in Höhlungen und Nischen an hohen Gebäuden, in Mauerspalten und unter Dachziegeln angelegt. ♂ und ♀ erbrüten in 18–20 Tagen 2–3 Junge. Diese verbleiben 5–8 Wochen im Nest, werden mit Insekten gefüttert. Bei Insektenmangel in Schlechtwetterphasen können sie bis zu 9 Tage hungern (Hungerschlaf).

Haubenlerche

Foto oben links

Galerida cristata

M Sperlingsgroß. Erdfarben mit schwacher Streifung auf der Oberseite. Schwanz kurz mit gelbbraunen Außenfedern. Namensgebend die lange, spitze Federhaube am Kopf. **V** Trockenes Gras- und Kulturland, außerhalb der Brutzeit auch in Ortschaften. Standvogel. **L** Hält sich gerne am Boden auf und läßt dabei seinen leisen Gesang hören. Im Fluge hört man oft den Lockruf »dididrieh«. **F** 2 Jahresbruten (April–Juni). Das Nest wird gut getarnt am Boden gebaut. Brutdauer 10–14 Tage; die 3–5 Jungen verlassen das Nest bereits nach 9–10 Tagen.

Feldlerche

Foto oben rechts

Alauda arvensis

M Etwas größer als Sperling. Im Vergleich zur oben beschriebenen Haubenlerche etwas kräftiger braun mit dunkel gestreifter Brust. Schwanz mit weißen Außenfedern; auf dem Kopf kurzer, abgerundeter Schopf. **V** Felder, Wiesen und andere offene Landschaften, häufiger als die Haubenlerche. Teilzieher, viele wandern ab Oktober nach Südeuropa. **L** Meist im schwirrenden Aufwärtsflug oder im Rüttelflug zu beobachten, der vom bekannten trillernden Gesang begleitet wird. Oft jähes Herabstürzen oder gleitender Sinkflug. Läuft am Boden sehr schnell. **F** 2 Jahresbruten (April–Juni). Bodennest mit 3–5 Eiern; Brutdauer 10–14 Tage. Nestlingszeit 14–18 Tage, beide Eltern füttern. Gelege S. 286.

Rauchschwalbe

Foto Mitte

Hirundo rustica

M Oberseite des sperlingsgroßen Vogels dunkelblau, metallisch glänzend. Stirn, Kehle rotbraun; Kropfband schwarzblau; Bauch cremefarben. Schwanz tief gegabelt. **V** Dörfer, Kleinstädte, oft über Wiesen und in Gewässernähe. Zugvogel, überwintert in Afrika (Oktober–April). **L** Schneller Flieger, jagt meist in Schwärmen nach Fluginsekten. **F** 2 Jahresbruten (Mai–Juli). Nest schüsselförmig aus Lehm, meist in Ställen oder in Gebäuden. 4–6 Eier, Brutdauer 14–16 Tage, Nestlingszeit ca. 3 Wochen. Gelege S. 296.

Mehlschwalbe

Foto unten

Delichon urbica

M Etwas kleiner als die Rauchschwalbe. Oberseite blauschwarz, Kehle, Bauch und Bürzel mehlweiß (Name!). Schwanz nur schwach gegabelt. **V** Im Vergleich zur Rauchschwalbe etwas häufiger in Städten anzutreffen, sonst im selben Lebensraum. Zieht bereits im September nach Afrika ab, Rückkehr im April. **L** Fliegt langsamer und flatternder als Rauchschwalbe, ebenfalls Insektenjäger. Gesang schwätzend. **F** 2 Jahresbruten (Juni–August). Nest aus Lehm, bis auf ein Einflugloch geschlossen, außen an Gebäuden. 3–6 Eier, Brutdauer 14–16 Tage, Nestlingszeit 20–30 Tage.

Schafstelze

Foto oben

Motacilla flava

M Sperlingsgroße, langschwänzige Stelze mit leuchtend gelber Unterseite. Rücken olivgrün, Überaugenstreif und Kinn weiß, die Füße schwärzlich. Das Ruhekleid ist insgesamt matter. Kennzeichnend – wie bei allen Stelzen – das häufige Schwanzwippen. **V** Hält sich auf feuchten Wiesen und Weiden, meist in der Nähe von Fließgewässern auf. Zieht zur Überwinterung (Oktober–März) nach Westafrika. **L** In kurzen, flatternden Jagdflügen werden Insekten gefangen. Oft auch auf dem Boden in schnellem Trippelgang abgesucht. Vor dem Abzug nach Süden bilden sich oft größere Zugschwärme. **F** 1 Jahresbrut (Mai/Juni). Aus Halmen, Federn und Haaren wird ein gut getarntes Bodennest gebaut, in dem in 12–14 tägiger Brutdauer 5–6 Junge erbrütet werden. Sie verlassen das Nest nach 10–13 Tagen.

Bachstelze

Foto Mitte

Motacilla alba

M Die häufigste bei uns anzutreffende Stelze; sperlingsgroß. Kopf, Brust, Kehle und Nacken schwarz, stark zum Weiß von Stirn, Wangen und Bauch kontrastierend. Rücken grau bis schwärzlich. Im Winter sind Kehle und Brust weiß, auf der Brust ein schwarzes Kropfband. **V** In waldfreier Kulturlandschaft und in Ortschaften anzutreffen. Im Oktober/November zieht sie in den Mittelmeerraum ab, teilweise kommen jedoch Überwinterungen vor. **L** Im typischen Trippelgang wird der Boden nach Insekten abgesucht, dabei stetiges Schwanzwippen. Der Gesang ist leise, Lockrufe sind kräftige »zissit-zissit«-Laute. **F** 2 Jahresbruten (April–Juni). In Halbhöhlen im freien Gelände oder an Gebäuden werden jeweils 5–6 Junge aufgezogen; Brutdauer 12–14 Tage, Nestlingszeit meist 13–16 Tage. Gelege S. 296.

Hausrotschwanz

Foto unten

Phoenicurus ochruros

M Sperlingsgroß. ♂ dunkel schiefergrau mit auffallendem weißen Flügelspiegel; Schwanz und Bürzel rostrot. ♀ einfarbig düster grau; Bürzel und Schwanz ebenfalls rostrot. **V** Der Hausrotschwanz ist ursprünglich Felsenbewohner, heute aber v. a. in Ortschaften zu finden. Zieht ab November nach West- und Südeuropa und kommt im März zurück. **L** Der scheuernde, gepreßt wirkende Gesang wird meist von hoher Warte, z. B. Dachgiebeln vorgetragen; dazwischen häufiges Knicksen. **F** 2 Jahresbruten (April–Juni). Nest in Halbhöhlen an Gebäuden und Felsen. 4–6 Eier (S. 296), Brutdauer und Nestlingszeit jeweils ca. 2 Wochen.

Der verwandte <u>Gartenrotschwanz</u>, *Phoenicurus phoenicurus,* ist bunter: ♂ Gesicht und Kehle schwarz, Stirn weiß, oberseits grau; Brust, Bürzel und Schwanz ebenfalls rostrot. Das ♀ oben hell graubraun, unten rostbraun. Er lebt sowohl in Wäldern als auch in Gärten und ist selten geworden.

▶ **Amsel** → Wälder S. 66

Wacholderdrossel
Foto oben

Turdus pilaris

M Der etwas über amselgroße Vogel hat einen grauen Kopf, Nacken und Bürzel; Kehle und Brust hellbraun mit dunklen Flecken, Bauch einheitlich cremefarben; Rücken dunkelbraun. **V** Wacholderdrosseln bevorzugen offene Landschaften mit Baumbewuchs, Waldarealen und Feldgehölzen, daneben häufig in Parks anzutreffen. Die meisten sind nur von März bis September bei uns, einige überwintern mit Zuzügen aus Osteuropa. **L** Meist gesellig auf Nahrungssuche am Boden im freien Gelände. Als Nahrung dient verschiedenstes Kleingetier, im Herbst bevorzugt Beeren und Früchte. Ruft laut schackernd, Gesang leise zwitschernd. **F** 1–2 Jahresbruten (April–Juni). Nistet gesellig auf hohen Bäumen. 4–6 Eier sind üblich; Brutdauer und Nestlingszeit je 14 Tage.

▶ **Sumpfrohrsänger** → Teichrohrsänger: Feuchtgebiete S. 204

▶ **Star** → Wälder S. 74

Haussperling
Foto Mitte

Passer domesticus

M Allbekannter, oberseits brauner, unterseits grauer Vogel. ♂ mit dunkelgrauer Kopfplatte, braunem Nacken, schwarzer Kehle und weißlichen Wangen; ♀ insgesamt graubraun. **V** Kommt fast nur innerhalb von Ortschaften vor. Stand- und Strichvogel. **L** Nach der Brutzeit sind »Spatzen« meist in Scharen unterwegs, oft gemeinsam mit dem unten beschriebenen Feldsperling. In der Nahrung nicht wählerisch, nehmen sie Pflanzen und Insekten zu sich. Rufen fortwährend »schilp schilp«. **F** 2–3 Jahresbruten (April–August). In der Wahl des Nistplatzes sehr variabel; Höhlen, Nischen und Spalten an Gebäuden werden zum Nestbau genutzt. Beide Partner brüten 11–13 Tage, die 5–6 Jungen fliegen nach 13–16 Tagen aus.

Feldsperling
Foto unten

Passer montanus

M Wird leicht mit dem oben beschriebenen Haussperling verwechselt. Im Unterschied zu diesem gibt es keine geschlechtsverschiedene Färbung. ♂ und ♀ haben eine rötlichbraune Kopfplatte, abgegrenzt durch einen weißen Halsring. Innerhalb der weißlichen Wangen als auffallendster Unterschied ein dunkler Fleck. **V** Nicht überwiegend an Ortschaften gebunden, häufig auch in freier Feldflur und lichten Wäldern. Stand- und Strichvogel. **L** Streunt auf Nahrungssuche in Gehölzen und auf dem Boden umher. Frißt Sämereien, Insekten und Knospen. Lautäußerung ein häufiges »teck teck«. **F** 2 Jahresbruten (April–August). Nest in Baumhöhlen, Nistkästen und Felsnischen. 4–6 Eier, Brutdauer 11–14 Tage, Nestlingszeit 14 Tage.

▶ **Buchfink** → Wälder S. 72
▶ **Grünfink** → Wälder S. 72

Stieglitz
Foto oben
Carduelis carduelis

M Bunter, knapp sperlingsgroßer Vogel mit roter Gesichtsmaske, dahinter weiß-schwarz. Rücken braun, Bürzel weiß, Schwanz schwarz, Flügel schwarz mit gelber Binde. Schnabel sehr spitz zulaufend. **V** Kommt im offenen Kulturland, in Gärten, Parks und Obstplantagen vor. Teilzieher, im Winter Zuzüge aus Nordeuropa. **L** Der ebenfalls gebräuchliche Name Distelfink leitet sich von seiner Vorliebe für Distelsamen ab, die er, geschickt auf den Pflanzen kletternd, mit seinem spitzen Schnabel aus den Fruchtständen aufnimmt. Auch Baumsamen und kleine Insekten werden nicht verschmäht. Oft in kleinen Schwärmen unterwegs. Gesang schwätzend, Lockruf »ditdit«. **F** 1–2 Jahresbruten (Mai–August). Nest in Bäumen oder sehr hohen Büschen. 4–5 Eier, Brutdauer 12–14 Tage, Nestlingszeit 13–16 Tage.

Hänfling
Foto Mitte
Carduelis cannabina

M Rücken zimtbraun, Stirn und Brust des ♂ karminrot, beim ♀ kein Rot und Unterseite gestrichelt. Beide Geschlechter mit weiß gerandeten Schwingen und Schwanzfedern. Im Ruhekleid ist beim ♂ der Kopf ohne Rotfärbung. Der Vogel erreicht knapp Sperlingsgröße. **V** Oft gesellig in Gärten, Kulturland mit Buschbestand und an Waldrändern zu beobachten. Gilt als Teilzieher, manche wandern nach Südwesteuropa ab. **L** Lebt von Sämereien, die an Pflanzen oder am Boden gesammelt werden. Zur Optimierung der Nahrungssuche bilden sie kleine Trupps. Gesang sehr variabel, oft von hoher Warte aus vorgetragen; Lockrufe sind kurze »gäck gäck«-Laute. **F** 2 Jahresbruten (April–Juli). Nest in dichten Büschen. 4–6 Eier (S. 292). Brutdauer und Nestlingszeit je 12–14 Tage.

Goldammer
Foto unten
Emberiza citrinella

M Sperlingsgroß; beim ♂ Kopf und Unterseite leuchtend gelb, Rücken und Flanken braun mit dunkler Streifung. Schwanz dunkel mit weißen Außenrändern. ♀ nur mit wenig, sehr mattem Gelb. Bei beiden Geschlechtern rotbrauner Bürzel. **V** Sehr häufiger Vogel in unserer offenen Feldflur. Der Lebensraum muß jedoch Hecken und Büsche enthalten. Teilzieher, manche wandern nach Süden ab. **L** Ernährt sich von Samen, Insekten und anderem Kleingetier. Im Herbst und Winter schließt sie sich gemischten Schwärmen an. Der charakteristische Gesang, ein ansteigendes »dididi-dieh« wird meist von der Spitze eines Busches vorgetragen. **F** 2 Jahresbruten (April–August). Nest in Büschen und Schonungen. 3–5 Eier, Brutdauer und Nestlingszeit jeweils 2 Wochen.

Elster

Foto oben

Pica pica

M Etwas kleiner als Krähe. Gefieder schwarz schillernd, Schultern, Bauch und Flanken weiß. Schwanz ebenfalls schwarz, sehr lang und gestuft. **V** Elstern bevorzugen offenes Kulturgelände mit Baum-, Busch- und Heckenbestand. Vielfach sind sie auch in Ortschaften und Städten mit Parks anzutreffen. Standvogel. **L** Verrät sich oft durch schackernde Rufe, die bei kleinster Störung oder Annäherung zu hören sind. Gilt als sehr vorsichtig und intelligent. Oft am Boden bei der Suche nach Insekten, Weichtieren, Früchten, Sämereien und Aas zu sehen. Aus Vogelnestern werden auch Eier und Jungvögel erbeutet. Der Begriff »diebische Elster« leitet sich aus der manchmal zu beobachtenden Vorliebe für glänzende Gegenstände ab. **F** 1 Jahresbrut (April–Juni). Das überdachte und sehr sperrige Reisignest wird auf Bäumen, oft in großer Höhe, angelegt. 5–8 Eier, Brutdauer 17–18 Tage, Nestlingszeit 22–28 Tage.

Saatkrähe

Foto Mitte

Corvus frugilegus

M Im Vergleich zur unten beschriebenen Aaskrähe wirkt die Saatkrähe etwas schlanker; ihr Fersengelenk ist pluderig befiedert. Bei Altvögeln ist die Schnabelwurzel nackt, grauhäutig. Gefieder schwarz, metallisch glänzend. **V** Offenes Kulturgelände mit Feldgehölzen oder Parks. Stand-/Strichvogel. **L** Die Saatkrähe lebt stets gesellig, im Winter durch Zuzüge aus dem Osten oft in großen Schwärmen; oft auch vergesellschaftet mit Dohlen. Sucht im offenen Gelände nach Insekten, Würmern, Schnecken und anderem Kleingetier. Ruft tief »gag« oder »kraah«. Gefährdet. **F** 1 Jahresbrut (März–Mai). Nistet gesellig in Bäumen. Das ♂ erbrütet 3–6 Junge; Brutdauer 17–20 Tage. Die Jungvögel sind 29–35 Tage im Nest und bleiben dann noch lange Zeit in der Brutkolonie.

Aaskrähe

Fotos unten

Corvus corone

M 2 Unterarten mit unterschiedlichem Verbreitungsgebiet sind bei uns heimisch: Östlich die Nebelkrähe *(Corvus corone cornix)* mit grauem Nacken, Rücken und Unterseite, der Rest des Gefieders schwarz; im Westen die Rabenkrähe *(Corvus corone corone)* mit insgesamt schwarzem Gefieder. Grenzbereich Schleswig-Mecklenburg-Elbe-Sachsen. **V** Beide Unterarten kommen in offenem Gelände und in Städten und Parks vor. Stand- oder Strichvogel. **L** Allesfresser, die häufig auf der Nahrungssuche auf offenem Feld, an Straßenrändern und auch auf Müllhalden zu beobachten sind. Während der Brutzeit meist paarweise, sonst in Schwärmen unterwegs. Gesang krächzend, Rufe heiser »krah« oder »arrk«. **F** 1 Jahresbrut (März–Mai). Heimlicher Einzelbrüter; das Nest wird in der Krone älterer Bäume gebaut. Das ♀ erbrütet in 18–20 Tagen 4–6 Junge; Nestlingszeit 31–36 Tage.

▶ **Waldspitzmaus** → Wälder S. 76

Maulwurf
Talpa europaea

Foto oben

M Größer als die Hausmaus; ♀ kleiner als ♂. Körper walzenförmig; meist schwarzes Fell, an der Bauchseite etwas heller, samtweich. Schwanz kurz, Ohren fehlend, Augen winzig, Schnauze rüsselförmig und unbehaart. Kennzeichnend die großen, als »Grabschaufeln« benutzten Vorderfüße mit kräftigen Krallen. **V** Wiesen, Weiden, Laubwald, seltener auf Äckern. **L** Gräbt ein weit verzweigtes Gangsystem dicht unter der Oberfläche. Die Abraumerde wird aufgehäuft. Tagaktiver Einzelgänger. Ernährt sich von Regenwürmern, Insektenlarven, Schnecken und Tausendfüßern, niemals Pflanzen. Schwimmt sehr gut. Kein Winterschlaf. **F** Paarung März–August. Das Nest wird ca. 50 cm unter der Oberfläche aus Blättern und Moos angelegt. Tragzeit ca. 4 Wochen. 1(–2) Würfe mit je 2–7 Jungen. Diese bleiben 4–5 Wochen im Nest und sind bereits im nächsten Jahr geschlechtsreif.

Igel
Erinaceus europaeus

Foto Mitte

M Stacheln dunkelbraun, an der Spitze und an der Basis gelblich. Die Unterseite des plumpen Körpers ist hellgrau bis dunkelbraun behaart. Schnauze spitz zulaufend, Ohren sehr kurz, Augen klein. Bis ca. 1000 g schwer. **V** Wiesenareale in Waldrandnähe, Felder, Hecken, Parks und Gärten. **L** V. a. in der Dämmerung und nachts unterwegs, oft sehr reviertreu. Tags ruht er versteckt im Nest aus Blättern, Moos und Gras, oft in Gebüschen oder Reisig. Ernährt sich von Schnecken, Insekten, Würmern; auch Obst und Beeren werden gerne verzehrt. Klettert gut, läuft schnell; bei Gefahr rollt er sich zur stachelbewehrten Kugel zusammen. Winterschlaf Oktober–April; wird bei höheren Temperaturen zur Nahrungsaufnahme unterbrochen. **F** April–August 1–2 Würfe mit 2–10 Jungen; öffnen die Augen nach 14–18 Tagen, Säugezeit 18–20 Tage, nach 40–45 Tagen selbständig.

Große Hufeisennase
Rhinolophus ferrum-equinum

Foto unten

M Kennzeichnend bei dieser mehr als schwalbengroßen Fledermaus ist der hufeisenförmige Nasenaufsatz zur Ultraschallortung. Fell oben hell rötlichgrau, unterseits heller, sehr weich und dicht. Ohren groß und zugespitzt. **V** Buschreiche, offene Landschaften, Wälder und nahegelegene Freiflächen. **L** Tags in Höhlen, Stollen, Ruinen oder auf Dachböden schlafend, nachts auf Jagd nach Nachtfaltern und Käfern; dabei niedriger, schmetterlingsähnlicher Flug. Winterschlaf September–April in Höhlen, Stollen und Kellern. Gefährdet. **F** Paarung im Herbst, seltener erst im Frühjahr; nach 10–11wöchiger Tragzeit 1–2 nackte, blinde Junge. Öffnen die Augen nach 9 Tagen, fliegen nach 3–4 Wochen, sind mit 6–8 Wochen selbständig, nach 1 Jahr geschlechtsreif.

Feldhase
Foto oben
Lepus capensis

M Rücken gelblichgrau mit schwarzer Sprenkelung; Flanken mehr rostgelb, ebenso Kehle und Brust. Bauch und Schwanzunterseite weiß. Die langen Ohren sind an der Spitze schwarz, ebenso die Schwanzoberseite. Kopf langgezogen mit gelbbraunen Augen. **V** Typischer Bewohner unserer Kulturlandschaft, auch in Wäldern und Dünen. **L** Lebt außerhalb der Paarungszeit als Einzelgänger; v. a. dämmerungsaktiv. Die langen Hinterbeine ermöglichen sehr schnellen Lauf und gewandtes Hakenschlagen. Fährte S. 300. Ernährt sich von Kräutern, Gras, Knospen, auch von Früchten und Kleintieren. Kot S. 302. Ruht in flachen, selbstgescharrten Bodenmulden (Sassen). Gefährdet. **F** Fortpflanzungszeit Januar–August. Nach 42–44 Tagen werden 2–4 Junge geboren. 3–4 Würfe pro Jahr; Jungtiere als Nestflüchter bei Geburt sehend und behaart, werden 3 Wochen gesäugt, selbständig nach 3–4 Wochen.

Wildkaninchen
Foto Mitte
Oryctolagus cuniculus

M Kleiner als der oben beschriebene Feldhase, Kopf rundlicher und Ohren kürzer. Augen ebenfalls recht groß, aber braun. Hinterbeine kürzer als beim Feldhasen und kaum länger als die Vorderbeine. Fell insgesamt braungrau, seltener grau oder schwarz; Nacken hellrostbraun, Bauch grauweiß. **V** Heiden, Parks, Gärten, Waldränder und lichte Schonungen, in Dünen und an Bahndämmen. **L** Festes Revier im näheren Umkreis um den unterirdischen Bau; mehrere Familien bilden eine Kolonie. Überwiegend dämmerungs- und nachtaktiv. Trommelt bei Erregung mit den Hinterläufen. Hoppelt, springt und rennt schnell. Nahrung sind Gräser, Kräuter, Wurzeln, Beeren, Pilze und Rinde. Stammform unserer Hauskaninchen. **F** Februar–November 4–7 Würfe mit je 1–15 Jungen; werden im mit Gras und Wolle gepolsterten Nest geboren. Nesthocker, nackt und blind, öffnen Augen nach 10 Tagen, werden 3 Wochen gesäugt, selbständig mit 4–5 Wochen.

Feldhamster
Foto unten
Cricetus cricetus

M Eichhörnchengroß mit gelbbrauner Oberseite; unterseits schwarz, an Wangen, Vorderbeinen, Schnauzenspitze und Kinn weiß gefleckt. Ohren häutig und rund, Augen klein. **V** Äcker, Felder, Wiesen. **L** Einzelgänger, v. a. nachtaktiv. Gräbt tiefe, verzweigte Erdbauten mit mehreren Ausgängen, Nest- und Vorratskammer. Droht und imponiert durch Aufrichten, faucht, quiekt und zirpt. Nahrung sind Kulturpflanzen, Kräuter und Kleingetier. Trägt Vorräte in Backentaschen in den Bau. Winterschlaf Oktober–März, unterbrochen durch gelegentliche Nahrungsaufnahme. Gefährdet. **F** Paarung April–August. 2–3 Würfe mit je 4–12 Jungen; Tragzeit 17–20 Tage. Junge öffnen die Augen nach 14 Tagen, werden 18 Tage gesäugt; mit 25 Tagen sind sie selbständig, nach 10 Wochen bereits geschlechtsreif.

Feldmaus
Microtus arvalis

Foto oben

M Größer als Hausmaus. Oberseits bräunlich-gelbgrau, unten weißlich; kurz- und glatthaarig. Kurzer Schwanz, kleine, innen fein behaarte Ohren. **V** Wiesen, Weiden, Äcker, Dünen und trockene Wälder. **L** Tags und nachts mehrstündige Aktivitätsrhythmen. Lebt in Kolonien in weit verzweigten Erdbauten. Im Winter unter dem Schnee oberirdische Laufgänge. Ernährt sich von Sämereien, Getreidesamen, Kräutern, Gras und Früchten, selten auch Insekten. **F** In einer unterirdischen, mit Gras ausgekleideten Nestkammer 3–6 Würfe (März–Oktober) mit je 2–10 nackten und blinden Jungen. Tragzeit 16–24 Tage; Jungen öffnen Augen nach 9–10 Tagen, werden 12 Tage gesäugt, mit 3 Wochen selbständig.

▶ **Waldmaus**   → Wälder   S. 76

Mauswiesel
Mustela nivalis

Foto Mitte

M Schlank, kurzbeinig, länger als eine Hausmaus. Oberseite rot- bis graubraun, Bauch und Beininnenseiten weiß; keine schwarze Schwanzspitze. **V** Jegliches Kulturland, Gärten, Dünen. **L** Tag- und dämmerungsaktiver Einzelgänger. Jagt Mäuse in deren Bauten, seltener auch andere kleine Wirbeltiere. Klettert und schwimmt. **F** Paarung März–August; 1–2 Würfe jährlich mit jeweils 3–9 Jungen; werden nach 5wöchiger Tragzeit nackt und blind geboren; Augenöffnen nach 21–25 Tagen, mit 3 Monaten selbständig. Geschlechtsreif bereits im 1. Lebensjahr.
Nah verwandt ist das Hermelin, *Mustela erminea;* dieses jedoch über Rattengröße, mit schwarzem Schwanzende und stets weißem Winterkleid (Schwanzspitze bleibt schwarz).

Steinmarder
Martes foina

Foto unten

M Stämmiger, kurzbeiniger Körper; graubraun mit weißem Kehlfleck; Nase hell fleischfarben. **V** Gern in der Nähe des Menschen; in Gärten und siedlungsnahem, felsigem Gelände mit Versteckmöglichkeiten. **L** Gewandter, nachtaktiver Kletterer. Streunt auf der Jagd nach Kleinsäugern und Vögeln im gesamten Lebensraum; frißt auch Eier und Früchte. Fährte S. 298, Kot S. 302. **F** 2 Paarungszeiten im Februar bzw. Juni/Juli sind üblich. Tragzeit 2 oder 8 Monate, da Junge im März/April geboren werden. Pro Wurf 3–5 nackte, blinde Junge; öffnen Augen nach 30–36 Tagen, selbständig mit 3 Monaten, geschlechtsreif mit 2 Jahren.
Der verwandte Baummarder, *Martes martes,* ist kastanienbraun mit goldgelber Kehle und Brust. Kommt fast ausschließlich im Wald vor und meidet menschliche Nähe. Sonst ähnlich Steinmarder.

▶ **Rotfuchs**   → Wälder   S. 78

▶ **Reh**   → Wälder   S. 80

▶ **Moorbirke** → Hängebirke: Wälder S. 84

Schwarzerle
Foto oben

Alnus glutinosa

M Birkengewächs. Ein- oder mehrstämmig mit breiter, lockerer Krone, bis 25 m hoch. Borke dunkelgrau bis schwarz, längsrissig. Blätter rundlich, kahl, unterseits hellgrün mit gelbbraunen Bärten in den Nervenwinkeln; Blattrand grob doppelt gesägt, Blattspitze gestutzt. Im März/April vor der Laubentfaltung bräunliche, ♂ Kätzchen, 6–12 cm lang; ♀ Kätzchen violett, 0,5 cm. 1häusig; Windbestäubung. Früchte (S. 267): Schwarzbraune, 1,5 cm lange Fruchtzäpfchen. **V** Gewässerränder, oft in kleinen Beständen. **B** In Wasser sehr haltbares Holz, verwendet im Wasserbau, aber auch für verschiedenste Gebrauchsgegenstände.
Ähnlich ist die Grauerle, *Alnus incana,* mit silber-dunkelgrauer Rinde und eiförmig-elliptisch zugespitzten Blättern, unterseits zunächst graufilzig, später verkahlend.

▶ **Feldulme** → Wiesen, Felder . . . S. 86

Traubenkirsche
Foto Mitte

Prunus padus

M Rosengewächs. 8–18 m hoher Baum oder Strauch. Rinde schwarzgrau, glatt, flachrissig. Blätter langgestielt; Stiel mit 2 grünen Drüsen, Spreite länglich-elliptisch, oben dunkelgrün, unten blaugrün mit gelblichen Nervenwinkelbärten; Rand fein scharf gesägt. Mit dem Laub erscheinen im Mai/Juni weiße, überhängende, 8–15 cm lange Blütentrauben. Insektenbestäubung. Früchte (S. 269): Erbsengroße, glänzend schwarzrote Steinfrüchte mit 1 oval-zugespitzten Stein. **V** Bodenfeuchte Standorte an Gewässerufern, in Mooren, Laubwäldern, Gebüschen. **B** Das Holz kann zum Drechseln verwendet werden.

▶ **Faulbaum** → Wälder S. 26

Salweide
Foto unten

Salix caprea

M Weidengewächs. Schwach verzweigter, bis 10 m hoher Strauch mit glatter, netzartig aufreißender Rinde. Blätter gestielt, breitelliptisch, Blattrand meist gewellt, ganzrandig oder gesägt bis gezähnt; oben dunkelgrün, schwach glänzend, unten graugrün, filzig behaart. 2häusig; 1geschlechtige Blüten (Kätzchen) bis 3 cm lang, Blütezeit März–Mai. Insektenbestäubung. Früchte (S. 270): Grüne, trockene Kapselfrüchte mit langen, weißen Haarbüscheln. **V** Gräben, Auen, Moore, Wald- und Wegränder. **B** Wichtige Bienenpflanze im zeitigen Frühjahr.
Die Silberweide, *Salix alba,* ist ein Baum mit überhängenden Zweigen. Blätter lanzettlich, gesägt, beidseits silbrig behaart.

▶ **Esche** → Wälder S. 30

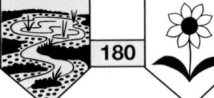

Weiße Seerose
Foto oben
Nymphaea alba

M Seerosengewächs. Entspringt einem kriechenden Wurzelstock in bis zu 3 m Wassertiefe. Am Ende elastischer Stiele, ledrige Schwimmblätter mit weit auseinanderstehenden Basallappen. Blüten weiß, 10–12 cm Ø, mit 4 grünen Kelchblättern. Ca. 20 Kronblätter, die die vielen gelben Staubblätter spiralig umgeben. Blütezeit Juni–September. **V** Bevorzugt in stehenden Gewässern, wie Teichen, Seen und Weihern, aber auch in sehr langsam fließenden Altwässern von Flüssen. **B** Die Blüten öffnen sich im Tagesverlauf nur von ca. 7–16 Uhr und schließen sich dann wieder zur ovalen Knospe. Neben den Schwimmblättern kommen unter der Wasseroberfläche noch salatartige Unterwasserblätter vor. Für Fische stellt die Pflanze einen wichtigen Laichschutz dar.

Flutender Hahnenfuß
Foto Mitte
Ranunculus fluitans

M Hahnenfußgewächs. Langgestielte, 1–2 cm große, weiße Blüten. Die 5–12 Kronblätter sind am Grunde gelb und umgeben die zahlreichen gelben Staubblätter. Blüht Juni–August. Blätter an 1–6 m langen, flutenden Stengeln; Blattfläche in lange, mehrfach geteilte, pfriemliche Zipfel gegliedert. Schwimmblätter nur sehr selten vorhanden. **V** Typische Pflanze schnell fließender Gewässer mit hohem Sauerstoffgehalt; deshalb meist in Quellnähe, wo sie oft dichte Bestände bildet. **B** Die fein zergliederten Blattflächen stellen eine optimale Anpassung an die hohe Fließgeschwindigkeit des Wassers dar, weil sie der Strömung keinen nennenswerten Widerstand bieten. Da die Pflanze wegen Überflutung kaum von Insekten bestäubt werden kann, vermehrt sie sich in erster Linie vegetativ.

Echtes Mädesüß
Foto unten
Filipendula ulmaria

M Rosengewächs. Stengel 100–150 cm hoch, kahl, und kantig. Blätter unterbrochen gefiedert, mit 2–5 Paaren großer, eiförmiger, doppelt gesägter Fiedern; oberseits kahl, unterseits weißfilzig. In vielstrahligen Trugdolden kleine, 5–10 mm große, gelblichweiße Blüten. Blütezeit Juni–August. **V** Bodenfeuchte Standorte an Gräben, Gewässerufern, auf Streuwiesen und in Mooren. **B** Mädesüß wurde früher zum Süßen und Aromatisieren des Mets (Name!) verwendet. Wegen der enthaltenen Salicylsäure wurde die Pflanze auch bei Fieber, Rheuma und Gicht eingesetzt, hat heute heilkundlich allerdings keine Bedeutung mehr. Ätherische Öle verursachen den intensiven Duft der Blüten. Die Pflanze kommt bei uns in 2 Unterarten vor.

▶ **Wiesen-Schaumkraut** → Wiesen, Felder . . . S. 96

▶ **Gemeine Zaunwinde** → Wiesen, Felder . . . S. 98

Gelbe Teichrose
Nuphar luteum

Foto oben

M Seerosengewächs. Blüten gelb, 4–6 cm Ø, intensiv duftend. 5 Blütenblätter umgeben 7–24 ebenfalls gelbe Nektarblätter; Narbe trichterförmig vertieft, vielstrahlig. Blüht Juni–September. Die Schwimmblätter am Ende der bis 4 m langen Blattstiele sind breit-eiförmig; Seitennerven 3mal gabelig verzweigt, im Gegensatz zur vorseitig beschriebenen Seerose nicht miteinander verbunden. **V** Stehende oder langsam fließende Gewässer mit schlammigem Untergrund. **B** Die Pflanze entspringt einem reich verzweigten, stärkereichen Rhizom und hat – wie die Seerose – ebenfalls salatähnliche Unterwasserblätter.

Sumpfdotterblume
Caltha palustris

Foto Mitte

M Hahnenfußgewächs. Blüten leuchtend gelb, bis 45 mm Ø, bestehen aus 5 glänzenden Kronblättern. Blütezeit März–Juni. Blätter tief dunkelgrün, herzförmig, Rand gekerbt bis gezähnt. Stengel hohl, 15–35 cm hoch. **V** Feuchte Standorte an Gewässerrändern, in Gräben, Sumpfwiesen und in Auenwäldern. **B** Die Pflanze wird von Bienen, Hummeln und Fliegen bestäubt. Nach der Befruchtung entwickeln sich sternförmig ausgerichtete, mehrsamige Balgfrüchte, deren Samen schwimmend verbreitet werden.

▶ **Echtes Springkraut**   → Wälder S. 38

▶ **Kohl-Kratzdistel**   → Wiesen, Felder . . . S. 114

Gewöhnlicher Gilbweiderich
Lysimachia vulgaris

Foto unten links

M Primelgewächs. 10–15 mm große, gelbe Blüten in endständigen, beblätterten Rispen oder Trauben; Blütenkronzipfel kahl, die Kelchblätter mit rot gerandeten Zipfeln. Blüht Juni–August. Stengel 50–150 cm hoch, undeutlich kantig, kurz behaart. Blätter gegenständig oder zu 3–4 in Quirlen, eiförmig-länglich, drüsig, punktiert. **V** Gewässerufer, Flachmoore, Gräben, Bruch- sowie Auenwälder. **B** Die Pflanze wird durch Insekten bestäubt. Früher gegen Fieber, Skorbut und bei Blutungen genutzt.

Gelbe Schwertlilie
Iris pseudacorus

Foto unten rechts

M Schwertliliengewächs. Blüten bis 10 cm groß, gelb. Äußere Blütenhüllblätter oval bis rundlich, zurückgeschlagen und fein braun geadert; innere Hüllblätter schmal-linealisch. Blüten stehen in kleiner Traube; Blütezeit Mai–Juli. Blätter linealisch, säbelförmig, bis 1 m lang. **V** Im Röhricht stehender und fließender Gewässer, in Gräben, Wald- und Wiesensümpfen. Kommt nur zerstreut vor, bildet am Standort aber meist dichte Bestände. **B** Bestäubung durch Insekten; Schwimmverbreitung der Früchte.

Bach-Nelkenwurz

Foto oben

Geum rivale

M Rosengewächs. 20–60 cm hohe Pflanze mit nickenden, 12–15 mm großen Blüten. Blütenkronblätter außen rötlich, innen gelb; Kelchblätter braunrot, anliegend, lanzettlich. Der drüsig behaarte, verzweigte Stengel trägt mehrere Blüten. Blütezeit Mai/Juni. Grundblätter langgestielt, gefiedert, mit besonders großer, 3lappiger Endfieder; Stengelblätter leicht gelappt. **V** Bachufer, nasse, humöse Wiesen, Auen- und Bruchwälder. **B** Der Name leitet sich vom Duft des Wurzelstockes ab, der auffallend nach Nelkenöl riecht und von einem ätherischen Öl verursacht wird. Früher wurde die Art dieses Öles wegen auch heilkundlich verwendet. Bestäubt wird die Bach-Nelkenwurz vorwiegend von Hummeln, die oftmals die Blüten außen anbeißen, um an den Nektar zu gelangen. Die Pflanze gilt als Stickstoffanzeiger.

Blutweiderich

Foto Mitte

Lythrum salicaria

M Weiderichgewächs. Die aufrechten, flaumig behaarten Stengel erreichen eine Höhe von 50–150 cm. Sie sind 4- bis mehrkantig und mit lanzettlich-spitzen, am Grunde herzförmig abgerundeten Blättern besetzt. Blätter gegenständig oder in 3blättrigen Quirlen. Im oberen Stengelbereich bilden die purpurroten Blüten eine lange Ähre. Einzelblüten 8–12 mm groß, 6 Kronblätter, unterschiedliche Griffel- und Staubblattlänge. Blüht Juni–September. **V** Bodennasse, stickstoffhaltige Böden an Ufern, in Naßwiesen, Gräben und Flachmooren. **B** Die unterschiedliche Länge der Griffel und Staubblätter – 3 verschiedene Griffellängen sind üblich – verhindern Selbstbestäubung. Wegen des Gerbstoffgehaltes wurde die Pflanze heilkundlich verwendet.

▶ **Kuckucks-Lichtnelke**   → Wiesen, Felder . . . S. 118

▶ **Schlangen-Knöterich**   → Wiesen, Felder . . . S. 118

Gemeiner Beinwell

Foto unten

Symphytum officinale

M Rauhblattgewächs. Rote bis violette (oder auch gelblichweiße!), 12–18 mm große Blüten stehen in sog. Doppelwickeln; auffallend ihre langen Schlundschuppen. Blütezeit Mai–September. Stengel 30–100 cm hoch, ästig, hohl, steif behaart. Bis 25 cm lange, lanzettliche, rauhborstige Blätter; laufen am Stengel herab. **V** Gewässerränder, feuchte Wiesen, Gräben, Auenwälder, Schuttplätze und Moorwiesen. **B** In der Naturheilkunde wurde die Pflanze früher bei Knochenbrüchen (Name!) und zur Wundheilung, aber auch bei Magenleiden, Gicht, Rheuma und Durchfall verwendet. Hierzu wurden zerstoßene Blätter oder Wurzeln auf die befallenen Körperstellen aufgelegt. Junge Blätter können auch als Wildgemüse und Salatkraut verwendet werden.

Echter Baldrian

Foto oben links

Valeriana officinalis

M Baldriangewächs. 50–150 cm hohe Pflanze mit hohlem, gefurchtem, glänzendem Stengel. Untere Laubblätter gestielt, obere sitzend, unpaarig gefiedert mit 9–21 lanzettlichen, gesägten oder ganzrandigen Fiederblättern. Blüten 3–6 mm groß, rötlich bis weiß, stark duftend, in einem trugdoldigen Blütenstand. Blütezeit Juni–August. **V** Ufer, Gräben, Moorwiesen, Waldränder und Lichtungen mit feuchtem Boden. **B** Altbekannte Heilpflanze. Ätherische Öle und andere Inhaltsstoffe des Wurzelstockes wirken beruhigend, krampflösend und schlaffördernd.

Gemeiner Wasserdost

Foto oben rechts

Eupatorium cannabinum

M Korbblütengewächs. 4–6blütige Köpfchen in Schirmrispen; Einzelblüten 8–10 mm groß, rosa, ausschließlich Röhrenblüten. Narbe ragt weit aus der Blütenkrone hervor. Blüht Juli–September. Stengel rötlich, 50–150 cm hoch, reich gegenständig beblättert. Blätter handförmig 3–7teilig, mit lanzettlichen, gezähnten Lappen. **V** Ufer, Gräben, bodenfeuchte Waldstellen und Auenwälder. **B** Der Name der Art geht auf die dem Hanf ähnliche Form der Blätter zurück. Die Pflanze ist Stickstoff- und Feuchteanzeiger. Sie wird von Faltern bestäubt, die häufig auf den Blüten anzutreffen sind. Heilpflanze bei Erkältungen und Rheuma.

Gemeine Pestwurz

Foto Mitte

Petasites hybridus

M Korbblütengewächs. Im März erscheinen vor der Blattentwicklung traubige, eiförmige Blütenstände. Sie bestehen aus rötlichen Röhrenblüten, die zunächst zu Teilblütenständen vereinigt sind. Die männlichen Blütenköpfe sind mit 12 mm doppelt so groß wie die weiblichen. Die grundständigen Laubblätter werden bis 1,2 m lang und 60 cm breit; sie sind herzförmig, gezähnt, mit abgerundeten, basalen Lappen. Oberseite kurzhaarig, unten grauwollig. **V** Ufer rasch fließender Gewässer, sehr häufig an Gebirgsbächen; nasse Wiesen, Schluchten. **B** Früher gegen die Pest als Heilmittel (Name!) eingesetzt. Bestäubung durch Bienen.

Breitblättriges Knabenkraut

Foto unten

Dactylorhiza majalis

M Knabenkrautgewächs. 15–60 cm hoch; reichblütige Blütenähre mit purpurroten bis lila Blüten, selten weiß. Lippe 3lappig, Seitenlappen herabgeschlagen; auffallend die dunkelrote Linienzeichnung; Blütengröße 10–15 mm. Blütezeit Mai/Juni. Blätter 5–10 cm lang, lanzettlich; Blattspreite der unteren Blätter in der Mitte am breitesten, meist Flecken auf den Spreiten. Gefährdet. **V** Gräben, Flachmoore, feuchte Wiesen und Quellsümpfe. **B** Bastarde zwischen verschiedenen Knabenkraut-Arten sind sehr häufig und erschweren die Bestimmung, hier v. a. Bastardierung mit Fleischrotem Knabenkraut.

Teichmuschel
Foto oben
Anodonta cygnea

M Sehr formenreiche Art. Schale bis 20 cm lang, mit länglich-ovaler oder rhombischer Form und bauchigem Querschnitt; dünnwandig, außen bräunlich-grün, innen perlmutterartig glänzend. Das Schalenschloß innen ist glatt, ohne Zähne; der Wirbel gerunzelt, wenig zerfressen. **V** Häufigste noch vorkommende Muschel in Teichen, Seen oder sehr langsam fließenden Gewässern. **L** Kriecht mit breitem, keilförmigem Fuß durch den Bodenschlamm des Gewässers, macht dabei immer wieder rüttelnde Bewegungen, um den Untergrund aufzuwirbeln. Enthaltene Kleinstlebewesen werden durch einen erzeugten Sog in die Einströmöffnung eingesaugt und aus dem Schlamm herausgefiltert. Zur Befruchtung werden die Samenzellen des ♂ vom ♀ in dessen Mantelraum gestrudelt. Die entstehenden Glochidium-Larven haken sich an der Haut von Fischen fest und entwickeln sich in 8–10 Wochen zu jungen Muscheln.

Spitzschlammschnecke
Foto Mitte
Lymnaea stagnalis

M Gehäuse 50–60 mm hoch, 20–30 mm breit, hornfarben, spitz ausgezogen. Gewinde fast so hoch, evtl. sogar höher als die Mündung, der letzte Umgang stark bauchig aufgetrieben. Gesamte Gehäuseoberfläche mit unregelmäßigen Leisten und körniger Struktur. **V** Stehende und fließende Gewässer mit reichem Pflanzenbewuchs; toleriert auch sehr verschmutztes Wasser. **L** Mit Hilfe einer speziell angepaßten Raspelzunge (Radula) weidet die Schnecke Algen an Steinen oder Wasserpflanzen ab. Auch die Wasserpflanzen selbst und Aas werden gefressen. Gleitet auf einer Schleimspur am Gewässergrund, an Pflanzen oder an der Gewässeroberfläche. Muß als Lungenschnecke zum Atmen an die Oberfläche. Zwitter; die Eier werden an Blätter und Steine geklebt und nach ca. 3 Wochen schlüpfen die Jungschnecken.

Posthornschnecke
Foto unten
Planorbarius corneus

M Gehäuse rotbraun, bis 3 cm Ø, dickwandig, linksgewunden. Die Umgänge sind rund und verdicken sich schnell; Mündung nierenförmig, Mundsaum scharf. **V** Weit verbreitet in stehenden und ruhig fließenden, pflanzenreichen Gewässern. Ist hin und wieder auch außerhalb des Wassers anzutreffen. **L** Weidet v. a. im Bodenbereich Algen von Pflanzenresten ab. Interessanterweise hat sie, wie höhere Wirbeltiere, als Blutfarbstoff Hämoglobin, weshalb ihr – wegen der hohen Sauerstoffbindefähigkeit dieses Farbstoffes – ein Überleben in sehr sauerstoffarmen Tümpeln möglich ist. Den größten Teil des Sauerstoffbedarfs deckt sie durch Einatmen atmosphärischer Luft über die Lungen. Lange Trockenzeiten kann sie überdauern, indem das Gehäuse mit einem Deckel verschlossen wird. Fortpflanzung wie bei der oben beschriebenen Art.

Hufeisen-Azurjungfer

Foto oben

Coenagrion puella

M Sehr schlanke Libelle mit unterschiedlicher Färbung bei den Geschlechtern: Grundfarbe beim ♂ blau, beim ♀ grünlich. Zudem hat das ♀ eine intensivere schwarze Zeichnung der Hinterleibssegmente. Körperlänge 23–30 mm, Spannweite 40–50 mm. **V** Kommt ausschließlich in der Nähe stehender oder langsam fließender Gewässer vor. Fliegt Mai–September. **L** Sitzt gern längere Zeit an Wasserpflanzen. Bei der Eiablage sieht man die ♂ stets mit den ♀ gemeinsam. Während das ♂ das ♀ hinter dem Kopf mit seinem Hinterleibsende festhält, taucht dieses oftmals ganz unter die Wasseroberfläche und legt die Eier an Wasserpflanzen ab. Die Larven überwintern und entwickeln sich im nächsten Jahr zum fertigen Insekt.

Blauflügel-Prachtlibelle

Foto Mitte

Calopteryx virgo

M Körper insgesamt blau bis grünlich glänzend. Flügel beim ♂ ebenfalls blau oder blaugrün schillernd, beim ♀ sind die Flügel rauchbraun. Körperlänge 35–40 mm, Spannweite bis 70 mm. **V** Kommt ausschließlich in der Nähe fließender Gewässer vor. Flugzeit Mai–September. **L** Fliegt langsam und eigenartig flatternd, ruht auch ausgiebig auf der Ufervegetation. Die Beuteinsekten werden im Flug gefangen. Die Paarung dauert wenige Minuten und erfolgt im Sitzen; bei der Eiablage ist das ♀ alleine. Die Eier werden in Pflanzen abgelegt, indem das Pflanzengewebe mit einem Legebohrer angebohrt wird. Die Larven entwickeln sich in 2 Jahren zum fertigen Insekt, dessen Lebensdauer meist nur 2 Wochen beträgt. Gefährdet.
Nah verwandt und einziger weiterer Vertreter der selben Gattung ist die Gebänderte Prachtlibelle, *Calopteryx splendens*. Sie unterscheidet sich in der Flügelzeichnung: Das ♂ hat in der Flügelmitte ein blaues Band, das ♀ hingegen insgesamt grünliche Flügel. Auch diese Art ist gefährdet.

Blaugrüne Mosaikjungfer

Foto unten

Aeshna cyanea

M 50–70 mm lange Libelle mit 95–110 mm Spannweite. Körper grüngelb gefärbt, mit einem hohen Anteil schwarzer Zeichnungen. Flügelmal im Spitzenbereich. Augen grün oder blau, sehr groß, stoßen in der Kopfmitte zusammen. **V** Gerne in der Nähe stiller Waldtümpel und anderer stehender Gewässer, oftmals auch weit entfernt auf Waldlichtungen oder Waldwegen. Flugzeit Juni–Oktober. **L** Ausgezeichneter Flugjäger, der auch größere Beuteinsekten überwältigen kann. Im eigenen Revier gegenüber Artgenossen sehr aggressiv. Die Eiablage erfolgt an oberflächennahen Wasserpflanzen, da das ♀ dabei nie ganz in das Wasser eintaucht. Entwicklung bis zum Vollinsekt meist 2 Jahre, Ei und Larve überwintern je einmal.

Plattbauch
Foto oben

Libellula depressa

M Der Hinterleib dieser Libelle ist auffallend breit und wirkt deshalb plump; beim ♂ ist er hellblau, beim ♀ olivbraun. Flügel glasig durchsichtig, Flügelbasis beider Flügelpaare mit schwarzem Fleck. Körperlänge 22–28 mm, Spannweite 70–80 mm. **V** Häufig an Lehmtümpeln, oft aber auch nicht in unmittelbarer Gewässernähe. Fliegt Mai–August. **B** Der Plattbauch ist ein Ansitzjäger, der meist von einer Wasserpflanze aus Insekten gezielt anfliegt und ergreift, sie in der Luft verzehrt, um dann wieder auf seinen Ansitz zurückzukehren. Sein Flug ist schnell, wirkt ziellos, da er häufig die Richtung ändert. Die Eiablage der ♀ erfolgt ohne Begleitung der ♂; sie lassen dabei die Eier frei ins Wasser fallen. Nach 2jähriger Entwicklungszeit schlüpft aus der an Wasserpflanzen emporgekletterten Larve die neue Generation. Plattbäuche besiedeln oft als erste Libellen einen neu geschaffenen Lebensraum, auch Gartenteiche.

Vierfleck
Foto Mitte

Libellula quadrimaculata

M Bläulich bis bräunlich gefärbte Libelle mit 30–45 mm Körperlänge; Spannweite 70–85 mm. Kennzeichnendes und namensgebendes Merkmal sind 4 dunkle Flügelflecke in den beiden Flügelpaaren; jeweils 1 Fleck im Spitzenbereich und einer am sog. Flügelknoten, einer Knickstelle in der Flügelmitte. **V** Ist an allen stehenden Gewässern, seltener auch an langsam fließenden Gewässern anzutreffen. Flugzeit Mai–August. **L** Zusammen mit den beiden anderen auf dieser Seite beschriebenen Libellenarten gehört der Vierfleck zu den Segellibellen, die sich durch ihren geradlinigen, ungestümen Flug auszeichnen. Auch hier erfolgt der Beutefang meist von einem Ansitz aus. Man kann dabei schön beobachten, wie das Insekt den Kopf immer wieder in verschiedene Richtungen dreht, um nach Beuteinsekten Ausschau zu halten. Die Eier läßt das ♀ frei ins Wasser fallen. Die Larven halten sich bevorzugt am Gewässergrund auf und entwickeln sich in 2 Jahren zum fertigen Insekt.

Gemeine Heidelibelle
Foto unten

Sympetrum vulgatum

M Hinterleibsfärbung beim ♂ blutrot, beim ♀ hell olivbraun, Körperlänge 20–30 mm, Spannweite 40–55 mm. Die bei uns heimischen 9 *Sympetrum*-Arten sind sehr schwer zu unterscheiden. Bestimmungsmerkmale für diese Art sind die außen gelb gestreiften, schwarzen Beine und die schwarze Querlinie auf der Stirn, die an den Augen herabläuft. **V** Sowohl in Gewässernähe, als auch weit ab von Gewässern anzutreffen. Flugzeit Juli–Oktober. **L** Beutefangverhalten wie bei den oben beschriebenen Arten. Im Unterschied zu diesen Arten erfolgt jedoch die Eiablage gemeinsam mit dem ♂, wobei auch hier das ♀ die Eier frei ins Wasser fallen läßt. Die Entwicklungszeit beträgt 1 Jahr.

Bergmolch
Foto oben

Triturus alpestris

M ♂ bis 8 cm, ♀ bis 12 cm lang. Während der Paarungszeit ♂ oben schwarz bis schiefergrau, Flanken und Schwanzseiten blau und schwarz gefleckt, Bauch orangegelblich ungefleckt; von den Schultern bis zur Schwanzspitze mit 2 mm hohem, ungezacktem und geflecktem Kamm. ♀ insgesamt weniger bunt und ohne Kamm. Nach der Paarungszeit (März–Mai) Oberseite schwarz und ebenfalls kammlos. **V** Bevorzugt stehende und fließende Gewässer in lichten Wäldern, geht auch in wassergefüllte Gräben und Wagenspuren. **L** Lebt außerhalb der Paarungszeit versteckt in Erdlöchern, unter Baumstümpfen, Steinen und im Moos. Frißt Schnecken, Insekten und Würmer. **F** Die Paarungszeit verbringen die Molche fast nur im Laichgewässer. Das ♀ legt die befruchteten Eier (100–250) einzeln an Wasserpflanzen ab. Nach ca. 2–3 Wochen schlüpfen die Larven und verwandeln sich nach ca. 3 Monaten in Jungtiere.

Teichmolch
Foto Mitte

Triturus vulgaris

M Umgekehrt wie beim oben beschriebenen Bergmolch wird hier das ♂ mit bis 11 cm größer als das max. 9,5 cm große ♀. Insgesamt schlanker Molch, Haut glatt bis schwach gekörnt. Oberseite braun, dunkel gefleckt; Unterseite hellgelblich, in der Mitte orangegelb, dunkel gefleckt. Während der Paarungszeit (März–Mai) ♂ mit gewelltem, hohem Rücken- und Schwanzkamm. **V** Zur Paarungszeit stehende Gewässer in Wäldern, Parks, Gärten; meist mit üppigem Pflanzenbewuchs. **L** Wie beim Bergmolch. **F** Das Paarungszeremoniell bei Molchen, auch bei dem oben beschriebenen Bergmolch, beginnt mit der Produktion von Duftstoffen durch das ♂. Nachdem ein ♀ angelockt ist, setzt das ♂ ein Samenpaket am Gewässergrund ab, welches vom ♀ mit der Kloake aufgenommen wird. Weiteres Fortpflanzungsgeschehen s. Bergmolch.

Gelbbauchunke
Foto unten

Bombina variegata

M Körperlänge bis 45 mm, plump und gedrungen. Oberseite olivgrün bis graubraun, mit kräftigen Warzen; Unterseite schwärzlich mit leuchtenden gelben Flecken. ♂ zur Laichzeit (Mai/Juni) mit hornigen Schwielen an Unterarm und Fingern. **V** Im Hügelland bis 1800 m. Lebt in Tümpeln, Pfützen, Kiesgruben und Wagenspuren. **L** Meist im Wasser; taucht bei Störung schnell unter. An Land zeigt sie die typische Schreckstellung, präsentiert dabei ihre grell gefärbte Unterseite. Ernährt sich von Insekten, Würmern und Schnecken. Ruft tags und in der Dämmerung »ung-ung, ung-ung«. Gefährdet. **F** Laichabgabe an Wasserpflanzen; Larven schlüpfen nach 1 Woche, verwandeln sich im September/Oktober in Jungtiere.
Die verwandte Rotbauchunke, *Bombina bombina*, ist etwas schlanker, oben ebenfalls dunkel, bauchseits allerdings karmin- bis orangerot gefleckt und weiß punktiert. Sie gilt als Tieflandform und ist nur bis 250 m Höhe anzutreffen. Noch stärker gefährdet.

▶ **Erdkröte** → Wälder S. 58

▶ **Grasfrosch** → Wiesen, Felder . . . S. 154

Wasserfrosch
Foto oben

Rana esculenta

M Bis 10 cm großer, schlanker Frosch; Kopf spitz zulaufend. Oberseite grasgrün bis bräunlich, oft dunkel gefleckt; Unterseite weißlich, grau gefleckt. 2 seitliche, hellgraue Schallblasen. Auf der Unterseite des Hinterfußes vor der kleinsten Zehe ein deutlicher Höcker. **V** Gewässer mit vielen Schwimmpflanzen und üppigem Uferbewuchs. **L** Tagaktiver Frosch, häufig an der Wasseroberfläche schwebend zu sehen. Frißt Insekten, Würmer, Schnecken. Seine Konzerte sind nachts den ganzen Sommer über zu hören. Überwintert im Gewässergrund. **F** Paarung üblicherweise im Mai/Juni. Das ♀ legt 600–1500 Eier im Laichgewässer ab. Aus den Laichklumpen schlüpfen nach 5–8 Tagen die Larven, die sich nach 2–3 Monaten zum Frosch umwandeln. Die Geschlechtsreife wird erst im 2.–3. Lebensjahr erreicht.

Laubfrosch
Foto Mitte

Hyla arborea

M Variabel gefärbter, bis 5 cm großer Frosch; meist grasgrün, oft gelblich, selten auch schwarzgrau bis fast schwarz. Vom Nasenloch bis zum Ansatz der Hinterbeine an den Körperseiten ein dunkler Streifen. Bauch weiß; Kehlhaut beim ♂ dunkel, beim ♀ weißlich, wird zur Schallblase beim Quaken aufgeblasen. Finger und Zehen zu Haftscheiben erweitert. **V** Feuchte Wiesen mit Gebüschen, Waldränder, Sümpfe und Gräben. **L** Einziger Baum- und damit Kletterfrosch; tag- und nachtaktiv. Sonnt sich gern auf Blättern und Schilf. Erbeutet v. a. Fluginsekten im Sprung. Während des ganzen Sommers ausdauernde »käkäkäkä . . .«-Konzerte der ♂. Gefährdet. **F** Während der Paarungszeit (März–Juni) im und am Wasser. Die Eier werden vom ♀ im Klumpen (bis 1000 Eier) im Flachwasser abgelaicht; Jungfrösche verlassen das Gewässer im Juli/August.

Ringelnatter
Foto unten

Natrix natrix

M Körper auf dem Rücken hell- bis schiefergrau; Bauch hell, meist dunkel gefleckt. Hinter dem Kopf seitlich jeweils ein gelber, halbmondförmiger Fleck. Körperlänge meist unter 1 m, selten bis 1,5 m. **V** In oder an stehenden bis langsam fließenden Gewässern. **L** Tagaktive, ungiftige und harmlose Schlange; schwimmt und taucht sehr gut. Bei Gefahr gibt sie ein stinkendes Sekret aus der Kloake ab. Frißt Frösche, seltener Fische und Molche. Überwintert Oktober–April in Komposthaufen, Erdspalten; oft zu mehreren. Gefährdet. **F** Paarung April/Mai, zuweilen auch September/Oktober. 10–30 weichhäutige Eier werden vom ♀ in Komposthaufen, faulendes Laub oder Moospolster abgelegt. Nach 8–10 Wochen schlüpfen 15–18 cm lange Jungtiere.

Haubentaucher

Foto oben

Podiceps cristatus

M Etwa stockentengroß. Schlanker Hals und zweigeteilte, schwarze Kopfhaube; Kragen rostbraun, in schwarz übergehend. Oberseite graubraun, unten weiß. Schnabel sehr spitz. **V** Seen und Teiche mit üppiger Ufervegetation. Teilzieher. **L** Schwimmt und taucht hervorragend, fliegt hingegen ungern. Ruft »gröck gröck« oder »orrr«. Ernährt sich von kleinen Fischen, Amphibien und Wasserinsekten. **F** 1–2 Jahresbruten (April–Juli). Im Uferbereich wird ein an der Vegetation verankertes Schwimmnest angelegt. 3–5 Eier, Brutdauer 27–29 Tage; Junge werden 10–11 Wochen geführt.
Der kleinste heimische Taucher, der <u>Zwergtaucher</u>, *Podiceps ruficollis,* ist oben schwarzbraun, die Halsseiten auffallend rostbraun, ohne Kopfhaube. Schnabelwinkel mit grüngelbem Fleck.

Graureiher

Foto Mitte links

Ardea cinerea

M Etwas kleiner als Storch, oben grau, unten weiß. Vom Auge zum Nacken laufen schwarze Streifen. 2 Nackenfedern verlängert, schwarz. **V** Stehende und fließende Gewässer. Teilzieher. **L** Jagt im Wasser oder auf gewässernahen Wiesen. Nahrung sind kleine Fische, Amphibien und Kleinsäuger, die mit blitzschnellem Schnabelstoß gepackt werden. Im Flug Hals S-förmig gekrümmt, Flügelschlag langsam, rudernd. Ruft »gra« oder »gräik«. Gefährdet. **F** 1 Jahresbrut (März–September). Nistet in Kolonien auf hohen Bäumen. 4–5 Eier, Brutdauer 25–27 Tage, Nestlingszeit 50 Tage.

Weißstorch

Foto Mitte rechts

Ciconia ciconia

M Weißer Vogel mit schwarzen Schwungfedern. Beine und Schnabel rot. **V** Ebene und wasserreiche Niederungen. Zugvogel; überwintert September–März im tropischen Afrika. **L** Fliegt mit ausgestrecktem Hals, guter Segler. Nahrung sind Amphibien, Mäuse, Insekten. Am Nest lautes Schnabelklappern. Gefährdet. **F** 1 Jahresbrut (April–Juli). Freies Nest auf Hausdächern und hohen Gebäuden, selten auf Bäumen, manchmal in Kolonien. 3–5 Eier, Brutdauer 33–34 Tage, Nestlingszeit 55–60 Tage. Beide Eltern füttern.

Höckerschwan

Foto unten

Cygnus olor

M Allbekannter schneeweißer Vogel mit orangerotem Schnabel und schwarzem Höcker an der Schnabelbasis. **V** Alle Gewässertypen. Standvogel. **L** V. a. auf Parkseen gesellig. Ernährt sich von Wasserpflanzen. Fliegt schwerfällig mit pfeifendem Fluggeräusch. Trompetet »kiorr« oder zischt zur Abwehr. Imponiert mit erhobenen Flügeln. **F** 1 Jahresbrut (April–September). Das ♀ erbrütet in 35–41 Tagen 5–8 Junge. Die Familie bleibt bis zum Winter zusammen. Gelege S. 284.

Stockente
Anas platyrhynchos

Foto oben

M Häufigste einheimische Wildente. ♂ mit hellgrauer Unterseite, Oberseite vorne braun, hinten schwarz. Kopf dunkelgrün schillernd mit weißem Halsring und gelbem Schnabel. Schwanz weißlich, die mittleren Schwanzfedern schwarz, nach oben gekringelt. ♀ insgesamt bräunlich mit dunkler Streifenfleckung. Beide Geschlechter mit purpurviolettem, schwarzweiß eingefaßtem Flügelspiegel und rotgelben Füßen. **V** Kommt an allen stehenden und fließenden Gewässern vor. Standvogel **L** Die Art gilt als die Stammform unserer Hausente; Bastardierungen mit dieser kommen vor. Gründelt, nimmt dabei pflanzliche Nahrung und tierische Nahrung, wie Insektenlarven, Krebse und Schnecken zu sich. ♂ ruft »räb räb«, ♀ quakt laut »waak waak waak«. Fährte S. 300. **F** 1 Jahresbrut (März–Juli). Nest meist am Boden, seltener erhöht auf Baumstümpfen o. ä. 7–11 Eier (S. 284); das ♀ brütet 25–30 Tage, die Jungen werden 50–60 Tage geführt.

Tafelente
Aythya ferina

Foto Mitte

M Etwas kleiner als Stockente, wirkt gedrungen. ♂ im Prachtkleid mit rostbraunem Kopf und Hals. Rücken und Flanken hellgrau. Brust und Schwanz schwarz, Bauch weißlich. Im schwarzen Schnabel eine hellgraue Binde. ♀ dunkelbraun, Kopfseiten an der Schnabelwurzel weißgrau; ähnelt insgesamt dem ♂ im Sommerkleid. Schnabelbinde etwas weniger ausgeprägt als beim ♂. **V** Bevorzugt Gewässer mit dichter Ufervegetation. Teilzieher, überwintert z. T. im Mittelmeerraum. **L** Tauchente; holt sich pflanzliche und tierische Nahrung vom Gewässergrund. Meist sehr gesellig, v. a. im Winter oft in Gesellschaft mit anderen Arten, wie Reiher- und Stockenten. ♂ ruft leise »bibi bibi« oder »wäk wäk«, ♀ schnarrt. **F** 1 Jahresbrut (April–August), Bodennest in der Ufervegetation. 5–12 Eier, Brutdauer 24–28 Tage; ♀ führt die Jungen ca. 50 Tage.

Reiherente
Aythya fuligula

Foto unten

M Größe wie Tafelente. ♂ im Brutkleid mit weißem Bauch, Flanken und Spiegel; restlicher Körper schwarz. Auffallend am Kopf der herabhängende Federschopf. Im Sommerkleid insgesamt matter gefärbt. ♀ dunkelbraun, Bauch und Flanken weiß, beim Schwimmen kaum erkennbar; Federschopf kürzer. **V** Alle stehenden oder langsam fließenden Gewässer. Teilzieher; wenige überwintern in West- oder Südeuropa. **L** Gehört wie die oben beschriebene Tafelente zu den Tauchenten. Frißt v. a. Weichtiere, nimmt auch pflanzliche Nahrung. Sehr gesellig, im Winter oft in sehr großen Trupps mit anderen Arten. ♂ ruft meist nur bei der Balz »bück-bück«, das ♀ »arrr«. **F** 1 Jahresbrut (Mai–September). Baut ein Bodennest im Uferbereich. Das ♀ erbrütet in 23–24 Tagen 8–10 Junge und führt sie anschließend ca 45–50 Tage. Häufig werden »Kindergärten« mit Tafelentenjungen gebildet.

Teichhuhn

Foto oben

Gallinula chloropus

M Taubengroße Ralle mit schwarzbrauner Oberseite und schiefergrauer Unterseite. Schnabel und Stirnplatte rot, Schnabelspitze gelb. Flanken mit weißem unterbrochenem Band, Unterschwanzdecken weiß. Füße grün. **V** Ufer und Röhrichtbereich stehender und fließender Gewässer. Teilzieher, überwintert z. T. in Süd- und Südwesteuropa. **L** Ernährt sich von Kleingetier, Insekten, Sämereien und Knospen von Wasserpflanzen. Meist sehr scheu, verschwindet mit gestelztem Schwanz, der die weißen Unterschwanzdecken zeigt, in der Ufervegetation. Nickt beim Schwimmen mit dem Kopf. Klettert gern im unteren Pflanzenbereich. Ruft »Kürrk« oder »kirreck«, lockt »dack«. **F** 2–3 Jahresbruten (April–August). Gut versteckt Nest am Gewässerrand. ♂ und ♀ erbrüten in 19–22 Tagen 5–11 Junge, die nach ca. 35 Tagen flügge sind.

Bläßhuhn

Foto Mitte

Fulica atra

M Gedrungene, schwarzgraue Ralle; kleiner als Stockente. Kopf dunkler als der Körper, Schnabel und Stirnschild leuchtend weiß. **V** Häufig an schilfbewachsenen Seen, Flüssen, Kiesgruben und Parkteichen. Teilzieher, überwintert teilweise in Südwesteuropa. **L** Ernährt sich von Wasserpflanzen, Weichtieren, Insekten und anderem Kleingetier. Schwimmt und taucht sehr gut, läuft beim Start flügelschlagend über die Wasseroberfläche. Ruft kurz und recht laut »köw« oder hart »pix«. Im Winter bilden Bläßhühner auf unseren Seen und Flüssen teilweise sehr große Trupps. Fährte S. 300. **F** 1 Jahresbrut (April–August). Nest napfförmig, wird oft in nicht zu dichten Schilfbeständen angelegt, auf Parkteichen auch frei im Seichtwasser. ♂ und ♀ erbrüten in 23–25 Tagen 5–10 Junge, die nach 8 Wochen flügge sind, aber noch sehr lange geführt werden. Gelege S. 284.

▶ **Kiebitz** → Wiesen, Felder . . . S. 158

▶ **Rotschenkel** → Küste S. 234

Lachmöwe

Foto unten

Larus ridibundus

M Taubengroße und damit kleinste heimische Möwe. Schokoladenbraune Gesichtsmaske, im Ruhekleid Kopf weiß mit dunklem Ohrfleck. Oberseite hellgrau, unten weiß. Schnabel und Füße rot. **V** Teiche, Seen im Binnenland, Küste und Inseln von Nord- und Ostsee. Teilzieher, überwintert in der Mehrzahl in Südwesteuropa oder im Mittelmeerraum. **L** Meist in Schwärmen unterwegs. Ruft »kwäarr«. Auf der Suche nach Kleingetier, Pflanzen, Abfällen und Aas auch in Städten, auf Feldern, Müllkippen und Kläranlagen anzutreffen. Speiballen S. 304. **F** 1 Jahresbrut (April–Juli). Koloniebrüter auf kleinen Inseln in Seen. 3 Eier, ♂ und ♀ brüten 26–28 Tage, Nestlingszeit 26–28 Tage.

▶ **Schafstelze**   → Wiesen, Felder . . . S. 164

▶ **Bachstelze**   → Wiesen, Felder . . . S. 164

Wasseramsel
Foto oben

Cinclus cinclus

M Drosselgroßer, gedrungener Vogel mit kurzem Schwanz. Bauch rostfarben, sonst braun; Brust und Kehle weiß. **V** Ausschließlich an klaren, schnellfließenden Gewässern, typisch an Gebirgsbächen. Standvogel; streift außerhalb der Brutzeit weit umher. **L** Sucht die Nahrung – kleine Wasserinsekten und kleinste Fische – am Gewässergrund; springt meist von einem Stein aus in das Wasser, läuft auf dem Grund und taucht an anderer Stelle wieder auf. Ruft »zit zit«, Gesang plätschernd. Gefährdet. **F** Meist 2 Jahresbruten (April–Juli). Das backofenförmige Moosnest wird in Hohlräume unter Brücken oder in Uferböschungen gebaut. 5–6 Eier, Brutdauer 14–18 Tage, Nestlingszeit 19–25 Tage.

Teichrohrsänger
Foto Mitte

Acrocephalus scirpaceus

M Etwas kleiner als Sperling; Oberseite rötlichbraun, Unterseite weißlich, Flanken gelbbräunlich. **V** Typischer Bewohner des dichten Schilfgürtels unserer Gewässer. Zugvogel; zieht ab Oktober nach Afrika, kehrt im April zurück. **L** Klettert geschickt an Schilfhalmen, fängt Insekten. Gesang sehr ausdauernd mit oft wiederholten »zäck zäck zerr zerr«-Lauten, ruft »tschätsch«. **F** 1 Jahresbrut (Mai–Juni). Das Nest wird an Schilfhalmen befestigt. 3–5 Eier (S. 288). Brutdauer 11–12 Tage, Nestlingszeit 11–13 Tage. Häufiger Kuckuckswirt.

Dem Teichrohrsänger sehr ähnlich ist der <u>Sumpfrohrsänger</u>, *Acrocephalus palustris*. Sicherstes Unterscheidungsmerkmal ist der deutlich andere Gesang mit erstaunlich perfekten Imitationen anderer Vogelgesänge. Die Art lebt auch abseits vom Wasser in Staudenbeständen, Feldern und Gebüschen.

Rohrammer
Foto unten

Emberiza schoeniclus

M Sperlingsgroß, mit unterschiedlicher Färbung der Geschlechter: ♂ im Brutkleid mit schwarzem Kopf, weißem Bartstreif und Halsring. Oberseite dunkelbraun, längsgestreift; Unterseite weißlich mit schwarz gefleckten Flanken. Im Ruhekleid fehlt der weiße Halsring. ♀ mit bräunlichem Kopf und weißlicher Kehle, die von schwarzen Streifen eingefaßt ist. **V** Schilfzonen, buschbestandene Gewässerränder und Feuchtwiesen. Teilzieher, überwintert in Südwesteuropa. **L** Sitzt gerne an Schilfhalmen und läßt seinen charakteristischen Gesang hören: »zja tit tai zississ«-Strophen werden von lockenden »zieh«-Rufen unterbrochen. Ernährt sich von Sämereien, nimmt auch Insekten und Würmer. **F** 2 Jahresbruten (April–Juli). Das Nest wird direkt am Boden oder dicht darüber im Gebüsch angelegt. 4–6 Eier, Brutdauer und Nestlingszeit je 2 Wochen.

Meersalat

Foto oben

Ulva lactuca

M Derbe, hellgrüne Grünalge mit salatähnlichen »Blättern« (Name!) und unregelmäßig gewellten, gefalteten Rändern. Weiße Stellen des Blattsaums kennzeichnen Bezirke, an denen Fortpflanzungszellen ins Wasser entlassen wurden, durch die sich die Pflanze vermehrt. Junge Pflanzen sitzen mit einer Haftscheibe fest an kleinen Steinchen, Krabbenpanzern, Muschelschalen u. ä.; mit fortschreitendem Alter und zunehmender Größe werden die Pflanzen durch Strömung und Wellenschlag losgerissen und treiben frei im Wasser. **V** Nord- und (v. a. westliche) Ostseeküste, überwiegend in flachen Buchten, Gezeitentümpeln, stets nahe der Wasseroberfläche. **B** Meersalat kann man das ganze Jahr hindurch, insbesondere jedoch im Sommer an den Küstensäumen finden, wo er unter Weißfärbung vertrocknet.

Blasentang

Foto Mitte

Fuscus vesiculosus

M Grünlichbraune oder gelbbraune Braunalge mit lederartigen, flachen, gabelig verzweigten Bändern und derber Mittelrippe. Bänder mit meist paarigen Luftblasen (Name!) und an der Spitze mit schwammig aufgetriebenen Fruchtkörpern, die ♀ und ♂ Fortpflanzungszellen enthalten. Mit einem scheibigen Haftorgan sitzen sie an Felsen, Holz, Muscheln fest. Das Chlorophyll (Blattgrün) wird durch gelbbraune Farbstoffe (v. a. Fucoxanthin) überdeckt. **V** In der Brandungszone, im Watt der Nord- und Ostsee, an Küstenschutzbauten, Buhnen, Brückenpfeilern, Muschelbänken; bis 5 m Wassertiefe. **B** Bildet oft dichte Bestände. Liegt bei Ebbe trocken und ist dann schwarz, nach Überflutung jedoch wieder gelbbraun. Die charakteristischen luftgefüllten Blasen verleihen der Pflanze Auftrieb im Wasser. Aus Braunalgen werden Alginsäure und ihre Salze gewonnen, die z. B. als Geliermittel, Düngemittel (Jodlieferant!) dienen.

Purpurtang

Foto unten

Porphyra umbilicalis

M Rotalge mit sehr dünnem, blattähnlichem, zerschlitztem »Blätterlappen« (Thallus), der mit einer Haftscheibe am Untergrund (Steine, Buhnen) festsitzt. Das Chlorophyll (Blattgrün) wird durch rote Farbstoffe (v. a. Phycoerythrin) überdeckt, was die purpurrote Färbung des Thallus bewirkt und damit zum Namen der Alge führte. **V** Obere Uferzone und Watt der Nordsee. **B** Infolge ihres Gehaltes an rotem Farbstoff können Rotalgen auch in größeren Wassertiefen existieren, da sie das bis dort noch hindurchdringende Licht zur Photosynthese nutzen können. In Ostasien werden *Porphyra*-Arten großflächig mit speziellen Netzen abgeerntet und als Nahrungsmittel verwendet. Durch Auskochen von Rotalgen gewinnt man Agar-Agar, das getrocknet als Geliermittel für Speisen in den Handel kommt bzw. als Keimboden in der Mikrobiologie eingesetzt wird.

Strandflieder

Foto oben

Limonium vulgare

M Bleiwurzgewächs. 20–50 cm hoch. Die blauvioletten, 5zähligen Blüten dieser Salzpflanze (Halophyt) bilden eine dichte, einseitswendige Doldenrispe, die von häutigen Hüllblättern umgeben ist. Sie erscheinen im Juli/August. Der runde Stengel ist verzweigt, die immergrünen, ganzrandigen Blätter sind verkehrt-eiförmig, kahl, etwas stachelspitzig und färben sich im abgestorbenen Zustand lebhaft gelb oder rot. **V** Salzwiesen, Küstenfelsen der Nordsee (seltener Ostsee), Schlickflächen. **B** Hervorragend an das rauhe Klima, die heftigen Winde und das salzhaltige Milieu angepaßt. Um die erschwerte Wasseraufnahme aus dem salzhaltigen Grundwasser zu ermöglichen, sind die osmotischen Konzentrationen des Zellsaftes stark erhöht; überschüssige Salze werden über die »Pflanzenhaut« oder durch spezielle Salzdrüsen ausgeschieden.

Strandaster

Foto Mitte

Aster tripolium

M Korbblütengewächs. 15–60 cm hoch. Der fleischige, fast kahle Stengel ist häufig rot überlaufen und trägt mehrere, 1–3 cm große Blütenköpfe mit zartvioletten (selten weißen) Zungenblüten und orangefarbenen Röhrenblüten. Blütezeit Juli–September. Die fleischigen, länglich-lanzettlichen, ganzrandigen, dunkelgrünen Blätter werden bis zu 12 cm lang. **V** Nasse Salzwiesen und -sümpfe, Prielränder, Strandwiesen der Nord- und Ostseeküsten; seltener an Salinen des Binnenlandes. **B** Eine der wenigen hochwachsenden Blütenpflanzen der Salzwiesen. Sie bildet meist nur kleine, lockere Bestände. Wie bei vielen Halophyten (Salzpflanzen) ist das Gewebe der Pflanze fleischig ausgebildet, eine Anpassung an den stark salzhaltigen Untergrund.

Grasnelke

Foto unten

Armeria maritima

M Bleiwurzgewächs. Bis 30 cm hohe, polsterwüchsige Staude. Die linealisch-fleischigen, ganzrandigen Blätter sind meist 1nervig und bilden eine grundständige Rosette. Der Stengel ist blattlos und trägt einen köpfchenförmigen Blütenstand mit rosafarbenen Blüten. Die äußeren, bleichen, eilänglichen Blütenhüllblätter überragen den Blütenkopf meist nicht. Der Blütenschaft ist von einer bräunlichen Scheide umgeben. Blütezeit Mai–Oktober. **V** Salzwiesen, Graudünen, saure Weiden und Heidewiesen der Nord- und Ostsee; auch an sauren Wiesen des Binnenlandes. **B** Die Wuchshöhe der Pflanze wird durch die Umgebung bestimmt: In Dünentälern wird sie bis 30 cm (selten sogar bis 50 cm) hoch, an stark windexponierten Stellen nur wenige Zentimeter. Heterostylie (verschiedene Griffellängen) verhindert Selbstbefruchtung und gewährleistet Fremdbefruchtung durch Insekten. Die Art enthält größere Mengen von Fluor, Brom, Jod und Plumbagin; sie wirkt antibiotisch.

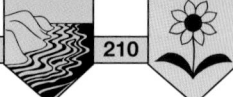

Queller

Foto oben

Salicornia europaea

M Gänsefußgewächs. Bis 40 cm hohe, »armleuchterartig« verzweigte Pflanze. Der dickfleischige, gegliederte Stengel ist graugrün bis grün gefärbt, und wird im Herbst lebhaft rot. Die Blätter sind zu kleinen Schuppen reduziert und fest mit dem Stengel verbunden. Die unscheinbaren, zwittrigen Blütchen erscheinen im Sommer (Juli–September). **V** Wattenmeer und auf Salzschlickböden der Nord- und Ostsee. **B** Durch seine sukkulente (fleischige) Wuchsform ist der Queller hervorragend an die stark salzhaltigen Wattböden angepaßt. Er gilt als einer der Erstbesiedler solcher Standorte und bildet oft ausgedehnte Bestände. Diese fördern sehr stark die Schlickablagerung; der Queller wird daher (zusammen mit einigen Seegräsern) zur Landgewinnung genutzt. Infolge ihres hohen Gehaltes an Mineralstoffen sowie Brom und Jod, hat die Pflanze diuretische (entwässernde) und blutreinigende Wirkung und wurde früher zur Behandlung von Harnwegserkrankungen eingesetzt. Sie kann als Gemüse oder Salat zubereitet und verzehrt werden.

Salzmiere

Foto Mitte

Honckenya peploides

M Nelkengewächs. 10–30 cm hohe gelbgrüne Salzpflanze. Der dickfleischige, kriechende Stengel bewurzelt sich an den Knoten; die gleichfalls fleischigen, eiförmigen, kahlen Blätter sitzen dicht 4zeilig am Stengel. Im Juni/Juli erscheinen 6–10 mm große Blüten mit 5 weißen Kron- und 5 grünen Kelchblättern, die von 10 Staubgefäßen überragt werden. **V** Spülsäume, Vordünen der Nord- und Ostseeküsten. **B** Durch ihre niedrige Wuchshöhe und tiefreichenden Wurzeln trotzt die Pflanze starken Winden und Sandverwehungen; ihr wasserspeicherndes Gewebe ermöglicht ihr das Überleben im stark salzhaltigen Substrat. Die Bestäubung der Blüten erfolgt durch den Wind; Selbstbestäubung kommt ebenfalls vor.

Strandhafer

Foto unten

Ammophila arenaria

M Süßgras. 60–100 cm hoch. Die schmalen, starren, spitzen, graugrünen Blätter sind oberseits gerippt und fast immer eingerollt. Die sehr dichten, weißlichen Ährenrispen bestehen aus 1blütigen, etwa 1 cm langen Ährchen. Blütezeit Juni–August. **V** Dünen der Nord- und Ostseeküsten sowie des Binnenlandes, hier z. T. angepflanzt. **B** Hervorragend angepaßte Pionierpflanze des Dünensandes. Das Einrollen der Blätter setzt den Wasserverlust durch Verdunstung, hervorgerufen von ständigem Wind, herab. Die tiefwurzelnden, stark verzweigten Rhizome ermöglichen eine rasche Horstbildung der Pflanze und somit einen ausgezeichneten Halt im Dünensand. Von alters her wird Strandhafer deshalb zur Befestigung von Wanderdünen, Treib- und Flugsand genutzt.

Wurzelmundqualle

Foto oben links

Rhizostoma octopus

M Milchigweiße bis bläuliche, hutförmig gewölbte Glocke, bis 60 cm ⌀. Glockenrand dunkelblau, gebogt-gelappt. Typisch sind die 8 blumenkohlartig gekräuselten Mundlappen unterhalb der Glocke (»Blumenkohlqualle«). **V** Nordsee. V. a. im Sommer und Herbst, oft massenhaft. **L** Treibt im Wasser oder bewegt sich durch Kontraktionen der Glocke fort. Saugt Kleinstlebewesen (Plankton) durch Poren der Mundtentakel. Geschlechtliche Fortpflanzung ergibt festsitzende Polypen, die sich ungeschlechtlich vermehren; hierbei werden, von der Mundscheibe des Polypen ausgehend, ringförmige Scheiben abgeschnürt, die sich wieder zu Medusen, den »Quallen«, entwickeln.

Ohrenqualle

Foto oben rechts

Aurelia aurita

M Durchsichtige Glocke, bis 40 cm ⌀, im Zentrum mit 4 rosafarbenen »Ohren« (Name!), den Geschlechtsorganen. Glockenrand mit dichtem Fransensaum. **V** Nord- und Ostsee. V. a. im Sommer in großen Schwärmen. **L** Ernährt sich räuberisch von kleinen Meerestieren, lebt aber zeitweise ausschließlich von Plankton. Die Vermehrung erfolgt wie bei der Wurzelmundqualle über einen Generationswechsel (Metagenese) von geschlechtlich erzeugten, festsitzenden Polypen und ungeschlechtlich gebildeten, freischwimmenden Medusen.

Blaue Nesselqualle

Foto Mitte

Cyanea lamarcki

M Kornblumenblaue Glocke, bis 30 cm ⌀, mit flach gelapptem Rand und zahlreichen feinen Fangtentakeln. **V** Nordsee, im Sommer oft massenhaft an die Küste getrieben. **L** Wie die übrigen Quallen ein Dauerschwimmer. Die feinen Fangtentakel tragen Nesselbatterien, die dem Beutefang dienen. Sie verursachen bei Hautkontakt sehr heftige, oft stundenlang anhaltende Schmerzen. Die Fortpflanzung erfolgt auch hier, wie oben beschrieben, über einen Generationswechsel.

Kugelrippenqualle

Foto unten

Pleurobrachia pileus

M Knapp traubengroße, eiförmige, durchsichtige Qualle, durch 8 Rippen (Name!) von Ruderplättchen längsstreifig gezeichnet (»Seestachelbeere«). Seitlich entspringen 2 lange Fangfäden mit sehr vielen länglichen Klebzellen, aber ohne (!) Nesselzellen. **V** Ganzjährig in Nord- und Ostsee. Häufig massenhaft. **L** Läßt sich von Strömungen tragen, versinkt bei Stürmen bis in 1000 m Tiefe. Beutefang mittels Klebzellen der Fangtentakel. Leuchtet nach langer Dunkelheit grünlichblau. Rippenquallen sind im Gegensatz zu den vorher beschriebenen Scheibenquallen Zwitter; sie vermehren sich nur geschlechtlich.

Wattwurm, Pierwurm
Fotos oben
Arenicola marina

M Regenwurmähnlicher, roter bis gelbbrauner, 15–20 (–40) cm langer Wurm (Foto links). Der Rücken der Körpermitte trägt rote Kiemenbüschel. **V** Wattböden; Nord- und Ostseeküste. **L** Lebt eingegraben im Querschenkel einer U-förmigen Röhre, etwa 25 cm tief im Boden. Die Eingangsröhre ist durch einen Trichter, die Austrittsröhre durch typisch geringelte Sandkothäufchen gekennzeichnet (Foto rechts). Durch seinen Rüssel saugt der Wurm feinen Sand ins Körperinnere, filtriert Nahrungspartikel heraus und preßt den verarbeiteten Sand mit dem Hinterende aus der Austrittsröhre wieder hinaus. Auf diese Weise werden jährlich von einem Wurm bis zu 25 kg Sand bewegt. Pierwürmer sind getrenntgeschlechtlich; die Eiablage und Befruchtung erfolgt bei Neu- oder Vollmond in der 2. Oktoberhälfte. Danach stirbt fast die Hälfte der Elterntiere. Über eine zunächst oberirdisch lebende Larve entwickelt sich der Wurm, der im 2. Lebensjahr geschlechtsreif wird.

Köcherwurm
Foto Mitte
Pectinaria koreni

M Rötlichgelber, 2–5 cm langer Wurm mit goldglänzenden Grabborsten am Vorderende. Wohnköcher bis 8 cm lang, tütenförmig, besteht aus zusammengekitteten Sandkörnchen und gab der Art den Namen. **V** Wattböden der Nord- und westlichen Ostseeküste. **L** Lebt schräg kopfabwärts in seinem Köcher im Sand, das Köcherende ragt bis zur Wattoberfläche. Zur Nahrungsbeschaffung lockert er mit den Grabborsten den Sand, führt von Zeit zu Zeit Kontraktionen der starken Rückenmuskulatur durch, erzeugt so einen Wasserstrom und filtriert Nahrungspartikel heraus. Den durchgearbeiteten Sand preßt er zum Röhrenende wieder nach außen. Köcherwürmer sind getrenntgeschlechtlich; die Eiablage und Befruchtung erfolgt im Wasser, die Entwicklung über ein freischwimmendes Larvenstadium.

Posthörnchenwurm
Foto unten
Spirorbis borealis

M Wurm weißlich, bis 5 mm lang, mit Tentakelkrone, von der ein Ast zu einem konischen Deckel umgebildet ist. Die wie ein Posthorn spiralig rechts oder links gewundene weiße Kalkröhre gab der Art den Namen. **V** Nordsee, westliche Ostsee. Auf Steinen, Muschelschalen, Tang oder Holz festgewachsen; oft massenhaft. **L** Nahrungspartikel (Plankton und Detritus) werden mit Hilfe der Tentakelkrone herbeigestrudelt und aus dem Wasser herausfiltriert. Posthörnchenwürmer sind Zwitter, die sich gegenseitig befruchten. Die Eiablage erfolgt in die Wohnröhre, hier schlüpfen auch die Larven. Anfangs bleiben sie im Schutz der Röhre, verbringen anschließend eine kurze Zeit freischwimmend im Wasser und setzen sich dann – oft in der Nähe der Elterntiere – fest. So können Kolonien entstehen.

Seepocke
Balanus balanoides

Foto oben

M Weißes, kraterförmiges Gehäuse aus 6 Kalkplatten, das mit 2 kleineren Kalkdeckeln verschlossen wird; Ø bis 2 cm. Gehäuse außen oft strahlig gerieft. **V** Gezeitenzone der Nordseeküste; die ähnliche *Balanus crenatus* kommt in der Brandungszone der Nord- und Ostsee vor. Festsitzend an Steinen, Buhnen, Pfählen, Muscheln- und Schneckenschalen, zuweilen auch auf Panzern größerer Krebse. **L** Seepocken sind Rankenfüßer und gehören zur Klasse der Krebse. Sie sind im Laufe der Entwicklungsgeschichte zu festsitzender Lebensweise übergegangen. Mit Hilfe ihrer zierlichen Rankenfüße strudeln sie in rhythmischen Abständen Wasser in ihren Panzer, filtrieren Plankton heraus und versorgen sich mit Frischwasser. Zur Paarung strecken sie einen langen, zum Begattungsorgan umgewandelten Tentakelfuß aus dem Panzer und tasten die Umgebung nach anderen Artgenossen ab. Zwitter mit wechselseitiger Befruchtung.

Entenmuschel
Lepas spec.

Foto Mitte

M Milchig-grünlich- oder bläulich-weiße, 5teilige, seitlich zusammengedrückte Schale, die mit einem derben, biegsamen, bis 10 cm langen, bräunlichen Stiel am Untergrund befestigt ist. **V** Nordsee. Meist in großen Gruppen an Schiffsböden, Treibgut (Holz, Tange, Flaschen). **L** Der Name dieses Rankenfußkrebses kommt von der Ähnlichkeit mit einer Muschel bzw. mit einem langhalsigen Vogel mit weißen Flügeln. Zum Nahrungserwerb strudelt er mittels der Rankenfüße Frischwasser und Nahrungspartikel herbei. Zwitter, wie alle Rankenfußkrebse. Die Befruchtung der Eier erfolgt durch ein körperlanges, schlauchförmiges Begattungsorgan, das bis zum Nachbarn reicht. Es entwickelt sich eine freischwimmende Larve, die sich nach einigen Tagen in der Nähe anderer Artgenossen festsetzt.

Schlickkrebs
Corophium volutator

Foto unten

M Weißgrauer bis bräunlicher, regelmäßig gegliederter Flohkrebs. Bis 15 mm lang; davon macht das 2. Fühlerpaar die Hälfte aus. **V** Watt- und Schlickstrände der Nord- und Ostsee. **L** Lebt im Sommer in 4 cm tiefen U-Röhren, im Winter bis 12 cm tief (Frostschutz!) im Schlick. Wegen seines massenhaften Vorkommens (5000–20 000 Tiere/m^2) dient er v. a. Grundfischen und Vögeln als Nahrung. Er ernährt sich überwiegend von Kieselalgen, die er mit dem 2. Antennenpaar von der Schlickoberfläche abkehrt. Das dabei entstehende Geräusch führt zum »Knistern« des Watts. Den etwas größeren ♂ dient das kräftigere 2. Antennenpaar zum Festhalten der ♀ bei der Paarung. Nach der Befruchtung schlüpfen die Jungen, die im Aussehen den Eltern schon recht ähnlich, wenn auch kleiner, sind. Das Wachstum erfolgt dann über mehrere Häutungen.

Nordseegarnele

Foto oben

Crangon crangon

M Grauer bis grünlichgrauer Langschwanzkrebs. Färbung je nach Untergrund jedoch variabel. Länge bis 7 cm, Antennen fast so lang wie der Körper. **V** Nord- und Ostsee. Massenhaft auf den Sandböden der Meere, bei Flut auch in Flachwasser, Gezeitentümpeln und Prielen. **L** Ruht tagsüber bis zu Augen und Fühlern eingegraben im Sand, schwimmt nachts zur Nahrungssuche dicht über dem Grund, frißt Flohkrebse, Meereswürmer, Schnecken, Algen. Zur Paarung wandert die Garnele in tieferes, ruhigeres Wasser. Das ♂ begattet das auf dem Rücken liegende ♀, das die bis zu 4000 Eier an den hinteren Beinen festklebt. Jährlich finden 2–3 Bruten statt: 1–2 im Zeitraum März–August, 1 ab November. Wird an der Nordsee häufig mit Stellnetzen oder Reusen gefischt (»Granat«, »Nordseekrabbe«).

Strandkrabbe

Foto Mitte

Carcinus maenas

M Kurzschwanzkrebs mit 6×6 cm großem, panzerbewehrtem Vorderkörper. Färbung variabel: graugrün, oliv bis rotbraun. Der unter den Vorderkörper geschlagene, kurze Hinterkörper ist oft rötlichbraun. Die beiden vorderen Beinpaare der 5 Schreitbeinpaare tragen Scheren, das vorderste Beinpaar sehr große. **V** Nord- und Ostsee. Häufig im Watt und Flachwasser. **L** Läuft sehr flink, meist seitwärts, schwimmt nur in kurzen Sprüngen. Überwiegend nachts unterwegs, gräbt sich bei Ebbe in den Wattboden oder sitzt unter Tang, um nicht auszutrocknen. Erbeutet mit seinen Scheren Kleinkrebse, Würmer, kleine Fische. Zur Begattung (1–4 Tage) dreht das ♂ das frisch gehäutete ♀ auf den Rücken; die Eiablage dauert 1 Tag. Über 4 schwimmende Larvenstadien entwickelt sich der neue Krebs.

Mit 30 cm viel größer ist der ähnliche rotbraune <u>Taschenkrebs</u>, *Cancer pagurus,* dessen sehr große, kräftige Scheren schwarze Spitzen haben. Er lebt nur in der Nordsee. Interessanterweise liegen hier zwischen Begattung und Eiablage oft 12–14 Monate. Das ♀ trägt ca. 3 Millionen Eier mit sich umher, bis 8 Monate später winzige, freischwimmende Larven schlüpfen.

Einsiedlerkrebs

Foto unten

Eupagurus bernhardus

M Rötlichbrauner, bis 10 cm langer Langschwanzkrebs; schützt seinen weichen Hinterleib durch Bewohnen eines Schneckenhauses (meist Wellhornschnecke). Die Gehäuseöffnung wird durch die größere, rechte Schere verschlossen. **V** Nordsee, westliche Ostsee. Auf steinigem Untergrund. **L** Meist bewohnen noch Schwämme, Moostierchen, sog. Seerosen (Nesseltiere!) u. a. das Gehäuse mit und profitieren von seinen Mahlzeiten (Kleingetier). Der Krebs wird evtl. durch die Abwehrstoffe der Seerosen geschützt (Symbiose!). Das ♀ trägt 12000–15000 Eier am hinteren Schwanzfuß, verläßt zum Schlüpfen der Jungen das Gehäuse.

Miesmuschel
Mytilus edulis

Foto oben

M Bis 10 cm lange und 3,5 cm breite, braun- oder blauschwarze Schalen, die innen bläulichweiß-perlmuttern schimmern. Schalenklappen länglich-keilförmig, hinten abgerundet, nach vorne verschmälert-3kantig. **V** Nord- und Ostsee. Meist in großen Kolonien auf Watt- und Felsböden, an Steinen, Pfählen. **L** Zum Festheften scheidet sie Sekretfäden (»Byssusfäden«) aus, die im Wasser erstarren. Sie filtriert Plankton und feine Schwebstoffe aus dem Wasser. Um sich vor Austrocknung bei Ebbe zu schützen, kann sie ihre Schalen sehr fest verschließen. Im Frühjahr geben ♀ Eizellen, ♂ Sperma ins Wasser ab. Aus den befruchteten Eiern entwickeln sich Larven, die bis 4 Wochen lang im Wasser frei umherschweben und so von der Strömung verbreitet werden. Sie setzen sich dann an geeigneten Substraten fest und wachsen zu Muscheln heran. Miesmuscheln können bis zu 15 Jahre alt werden und werden als Nahrungsmittel sehr geschätzt, daher häufig gezüchtet.

Auster
Ostrea edulis

Foto Mitte

M Weißlich- bis schmutziggraue, ungleiche Schalenklappen von rundlichem Umriß und bis 15 cm Ø. Die linke, blättrig-schuppige Schalenhälfte ist an den Untergrund gekittet, die rechte, flachere bildet den Deckel. **V** Nordsee. Auf steinigem Untergrund, direkt auf Steinen oder aufeinander. **L** Die Auster ist gegen Austrocknung, Sand und Schlick sehr empfindlich. Sie gedeiht am besten in 1,5–9 m Wassertiefe und ernährt sich von Plankton, das sie aus dem Wasser filtriert. Austern sind proterandrische Zwitter: sie fungieren regelmäßig abwechselnd erst als ♂ und produzieren Sperma, in der nächsten Sexualperiode als ♀ und erzeugen Eier usw. 7–12 Jahre alte Austern können bis 1 Mio. Nachkommen hervorbringen. Die befruchteten Eier bleiben bis zum Schlüpfen der Larven in der Mantelhöhle der Muschel (Brutpflege!); die Larve lebt einige Zeit frei, setzt sich fest und wandelt sich zur Muschel. Häufig wird sie als Delikatesse an speziellen »Austernbänken« gezüchtet.

Scheidenmuschel
Ensis ensis

Foto unten

M Unverwechselbare, gelblich-braune oder rosaweiße, bis 15 cm lange, leicht gebogene Schalenklappen. Zerbrechlich. **V** Im Sandgrund der Nordsee. **L** Mit Hilfe des Grabfußes am Körpervorderende kann sich die Art recht schnell in den Sandboden eingraben. Sie lebt dort in meterlangen Röhren, in denen sie auf- und absteigt. Wie fast alle Muscheln filtriert sie Plankton und andere Kleinstschwebestoffe aus dem Wasser. Aus den befruchteten Eiern entwickeln sich zunächst freischwimmende Larven, die dann zu Boden sinken und sich dort während einer Metamorphose zu kleinen Jungmuscheln umwandeln.

Sandklaffmuschel
Mya arenaria

Foto oben

M Eiförmig-ovale, 11–13 cm lange, gelblichbraune Schalen. Leere Schalen sind kalkigweiß. Die linke Schalenhälfte ist etwas kleiner als die rechte, der Schloßapparat löffelförmig. Die geschlossenen Schalen klaffen hinten etwas auseinander (Name!). **V** Sandschlickböden der Nord- und Ostseeküste. **L** Eine unserer größten heimischen Muscheln, lebt bis 30 cm tief im Boden eingegraben. Nach oben gewährt ein schlauchähnlicher, von einer bräunlichen, runzeligen Haut umgebener Sipho den Kontakt zur Bodenoberfläche. Er besteht aus einem zu- und abführenden Gang, so daß die Muschel Nahrung und Sauerstoff aus dem Wasser filtrieren kann. Der Sipho tritt an der klaffenden Schalenstelle aus der Muschel. Die Vermehrung erfolgt wie bei den meisten Muscheln über ein freischwimmendes Larvenstadium, das sich in die Muschel umwandelt. Eßbar, daher im Volksmund auch »Strandauster« genannt.
Weniger häufig ist die kleinere, bis 7 cm lange <u>Abgestutzte Klaffmuschel</u>, *Mya truncata,* deren hintere Schalenenden nicht rundlich sondern abgestutzt sind (Name!).

Plattmuschel
Macoma baltica

Foto Mitte

M Weißliche, gelbliche, bräunliche, rötliche oder bläuliche Schalenklappen mit konzentrischer Streifung; innen rosa-silbrig. Rundlicheiförmig, leicht gewölbt, 2–3 cm groß. **V** Nord- und Ostsee (dort wegen des geringeren Salzgehaltes kleiner!). **L** Lebt massenweise ca. fingertief im Sand eingegraben, in der Nordsee bis in 15 m Tiefe, in der Ostsee bis in 140 m Tiefe (hier ist die Salzkonzentration höher als im oberflächennahen Wasser!). Meidet starke Brandung, wird oft massenhaft am Strand angespült. Hält über einen Sipho Kontakt zur Bodenoberfläche, saugt damit Detritus und Atemwasser auf. Die Entwicklung der befruchteten Eier zur Muschel erfolgt über ein freischwimmendes Larvenstadium.

Herzmuschel
Cardium edule

Foto unten

M Gelblichbraune, blaugraue oder weiße, rundlich-herzförmige, bauchige Schalenklappen; innen immer weiß. Schalen dick gerippt, quergeringelt, Rand gekerbt. Bis 5 cm groß. **V** Schlicksandböden in Flachwasserzonen der Nord- und Ostsee. **L** Lebt 2–4 cm tief im Sand eingegraben, strudelt sich mit ihren beiden getrennten Siphonen Atemwasser und Nahrungspartikel zu. Sie bewegt sich auch auf der Bodenoberfläche, kann sogar mit Hilfe ihres geknickten Fußes bis 50 cm weit springen, indem sie die hakig gekrümmte Fußspitze gegen den Boden stemmt und dann plötzlich streckt. In der Ostsee wegen des geringen Salzgehaltes kleiner als in der Nordsee. Die befruchteten Eier entwickeln sich über eine freie Larve zur Muschel. Eßbar.

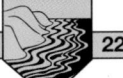 

Amerikanische Bohrmuschel

Foto oben

Petricola pholadiformis

M Weiße bis gelbliche, gestreckt-eiförmige, bis 7 cm lange Schalenklappen (»Engelsflügel«). Vorderende glatt, Hinterende radialzackig gerippt. **V** Nordsee, z. T. westliche Ostsee. Die Art wurde 1890 mit Austern von der Ostküste Amerikas an die Südostküste Englands verschleppt und breitete sich von dort in Europa aus. Inzwischen ein häufiger Bewohner des Wattenmeers. **L** Bohrt sich raspelartig in Ton, Torf, Holz; strudelt sich mittels ihres Siphons Atemwasser und Planktonnahrung zu. Vermehrung wie bei den meisten Muscheln über ein freischwimmendes Larvenstadium.

Gemeine Strandschnecke

Foto Mitte

Littorina littorea

M Dunkel olivbräunliches, dickwandiges, kegelförmiges Gehäuse von 2–3 cm Länge. Hiervon macht die letzte Windung mehr als die Hälfte aus. Mündung schief-eiförmig, oben zugespitzt. **V** Nordsee, westliche Ostsee. In der Gezeitenzone, am liebsten im Flachwasser auf Schlickboden, Algen oder auf Steinen. Häufig massenhaft. **L** Durch ihr starkwandiges Gehäuse ist sie bestens gegen die Brandung geschützt. Sie verträgt sehr starke bis sehr schwache Salzkonzentrationen, doch nimmt ihre Größe mit schwindender Salzkonzentration ab. Mit ihrer Raspelzunge (Radula) schabt sie Algen vom Untergrund. Bei ihren Nahrungsgängen orientiert sie sich nach der Sonne (Sonnenkompaßorientierung!) und kann auch die Schwingungsebenen polarisierten Lichts unterscheiden. Wie die meisten sog. Vorderkiemer getrenntgeschlechtlich. Im Frühjahr werden Eiballen abgelegt, die frei umhertreiben, bis nach 3 Wochen die Larven schlüpfen und zu Boden sinken. Dort wandeln sie sich zur Schnecke.

Wellhornschnecke

Fotos unten

Buccinum undatum

M Gelbgraues bis blaugraues Gehäuse, bei lebenden Tieren von einer bräunlichen Haut überzogen; 8–12 cm hoch. Oberfläche mit feinen, wellenförmigen Runzeln und Querfalten. **V** Nordsee, westliche Ostsee. Auf jedem Untergrund, vom Niedrigwasser bis in 100 m Tiefe. Nach Stürmen häufig im Spülsaum des Watts. **L** Jagt kleine Meerestiere, sucht Aas, das sie infolge ihres guten Geruchssinns findet. Legt faustgroße Ballen zahlreicher Eikapseln ab (Foto rechts), von denen jeder etwa 1000 Eier enthält. Davon entwickeln sich jedoch nur 10 auf Kosten der übrigen, die den Embryonen als Nährboden dienen. Nach vollständiger Entwicklung innerhalb der Eikapsel schlüpfen die fertigen Jungschnecken mit einem ca. 3 mm großen Gehäuse. Die leeren Eikapsel-Ballen sind von pergamentartiger Beschaffenheit und weisen ein schwammartiges Aussehen auf. Man findet sie häufig nach der Flut im Spülsaum. Fischer verwendeten sie früher als sog. »Seeseife« zum Reinigen der Hände.

Gemeiner Seestern

Foto oben

Asterias rubens

M Bekannter Stachelhäuter mit 5 abgerundeten, zur Spitze verjüngten Armen; bis 30 cm Ø. Färbung variabel: gelblichbraun, rötlich bis violett. **V** Nordsee, westliche Ostsee. Von der Küste bis in 200 m Tiefe. **L** Bewegt sich mit Hilfe seiner Saugfüßchen, die zu einem komplizierten Gefäßsystem gehören und auch dem Nahrungserwerb (Muscheln, Schnecken, Krebse) dienen. Durch starken Zug der Saugfüßchen »knackt« er Muscheln: Öffnet sich die Schale einen kleinen Spalt, stülpt er seinen Magen in das Opfer, sondert Verdauungssäfte ab und saugt die Nahrungsbrühe auf. Großes Regenerationsvermögen ermöglicht den Ersatz verlorener Arme. Getrenntgeschlechtlich. Die Ei- und Samenzellen werden in großer Zahl ins Wasser abgegeben. Aus den befruchteten Eiern entwickelt sich über ein Larvenstadium der junge Seestern.

Schlangenstern

Foto Mitte

Ophiura texturata

M Hell rötlichbrauner Seestern, von dessen runder Körperscheibe 5 schlanke, kurz bestachelte Arme abgehen; 12–15 (–23) cm Ø. **V** Nordsee, westliche Ostsee. Von der Küste bis in ungefähr 500 m Tiefe. **L** Die vielen kleinen Füßchen dieser Art tragen keine Saugnäpfe und dienen v. a. als Tastorgan. Lebt räuberisch von Muscheln und anderen Meerestieren, aber auch von pflanzlichen Organismen. Die Vermehrung der, wie bei allen Seesternen, getrenntgeschlechtlichen Tiere erfolgt über ein freischwimmendes Larvenstadium, das sich zum Seestern wandelt.

Strandigel

Fotos unten

Psammechinus miliaris

M Schale (Foto rechts) flach gewölbt, grünlich; Stacheln (Foto links) grün, meist mit violetter Spitze. Ø mit Stacheln ca. 5 cm. **V** Nordsee, westliche Ostsee. Im Küstenbereich bis 100 m Tiefe. **L** Bewegt sich mit Hilfe seiner Stacheln, die in einem »Gelenkkopf« auf der Kalkschale sitzen, langsam fort. Die Mundöffnung an der Körperunterseite ist mit 5 Zähnen bewehrt (»Laterne des Aristoteles«). Als Nahrung dienen Algen, Seegras, kleine Meerestiere. Alle Seeigel sind getrenntgeschlechtlich. Zur Fortpflanzung werden große Mengen Ei- und Samenzellen ins Wasser entlassen; aus der befruchteten Eizelle entwickelt sich über ein freischwimmendes Larvenstadium der junge Seeigel.

Mit 17 cm Ø deutlich größer ist der meist rötlich oder violett gefärbte Eßbare Seeigel, *Echinus esculentus*. Lebt in der Nordsee in Tiefen von 10–40 m auf hartem Grund und ernährt sich ähnlich wie die oben beschriebene Art von Algen und kleinen Meerestieren. Er hat seinen Namen daher, daß Teile seines Organsystems in manchen Ländern verzehrt werden.

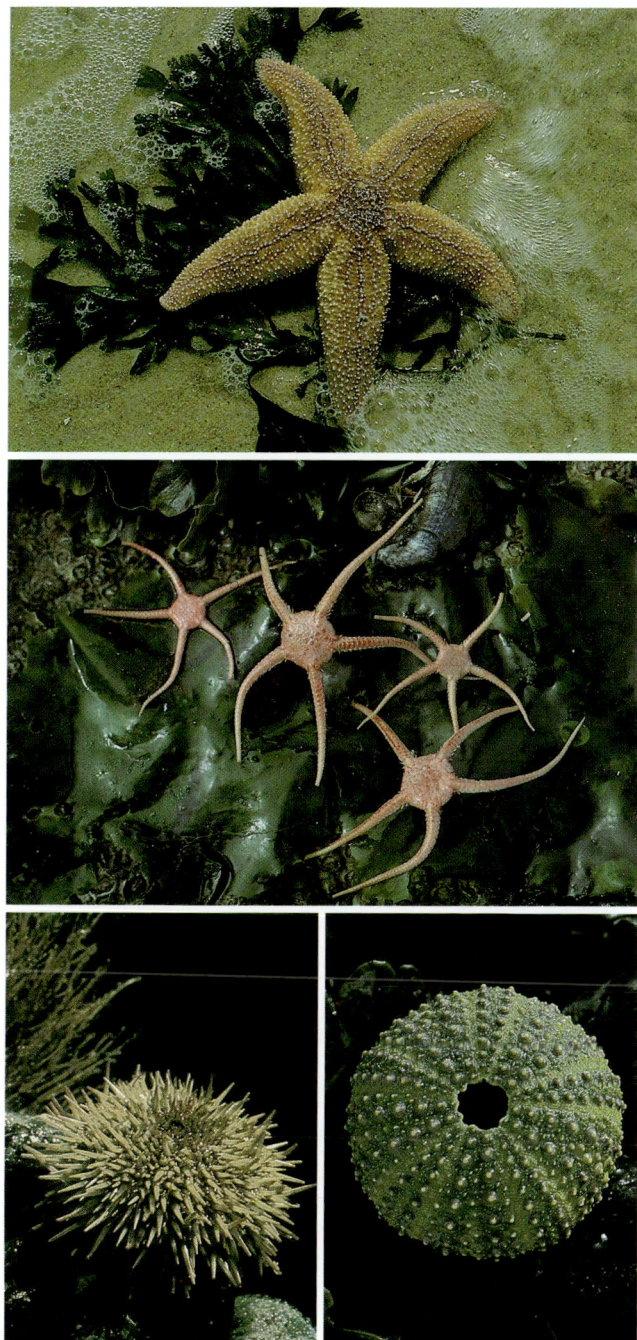

Ringelgans
Foto oben
Branta bernicla

M Knapp stockentengroße, gedrungene Gans, unsere kleinste der »schwarzweißen« Gänse. Oberseite dunkelgraubraun, Bauch, Ober- und Unterschwanzdecken weiß. Kopf, Hals, Brust, Schnabel und Füße schwarz. Halsseiten mit schmalen weißen, halbmondförmigen Bändern (fehlen den Jungvögeln). **V** Bei uns regelmäßiger, häufiger Durchzügler und Wintergast (Oktober–Mai) im Wattenmeer. Brütet im arktischen Eurasien und Nordamerika. **L** Lebt sehr gesellig, ist daher meist in großen Trupps unterwegs. Ruft bei Störung 1silbig tief »rock«. Weidet im Wattenmeer Seegras, Queller, Grünalgen, manchmal auch Wintersaat jenseits der Deiche; im Brutgebiet sucht sie Gras, Moose, Flechten. **F** Koloniebrüter. Führt möglicherweise lebenslange Einehe. Bodennest in Gewässernähe mit 3–5 Eiern. Das ♀ brütet 24–26 Tage, die Familien bleiben bis zum Frühjahrszug zusammen.

Brandgans
Foto Mitte
Tadorna tadorna

M Große, gänseähnliche Ente mit weißem Körper und schwarzgrünem Kopf. Um die Brust führt ein braunes Band, von den Schultern zieht sich ein grünschwarzes Längsband nach hinten, in der Bauchmitte verläuft ein schwarzes Band. Flügel weiß, Arm- und Handschwingen schwarz. Schnabel rot, beim ♂ zur Brutzeit mit rotem Höcker. **V** Meeresküsten, salzige Binnenseen, Flußmündungen. Teilzieher mit interessantem Mauserzug. **L** Sehr gesellig. Rufe selten zu hören. Sucht häufig im Flachwasser und Pfützen des Wattenmeeres nach Mollusken, Krebsen, Würmern, Insektenlarven. **F** 1 Jahresbrut (April–Juli). Höhlenbrüter in Wildkaninchenbauten (!), nimmt auch künstliche Bruthöhlen. Führt lebenslange Einehe. Manchmal legen mehrere ♀ Eier in ein Nest. Nach 29–31 Tagen schlüpfen 8–10 Junge, die mit 45–50 Tagen flügge sind. Sie werden häufig in »Kindergärten« aus verschiedenen Gelegen geführt.

Eiderente
Foto unten
Somateria mollissima

M Große, kurzhalsige Meeresente mit schräger Stirn und keilförmigem Schnabel. ♂ im Brutkleid: Rücken, Brust, Hals und Kopf weiß, Stirn und Scheitel schwarz; Nacken und Halsseiten hellgrün, Bauch, Flügelspitzen, Armschwingen, Schwanz und Bürzel schwarz. Im Ruhekleid wie das ♀ graubraun. **V** Brütet an kalten, flachen Meeresküsten. Bei uns auch regelmäßiger, häufiger Mauser- und Wintergast (Juli–Februar) an Nord- und Ostsee. Im Binnenland nur im Winter in kleinen Trupps oder einzeln. **L** Gesellig. Taucht mit einem Schlag der halboffenen Flügel, gründelt nach Muscheln und Krebsen. ♂ ruft zur Balz »uhu«, ♀ »goggog. . .« oder »korr«. **F** 1 Jahresbrut (April–August). Nahezu ungedecktes Bodennest. Das ♀ erbrütet in 25–28 Tagen 4–6 Junge, die mit 65–75 Tagen flügge sind.

Heringsmöwe

Foto oben

Larus fuscus

M Kleiner als Bussard. Kopf und Hals weiß, Rücken und Oberseite dunkelgrau. Schnabel gelb mit rotem Unterschnabelfleck; Füße gelb. Spitzen der äußeren Handschwingen schwarzweiß. **V** Brutvogel der Küste und z. T. auch im Binnenland. **L** Sucht auf dem offenen Meer, an der Küste, an Binnenseen nach Oberflächenfischen, Regenwürmern, Weichtieren, Aas, geht selten an Abfälle. Ruft ein dunkles »kju«. **F** 1 Jahresbrut (April–Juli). Koloniebrüter, zuweilen mit Silbermöwen. Viele Paare führen eine Dauerehe, doch sind auch »Scheidungen« möglich. ♀ und ♂ erbrüten im Bodennest in 26–31 Tagen 2–3 Junge und füttern sie gemeinsam, bis sie mit 35–40 Tagen flügge sind.

Etwas größer und mit einem kräftigeren Schnabel sowie breiteren Flügeln ausgestattet ist die ähnliche <u>Mantelmöwe</u>, *Larus marinus*, die bei uns zwar kein Brutvogel, jedoch ganzjähriger Gast an Nord- und Ostseeküste ist. Als ausgeprägter Küstenvogel jagt sie im Sommer v. a. Fische, Mollusken, Krebse, auch Vögel; im Winter sucht sie in Fischereihäfen oder an Mülldeponien nach Abfällen.

Silbermöwe

Foto Mitte

Larus argentatus

M Bussardgroße Möwe mit weißem Körper, zart blaugrauem Rücken und Oberflügel sowie schwarzen Flügelspitzen. Schnabel gelb mit rotem Fleck nahe der Unterschnabelspitze; Füße rosa. **V** Häufiger Brutvogel der Küste, im Binnenland nur selten. **L** Ganzjährig sehr gesellig. Jauchzt auffällig hell, ruft gellend »kju«. Nahrung sind v. a. Muscheln, Krebse, Fische, Pflanzen und Abfälle, auch Vogeleier und Jungvögel. Im Winter häufig an Mülldeponien, Schlachthöfen, Fischereihäfen. **F** 1 Jahresbrut (April–Juli). Brütet auf dem Boden (auch auf Gebäuden!). 2–3 Eier (S. 282), Brutdauer 26–32, Nestlingszeit 35–49 Tage.

▶ **Lachmöwe** → Feuchtgebiete S. 202

Sturmmöwe

Foto unten

Larus canus

M »Kleine Ausgabe« der oben beschriebenen Silbermöwe; Auge jedoch braun und nicht gelb. Rücken und Oberflügel bläulichgrau, Flügelspitze schwarz mit weißem Fleck auf den beiden äußeren Handschwingen. Kopf weiß; Schnabel und Füße grünlich. Im Ruhekleid Oberkopf und Nacken mit feinen, graubraunen Strichen, Schnabel und Füße grau. **V** Brutvogel der Nord- und Ostseeküsten, vereinzelt auch im Binnenland. Im Winter regelmäßig im Binnenland. **L** Mischt sich gern unter Lachmöwen, sucht wie sie auf frisch gepflügten Feldern Würmer, Mäuse, sonst Wattwürmer, Abfälle, Aas. Ruft gellend »kiä«. **F** 1 Jahresbrut (Mai–Juli). Koloniebrüter auf Landzungen, Uferstreifen, in Sümpfen. ♀ und ♂ erbrüten in 23–28 Tagen 3 Junge, die mit 28–33 Tagen flügge sind.

Küstenseeschwalbe

Foto oben

Sterna paradisaea

M Kleiner als Lachmöwe. Oberseite hellgrau, Unterseite weiß, Kopfplatte schwarz. Schwanzspieße sehr lang, länger als bei der sehr ähnlichen Flußseeschwalbe. Schnabel rot. **V** Brutvogel der Meeresküsten. Langstreckenzieher (Oktober–April) mit den wohl längsten Zugwegen. Überwintert auf der Südhalbkugel. **L** Flug leicht, elegant. Greift im Sturzflug Störenfriede in der Kolonie (auch Menschen!) an. Jagt durch Stoßtauchen Fische, Krebse, Insektenlarven. Sehr ruffreudig: weich-nasal »bitt-bitt« (Stimmfühlungsruf). Gefährdet. **F** 1 Jahresbrut (Mai–Juli). Geselliger Koloniebrüter. Das Nest ist eine flache Bodenmulde im Deichvorland, auf flachen Inseln. ♀ und ♂ erbrüten in 20–22 Tagen 2 Junge, die mit 2 Tagen schwimmfähig und mit 20–28 Tagen flügge sind. Gelege S. 282.

Sehr ähnlich ist die Flußseeschwalbe, *Sterna hirundo,* deren roter Schnabel jedoch eine schwarze Spitze trägt und deren Schwanzspieße kürzer als die der Küstenseeschwalbe sind. Sie brütet überwiegend an Flach- und Wattküsten, vereinzelt im Binnenland und ist in ihrem Bestand stark gefährdet.

Austernfischer

Foto Mitte

Haematopus ostralegus

M Der auffällige, gedrungene Küstenvogel ist größer als eine Taube. Oberseite schwarz, Unterseite weiß; der lange Schnabel und die Beine sind rot. Flügel schwarz, im Flug mit breiter weißer Binde. **V** Kies-, Fels- und Sandstrände, Dünen, Wattwiesen. Außerhalb der Brutzeit meist in größeren Schwärmen im Watt. **L** Ernährt sich überwiegend von Muscheln (Name!), Krebsen, Schnecken, Ringelwürmern und Insekten. Seine auffälligen »kliip«-Rufe trägt er im langsamen, niedrigen Singflug über dem Revier vor; sie sind weithin hörbar. Zum lautstarken Trillerzeremoniell aus an- und abschwellenden »ki-ki. . .«-Rufen treffen sich meist 2 Paare. **F** 1 Jahresbrut (April–Juni). Bodenbrüter. ♀ und ♂ erbrüten in 24–27 Tagen 3 Junge, die mit 32–35 Tagen flügge sind. Gelege S. 282.

Säbelschnäbler

Foto unten

Recurvirostra avosetta

M Auffälliger, taubengroßer, schwarzweißer, langbeiniger Watvogel mit aufwärts gebogenem, säbelartigem, schwarzem Schnabel. Beine grau. **V** Seichtwasserzonen der Küste, flache Steppenseen. Teilzieher; im Winter auch im Wattenmeer. **L** Einzeln oder in kleinen Gruppen an der Küste oder im Flachwasser. Schlägt bei der Nahrungssuche mit dem Schnabel seitwärts in den Schlamm und fischt kleine Krebse, Ringelwürmer, Insekten und deren schlammbewohnende Larven heraus. Ruft klangvoll »plüit«, das er bei Erregung rasch wiederholt. **F** 1 Jahresbrut (Mai–August). ♀ und ♂ erbrüten in einer flachen Bodenmulde in 23–25 Tagen 4 Junge, die nach 35–42 Tagen flügge sind.

Rotschenkel

Foto oben

Tringa totanus

M Knapp drosselgroß. Oberseite braun mit dunkler Fleckung, Unterseite weißlich, undeutlich gefleckt. Schnabel schwarz mit rötlicher Basis; Beine leuchtend rot (Name!). Im Flug weißer Bürzel und Hinterrücken; breiter, weißer Flügelhinterrand. **V** Küstennahe Grasländer, Feuchtgebiete mit Flachwasser. Teilzieher; überwintert an den Mittelmeer- und Atlantikküsten Europas und Afrikas. **L** Außerhalb der Brutzeit in kleinen Trupps. Sitzt zur Brutzeit gern auf Warten im Revier. Charakteristischer Alarmruf »tschip«. Ruft vor dem Auffliegen »tüüt«, Fluggesang ist ein Jodeln »dahidldahidl. . .«. Holt kleine Würmer, Krebse, Mollusken, Insekten aus Boden und Flachwasser. Gefährdet. **F** 1 Jahresbrut (April–Juli). ♀ und ♂ erbrüten im gut versteckten Bodennest in 22–29 Tagen 4 Junge, die nach 30–35 Tagen flügge sind.

Sandregenpfeifer

Foto Mitte

Charadrius hiaticula

M Knapp drosselgroß. Oberseite braun, Unterseite weiß. Im Brutkleid mit schwarzem Brustband und schwarzem Stirnband, das vom braunen Oberkopf nicht weiß abgesetzt ist. Schnabel orange mit schwarzer Spitze; Beine orange. Im Flug helle Flügelbinde. **V** Vegetationslose, offene Küsten, auf dem Durchzug (September–April) in größeren Trupps im Watt, vereinzelt an Sandküsten im Binnenland. Überwintert im tropischen Nordwest-Afrika. **L** Trägt seinen Gesang im Singflug vor, ruft beim Abflug weich »tüip«. Läuft sehr schnell mit plötzlichen Stops. Ernährt sich von kleinen Bodentieren. **F** 1–2 Jahresbruten (Mai–August). Als Nest dient eine flache Bodenmulde auf weichem, bewuchsfreiem Untergrund. ♀ und ♂ erbrüten in 21–28 Tagen 4 Junge, die mit 24 Tagen flügge sind.

Seehund

Foto unten

Phoca vitulina

M Torpedoförmige, 1,5–1,8 m lange Robbe. Hell- bis gelbgrau mit schwärzlicher, unterseits schwindender Fleckung. Kopf rund, Schnauze kurz mit langen Tastborsten; Augen groß, dunkelbraun, Nasen- und Ohrlöcher verschließbar. Gliedmaßen flossenförmig, kurzer Stummelschwanz. **V** Flachküsten der Nord- und Ostsee, küstennahe Sandbänke oder Flachfelsen, Flußmündungen mit Watten. **L** Ausdauernder Schwimmer und Taucher (bis 45 Min.). Läßt manchmal ein kurzes, klagendes Bellen hören. Lebt gesellig in lockeren Rudeln, bewegt sich an Land »robbend«. Jungtiere leben nach der Entwöhnung wochenlang von Garnelen. Erwachsene jagen tagsüber Fische, im Watt gern Plattfische. **F** Paarungszeit Juli/August, Wurfzeit Juni/Juli (Landgeburt). Meist 1 sehendes, behaartes, bald nach der Geburt schwimmfähiges Junges (»Heuler«), das 4–6 Wochen gesäugt wird und bereits nach 8 Wochen selbständig ist. Geschlechtsreif mit 3 Jahren.

Zirbelkiefer, Arve

Foto oben

Pinus cembra

M Kieferngewächs. Bis 25 m hoher Nadelbaum mit kegelförmiger bis zylindrischer Krone. Borke rotbraun; Äste ebenfalls rotbraun mit benadelten Kurztrieben. Nadeln 5–12 cm lang, gerade, mit 3eckigem Querschnitt. Blüht ab dem 60.–80. Lebensjahr jeweils Juni–August. Windbestäubung. Einhäusig. ♂ Kätzchen 10–15 mm lang, sitzend, eiförmig. ♀ Blüten in aufrechten, violetten Zäpfchen an den Triebspitzen; entwickeln sich zu 6–8 cm langen, dickschuppigen Zapfen mit flügellosen Samen, den sog. »Zirbelnüssen« (eßbar). V Standorte mit lockeren Böden und hoher Luftfeuchtigkeit in den Alpen. B Wird bis 600 Jahre alt. Frostunempfindlich, gedeiht auch in extremen Sturmlagen bis 2400 m. Das dauerhafte Arvenholz wird für Möbel und Vertäfelungen verwendet.

Bergkiefer, Latsche

Foto Mitte

Pinus mugo

M Kieferngewächs. Meist strauchiges, seltener baumförmiges, bis 25 m hohes Nadelgehölz. Graue Rinde mit schwarzgrauer, tiefrissiger Borke und rötlichen Flecken. Nadeln 2–8 cm lang, hell- oder dunkelgrün, gerade oder sichelförmig, stehen sehr dicht an den Zweigen, Rand fein gesägt. Einhäusig. ♂ Blüten gelb, zu 3–10 an jungen Trieben. ♀ Blüten purpurn, einzeln oder zu mehreren; werden zu bis 8 cm langen, glänzend gelb- bis hellbraunen Zapfen, die die Samen erst im 2. Jahr entlassen. Windbestäubung. Blütezeit Juni/Juli. V Kalkliebend, gedeiht sowohl in sonnigen Hanglagen, als auch an extrem schattigen Nordhängen mit langer Schneebedeckung. B Die Bergkiefer kommt bei uns in mehreren Unterarten vor; wird auch zur Dünenbefestigung gepflanzt.

▶ **Lärche** → Wälder S. 20

▶ **Bergahorn** → Wälder S. 24

Grünerle

Foto unten

Alnus viridis

M Birkengewächs. 0,5–3 m hoher Strauch; Zweige grünlich bis rötlich; Rinde graubraun mit schwärzlicher Borke. Laubblätter 1–2 cm lang gestielt, Spreite 5–8 cm lang, eiförmig bis breitoval, Rand doppelt gesägt; oben dunkelgrün, unten heller mit braunen Achselbärten. Einhäusig. ♂ Kätzchen zu 2–3 an den Sproßenden, hängend, bis 6 cm. ♀ Blütenstände innerhalb der Knospen, entfalten sich mit den Blättern. Windbestäubung. Blütezeit April/Mai. Fruchtzapfen 10–13 mm lang. V Steinige Böden im Bereich der Waldgrenze. Bildet meist Bestände an nassen Standorten. B Die Art gilt als Pioniergehölz und wird oft zur Befestigung von Lawinen- oder Geröllhängen angepflanzt. Von den drei heimischen Erlen-Arten ist sie die typische »Berg-Erle«.

▶ **Eberesche** → Wiesen, Felder . . . S. 88

Felsenbirne
Foto oben
Amelanchier ovalis

Ⓜ Rosengewächs. Bis 3 m hoher Strauch. Rinde graubraun, längsrissig mit schwärzlicher Borke. Die Laubblätter stehen wechselständig, sind eiförmig bis oval, beidendig abgerundet; Oberseite mattgrün, unten gelblich mit Bärten in den Nervenwinkeln. Blüten endständig in filzig behaarten Rispen; Blütenkronblätter verkehrt-eilanzettlich, weiß, 12–20 mm lang; Kelchblätter schmal 3eckig. Blütezeit April–Juni. Früchte bläulich-schwarz, 8–10 mm, bereift, eßbar; reifen August/September. Ⓥ Bevorzugt sonnige und felsige Abhänge mit kalkreichen Böden. Bildet oft Mischbestände mit Mehlbeeren und Elsbeeren. Kommt in den Alpen bis 1800 m Höhe vor. Ⓑ Die Art wird von Insekten bestäubt, die Fruchtverbreitung erfolgt durch Vögel. Sie kommt bei uns auch in der Ebene und in den Mittelgebirgen vor.

Rostblättrige Alpenrose
Foto Mitte
Rhododendron ferrugineum

Ⓜ Heidekrautgewächs. Verzweigter, bis 1 m hoher Zwergstrauch mit ledrigen, oberseits dunkelgrün glänzenden Blättern. Sie sind verkehrt-eiförmig, ganzrandig, 2–5 cm lang, bis 1 cm breit; namensgebend ist die Blattunterseite, die mit dunkel rotbraunen bis schwärzlichen Drüsenschuppen besetzt ist. Die dunkelroten Blüten stehen in endständigen, 6–10blütigen Trauben; Blütenkrone trichterförmig, 5zählig, 10–15 mm lang; Kelch sehr klein. Insektenbestäubung. Blütezeit Juni/Juli. Fruchtkapsel 2–3 cm lang, öffnet sich 5klappig. Ⓥ In der Zwergstrauchregion zwischen 1500 m und 3000 m. Bildet meist dichte Bestände. Meidet kalkige Böden. Ⓑ Diese und auch die unten beschriebene Art sind charakteristische Pflanzen unserer Alpen. Die in der Blütezeit rot leuchtenden Bestände (»Almrausch«) kennzeichnen einerseits die Höhenregion der Legföhren, Arven und Lärchen, sind aber auch jenseits der Baumgrenze oft vegetationsbestimmend.

Behaarte Alpenrose
Foto unten
Rhododendron hirsutum

Ⓜ Heidekrautgewächs. Der oben beschriebenen Rostblättrigen Alpenrose sehr ähnlich; ebenfalls ein bis 1 m hoher, rundlicher Strauch. Die Blätter sind hier allerdings beidseits glänzend, die Spreite etwas weniger langgestreckt, 1,5–3,5 cm lang und bis 1,5 cm breit. Der Name leitet sich hier von der Behaarung des Blattstieles und Blattrandes ab. Blüten in 5–10zähligen, endständigen Trauben; Blütenkrone hier rosa, 5zählig, 15 mm lang. Blütezeit Juni–August. Die Fruchtkapsel ist nur 4 mm groß; Fruchtreife September/Oktober. Ⓥ Gedeiht auf lehmigen Kalkböden bis 2500 m Höhe. Bildet wie obige Art dichte Bestände. Ⓑ Bestäubt wird die Pflanze von Bienen und Hummeln, die Samenverbreitung erfolgt durch den Wind. Alpenrosen erreichen ein Alter von 20–100 Jahren. *Rhododendron*-Arten sind in Asien weit verbreitet, bei uns gibt es nur zwei.

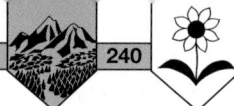

Schneerose
Helleborus niger

Foto oben

M Hahnenfußgewächs. 10–30 cm hohe Pflanze mit 5–8 cm großen weißen oder rosa Blüten. Die Blütenblätter verfärben sich zum Ende der Blütezeit purpurn oder grünlich, bleiben aber bis zur Fruchtreife erhalten. Blütezeit Februar–April. Blütenschaft dick, fleischig, mit verkümmerten schuppenförmigen Hochblättern besetzt. Die wintergrünen Blätter sind dunkelgrün, ledrig, 7–9teilig, fußförmig. Namensgebend (*niger* = schwarz) der ausdauernde, schwarze Wurzelstock. **V** In unseren Alpen bis 1800 m Höhe. Gedeiht in lichten Bergwäldern, Gebüschen, an steinigen Abhängen und im Tiefland auch in Fichten- und Buchenwäldern. Bevorzugt Kalkböden. **B** Die Art gilt als die erste blühende Pflanze im Jahr und öffnet in milden Wintern schon ab Dezember ihre Blüten (Christrose). Sie ist sehr giftig und enthält Glykoside, die in der Naturheilkunde als Brech- oder Abführmittel verwendet wurden. Der stechende Geruch des frischen Wurzelstockes reizt zum Niesen (Nieswurz).

Alpen-Kuhschelle
Pulsatilla alpina

Foto Mitte

M Hahnenfußgewächs. Blüten schneeweiß, 4–6 cm breit; Blütenkronblätter ausgebreitet, außen zottig behaart und blau überlaufen. Blütezeit Juni–August. 3 gestielte, laubblattähnliche Hüllblätter umgeben die Blüte. Grundblätter 3zählig, zerstreut behaart, doppelt fiederschnittig. Wuchshöhe 10–30 cm. **V** Wächst auf steinigen Matten, in Geröllbändern und der Latschenregion in 1500–2800 m Höhe. **B** Recht lange nach der Blütezeit findet man noch die federigen, haarschopfartigen Fruchtstände an der Pflanze. Diese Gebilde sind verlängerte und behaarte Griffel, an deren unterem Ende die für diese Gattung typischen Nußfrüchte zu erkennen sind. Neben der hier beschriebenen gibt es noch die gelbblühende Unterart *apiifolia,* die Kalkstandorte meidet und auch als eigene Art angesehen werden kann (S. 246).

Alpen-Hahnenfuß
Ranunculus alpestris

Foto unten

M Hahnenfußgewächs. 5–10 cm hoch; Blätter 3–5lappig mit herzförmigem Grund und gekerbtem Rand, fett glänzend. Die leuchtend weißen, 2–3 cm großen Blüten stehen am Ende der meist blattlosen, gefurchten Stengel. Sie sind von einem 5blättrigen Kelch umgeben. Blütezeit Mai–September. **V** Feuchtigkeitsliebende Pflanze, deshalb v. a. in feuchten Triften und vom Schmelzwasser überspülten Weiden, in der Nähe von Schneewächten; 1500–2700 m. **B** Die Pflanze entwickelt bereits unter Schnee ihre Laubblätter, um gleich nach der Schneeschmelze – in Anpassung an die kurze Vegetationsperiode – die Blüten auszubilden. Die Blüten werden durch Fliegen bestäubt, angelockt durch Nektar, der in Honigblättern produziert wird. Früher wurde die Pflanze naturheilkundlich bei Rheuma und Hexenschuß verwendet.

Weißer Alpenmohn

Foto oben

Papaver sendtneri

M Mohngewächs. Die weißen, bis 4 cm großen, duftenden Blüten stehen am Ende 5–20 cm hoher, steif gelb behaarter Stengel. Der Blütengrund ist gelblich; beim Trocknen der Blüten tritt ebenfalls eine Gelbfärbung der Blütenblätter ein. Zahlreiche Staubgefäße umgeben den Fruchtknoten. Die Blütenknospen sind von schwärzlich behaarten Kelchblättern umgeben. Blütezeit Juli/August. Laubblätter blaugrün, mit 1–2 Paar zugespitzter Fiedern; borstlich behaart. **V** Typische Pflanze der Kalkschuttfluren in den nördlichen Kalkalpen in 2000–2800 m Höhe. **B** Kann wegen seiner langen Pfahlwurzel durch den Schutt an nährstoffhaltige Schichten gelangen. Die Pflanze enthält, wie die meisten Mohngewächse, einen weißen Milchsaft.

Trauben-Steinbrech

Foto Mitte

Saxifraga paniculata

M Steinbrechgewächs. Die 5–30 cm hohen Blütenstiele entspringen einer dichten Grundblattrosette aus fleischigen, scharf gesägten, bis 5 cm langen Blättern, die am Grunde steif bewimpert und ringsum mit punktförmigen, weißen Kalkporen besetzt sind. Im oberen Bereich ist der Blütenstiel drüsig; die weißen bis gelblichen, oft rot gepunkteten, 10–15 mm großen Blüten stehen in lockeren, rispigen Trauben. Blütezeit Mai–August. **V** Gedeiht an sonnigen Stellen in trockenen Felsspalten, Felsschutt, auf Mauern und in Steinrasen. Bevorzugt wird kalkiges Gestein in 500–3400 m Höhe. **B** Die Art gilt als sehr frosthart und genügsam und kommt deshalb als Pionierpflanze an Extremstandorten vor. Selbst im Winter kann sie an schneefreien Standorten bei niedrigen Temperaturen noch Photosynthese betreiben. Die kleinen, ledrigen Blätter stellen einen hervorragenden Verdunstungsschutz dar, so daß die Pflanze mit extrem kleinem Wasserangebot auskommen kann.

Silberwurz

Foto unten

Dryas octopetala

M Rosengewächs. Die 2–4 cm großen, weißen Blüten stehen einzeln am Ende drüsig behaarter Stengel. Kelch und Blütenkrone sind meist 8blättrig; die Kronblätter fallen rasch ab. Blütezeit Mai–August. Wuchshöhe 2–10 cm. Blätter elliptisch, gekerbt, ledrig, unterseits weißfilzig, am Rand oft eingerollt. Zur Fruchtzeit verlängert sich der Blütenstiel und trägt dann eine weißzottig behaarte »Perücke« aus einem Büschel geschwänzter Nüßchen. **V** Meist gesellig auf Felsen, in Schutt, in Zwergstrauchheiden mit kalkigem, etwas feuchtem Boden; in unseren Alpen in 1200–2500 m Höhe. **B** Sehr anspruchslose, wetterfeste Pflanze, die ein Alter bis 100 Jahre (!) erreichen kann. Breitet sich mit bis 2 m langen, später verholzenden Trieben aus und ist demnach ein Zwergstrauch – ein Gehölz mit echten Pionierqualitäten.

Edelweiß
Foto oben

Leontopodium alpinum

M Korbblütengewächs. Der üblicherweise als Blüte angesprochene weißgraue Stern ist eine Scheinblüte, die aus winzigen Röhrenblüten – zusammengefaßt zu 4–5 Blütenköpfen – besteht. Umgeben werden diese Blütenköpfe von einem Kranz weißwolliger Hochblätter. Blütezeit Juli–September. Wuchshöhe 5–15 cm. Die länglichen, lanzettlichen Laubblätter sind auf der Unterseite dicht filzig behaart. **V** Das Edelweiß gedeiht auf nährstoffreichen Böden an sonnigen Hängen, besiedelt Felsspalten, gelegentlich Felsschutt; in 1800–3400 m Höhe. Kalkliebend. **B** Die Art kann ihrer dichten Behaarung wegen Trockenzeiten gut überdauern. Das durch die Behaarung entstehende Luftpolster vermindert die Wasserdampfabgabe in hohem Maße, so daß die Pflanze mit einem geringen Wasserangebot auskommen kann.

▶ **Silberdistel** → Wiesen, Felder . . . S. 102

Frühlings-Krokus
Foto Mitte

Crocus albiflorus

M Schwertliliengewächs. Die 8–15 cm hohen Blüten erscheinen direkt nach der Schneeschmelze (Februar–April). Sie sind weiß, seltener violett, 6zählig, die Blütenblätter 4–5mal länger als breit. Der Schlund der Blüten ist weich behaart, die Staubblätter sind länger als die Narben. Laubblätter erscheinen nach der Blüte; sie sind grasartig, 10–20 cm lang, mit weißlichem Mittelstreif und leicht eingerolltem Rand. **V** Auf durchfeuchteten Wiesen und Lägerfluren mit nährstoffreichen, kalkhaltigen Böden in 800–2700 m Höhe anzutreffen. Bildet meist größere Bestände. **B** Die Pflanze entspringt einer unterirdischen, kugeligen Knolle, die sich jedes Jahr aus der alten Knolle neu bildet. Bestäubt wird die Pflanze durch Insekten. Selbstbestäubung kommt jedoch ebenfalls vor, und zwar dann, wenn sich die Blüten wegen jahreszeitlich bedingtem schlechtem Wetter nicht öffnen.

Weißer Germer
Foto unten

Veratrum album

M Liliengewächs. Sehr häufige, 50–150 cm hohe Pflanze. Blüten innen weiß, außen grünlich, oft auch insgesamt grünlich; 12–15 mm groß, in bis 50 cm langer Rispe. Blütezeit Juni–August. Blätter stehen wechselständig; sie sind breit-eiförmig, ganzrandig, längs gefaltet, unten flaumig behaart. Blätter und geöffnete Blüten duften stark. **V** Die stickstoff- und kalkliebende Pflanze gedeiht auf feuchten Weiden, Lägerfluren, gedüngten Flachmooren und gelegentlich auch in Auwäldern. Sie ist in 800–2700 m Höhe überall anzutreffen. **B** Die Pflanze enthält stark giftige Alkaloide. Man kann sie bei Nichtbeachtung der Blattstellung vor der Blütezeit mit dem Gelben Enzian (S. 248) verwechseln. In der Volksheilkunde wurde sie bei Asthma, Rheuma, Ausschlägen und zur Wundheilung verwendet.

Schwefel-Kuhschelle
Foto oben

Pulsatilla sulphurea

M Hahnenfußgewächs. 15–40 cm hohe Pflanze mit schwefelgelben, 3–7 cm großen Blüten. Unterhalb der Blüte befindet sich ein Quirl aus 3fiedrig zerteilten Blättern. Der Blütenstiel ist zottig behaart. Blütezeit Mai/Juni. Grundblätter langgestielt, ebenfalls 3geteilt mit 2fach gefiederten Abschnitten. Nach der Blüte verlängert sich der Blütenstiel und trägt dann den typischen buschig-zottigen Fruchtstand. Die Art wird teilweise als Unterart der auf S. 240 beschriebenen Alpen-Kuhschelle angesehen. **V** Bevorzugt kalkfreie, saure Böden auf Magerrasen, Zwergstrauchheiden, seltener an Gebüschstandorten. In 1500–2700 m Höhe. **B** Die Pflanze ist giftig; ein Pflanzenauszug wird in der Homöopathie verwendet, wobei die verschiedensten Heilanzeigen genannt werden. Sie gilt als sog. Konstitutionsmittel und wird deshalb typabhängig verordnet. Neben dieser finden übrigens auch die anderen Kuhschellen-Arten dieselbe Verwendung.

Trollblume
Foto Mitte

Trollius europaeus

M Hahnenfußgewächs. An der Spitze der unverzweigten, 10–60 cm hohen Stengel stehen 2–3 cm große, kugelig geschlossene Blüten. Sie sind gelb und duften schwach. Die 10 Kronblätter umgeben 5–10 löffelförmig verbreiterte Honigblätter, diese wiederum eine Vielzahl von Staubblättern. Blütezeit Mai–Juli. Die Blätter sind handförmig geteilt, mit lappig gesägten Zipfeln. Am Stengel sitzen sie direkt an, die Grundblätter sind lang gestielt. **V** Kommt zerstreut auf nassen, moorigen Wiesen, in Hochstaudenfluren, seltener an Waldrändern vor. Bevorzugt humöse Böden; in Höhen bis 3000 m. **B** Die Pflanze ist schwach giftig. Bei starker Sonnenbestrahlung öffnen sich die Blüten ein wenig; kleine Insekten nutzen die Blüten als Versteck und befruchten dabei die Pflanze.

Gelber Alpenmohn
Foto unten

Papaver rhaeticum

M Mohngewächs. An der Spitze des unverzweigten und unbeblätterten Stengels sitzt jeweils eine 4–5 cm große, stark duftende, leuchtend gelbe Blüte. Nach dem Aufblühen sind die dunkelbraun behaarten Kelchblätter bereits abgefallen. Blütezeit Juli/August. Die Grundblätter der 5–15 cm hohen Pflanze sind blaugrün, 1–2fach gefiedert und borstig behaart. Wie viele Mohngewächse enthält die Pflanze einen weißen Milchsaft. **V** Blüht meist in kleinen Trupps in Schuttfluren mit feuchten, kalkhaltigen Böden. Kommt nur in den südlichen Alpen vor; in 1800–3000 m Höhe. **B** Einzelne regionale Rassen haben rötliche Blüten, z. T. kommen auch weißliche Rassen vor, die leicht mit dem auf S. 242 beschriebenen Weißen Alpenmohn der Nordalpen verwechselt werden. Die Blüten werden von Insekten bestäubt, zuweilen kommt auch Selbstbestäubung vor.

Kriechende Nelkenwurz
Geum reptans

Foto oben

M Rosengewächs. Blüten leuchtend gelb, 3–4 cm groß, am Ende behaarter, oft rot gefärbter Stengel. Blütezeit Juli/August. Die Grundblätter bilden eine Rosette; sie sind gefiedert, wobei das gelappte Endblättchen nur etwas größer ist als die Seitenfiedern. Aus den Blattachseln der 5–15 cm hohen Pflanze entspringen bis 1 m lange Ausläufer, an deren Ende Tochterpflanzen wurzeln. Die Früchte bilden ein Köpfchen, wobei die verlängerten, fedrig behaarten Griffel einen zottigen Haarschopf bilden. **V** Gedeiht auf lockeren, kalkarmen Schuttböden ohne Humusauflage. In den Alpen in 2100–3400 m Höhe anzutreffen. **B** Typische Pionierpflanze in sogenanntem Fließschutt. Mit ihrem kräftigen Wurzelstock kann sie sich sehr gut im Untergrund verankern. Auf geschlossener Pflanzendecke kommt sie kaum noch vor.

Aurikel
Primula auricula

Foto Mitte

M Primelgewächs. 5–25 cm hohe Pflanze mit vielblütiger, meist einseitswendiger Dolde. Die Blüten sind gelb, 15–25 mm groß, am Schlund mehlig, stark duftend. Die 5 trichterig ausgebreiteten Kronzipfel sind kaum eingekerbt. Blüht April–Juli. Die hellgrünen, kahlen, verkehrt-eiförmigen Blätter sind sehr fleischig und bilden eine Rosette. Der Blattrand ist glatt oder leicht gezähnt. Junge Blätter sind oft mehlig bestäubt. **V** Die Pflanze kommt ausschließlich auf kalkreichem Gestein vor. Man findet sie in Felsspalten, auf Schutthalden und Geröll in 1600–2500 m Höhe. **B** Die Pflanze hat mit den fleischigen Blättern einen idealen Wasserspeicher entwickelt, der bei Regenfällen eine enorme Flüssigkeitsaufnahme ermöglicht, um längere Trockenzeiten zu überdauern. Der kräftige Wurzelstock ermöglicht eine feste Verankerung im steinigen Grund.

Gelber Enzian
Gentiana lutea

Foto unten

M Enziangewächs. In den Achseln der oberen Blätter stehen in 3–10blütiger Trugdolde große gelbe, gestielte Blüten. Sie sind fast bis zum Grund in meist 5–6 Kronzipfel geteilt, nie punktiert oder gefleckt. Blütezeit Juni–August. Der Stengel ist rund, innen hohl; er trägt blaugrüne, kahle, breit-eiförmige Blätter mit deutlicher Bogennervatur. Blattstellung gegenständig. Wuchshöhe 50–140 cm. **V** Gedeiht auf nährstoffreichen, aber ungedüngten Bergwiesen, Matten und Zwergstrauchheiden in 1500–2500 m Höhe. **B** Die Pflanze blüht erst nach ca. 10 Lebensjahren. Sie enthält in allen Organen Bitterstoffe, besonders in der sehr kräftigen Wurzel. In der Pflanzenheilkunde werden diese Bitterstoffe zur Verstärkung der Magensekretion und demnach bei Verdauungsstörungen verwendet. Aus der vergorenen Wurzel wird Enzianschnaps gebrannt, wobei eigens dafür angebaute Pflanzen verwendet werden.

Großblütige Gemswurz

Foto oben

Doronicum grandiflorum

M Korbblütengewächs. Stengel hohl, drüsig behaart, 10– 50 cm hoch; trägt meist einen 4–6 cm großen, gelben Blütenkopf, selten ist er verzweigt und endet dann in max. 5 Blütenköpfchen. Blütenköpfe bestehen aus 20–30 Zungenblüten, die die ebenfalls gelben, röhrigen Scheibenblüten strahlig umgeben. Blütezeit Juli/August. Grundblätter breit eiförmig, gestielt, grob buchtig gezähnt und behaart. Stengelblätter deutlich stengelumfassend, eiförmig-lanzettlich, ebenfalls gezähnt, am Rand behaart. **V** Besiedelt Felsschutt, Geröll und Felsspalten in 1800–3100 m Höhe. Der Boden muß kalkhaltig, locker und feucht sein. **B** Die Pflanze gilt als typische Art der Schuttflora. Sie ist etwas kälteempfindlich. Wird hin und wieder mit der unten beschriebenen Arnika verwechselt, hat aber keinerlei Heilwirkung.

Arnika

Foto Mitte

Arnica montana

M Korbblütengewächs. Der 20–60 cm hohe Stengel trägt in der Regel ein 4–6 cm großes, orangegelbes Blütenkörbchen. Blütezeit Mai–August. Stengel und Blütenboden sind drüsig behaart. Im oberen Stengelbereich findet man in der Regel 2–3 gegenständige, sitzende Blattpaare. Die rosettigen Grundblätter sind verkehrt-eiförmig, ganzrandig, mit 5–7 Längsnerven. **V** Die Arnika gedeiht auf trockenen, mageren und sauren Böden; in Wiesen und Weiden, Zwergstrauchheiden und Mooren bis 2800 m. **B** Die Pflanze ist eine der bekanntesten und ältesten Heilpflanzen in unserer Alpenflora. Sie ist jedoch geschützt und darf deshalb nicht gesammelt werden. In der Volksmedizin gilt sie als Allheilmittel. Die enthaltenen Bitterstoffe, ätherischen Öle, Gerbsäure und ein Alkaloid haben wundheilende und entzündungshemmende Eigenschaften. Daneben wird ihr eine deutliche Wirkung bei der Behandlung von Durchblutungsstörungen der Herzmuskulatur zugesprochen. Erwähnenswert ist allerdings auch eine gewisse allergieauslösende Wirkung, v. a. Hautreaktionen bei der Wundbehandlung sind häufig.

Alpen-Kratzdistel

Foto unten

Cirsium spinosissimum

M Korbblütengewächs. Sehr auffallende, 20–120 cm hohe Distel, die meist kräftige Stauden bildet. Meist stehen mehrere bleichgelbe Blütenköpfe am Ende der kaum verzweigten Stengel. Sie sind von grüngelben, dornig gezähnten Hochblättern umgeben. Blütezeit Juli–September. Auch die Laubblätter sind dornig gezähnt, tief fiederspaltig, gelbgrün und leicht wellig. **V** Braucht nährstoffreichen Boden; in der Lägerflur, auf tiefgründigen Weiden und feinem Schutt; in 1400–3100 m Höhe. **B** Die Pflanze gilt als lästiges Unkraut auf Weiden, ist allerdings ein echtes Symbol unserer Alpen. Ihre filigrane Bedornung und Fiederung der Blätter macht sie zu einer sehr reizvollen Erscheinung.

Stengelloses Leimkraut
Silene acaulis

Foto oben

M Nelkengewächs. Große Flachpolster bildende Pflanze mit dunkelrosa, selten weißen, 15–25 mm großen Blüten, die einzeln an deutlich ausgeprägten Stielen stehen; Kelch verwachsen, 10nervig. Blütezeit Juni–September. Die 1–5 cm langen Stengel sind mit lineal-pfriemlichen, bis 12 mm langen Blättern besetzt. Diese sind ledrig und am Rand stachelig bewimpert. **V** Liebt kalkhaltigen, lockeren Boden auf Weiden, an Felshängen und ungefestigtem Schutt; in 1500–3600 m Höhe. **B** Die Pflanze wurzelt sehr tief und kann deshalb kärglichste Standorte besiedeln. Zudem sorgt sie innerhalb des Polsters für eine »Selbstdüngung«, da die Blättchen im Polsterinneren absterben und nach der Verrottung wieder als Nährstofflieferant zur Verfügung stehen. Die Blütenfarbe variiert gebietsabhängig von tiefem Rot über Rosa bis zu Weiß. Die Polster werden bis zu 100 Jahre alt!

Zwerg-Seifenkraut
Saponaria pumila

Foto Mitte

M Nelkengewächs. Die Blüten dieser Polsterpflanze sind kräftig hellrot, einzeln kurz gestielt, bis 2 cm groß, tief in das Blattpolster eingesenkt. Der Kelch ist verwachsen, aufgeblasen, meist rötlich überlaufen und kurzzottig behaart. Die Blütenblätter sind herzförmig, ausgerandet, mit schmalem Stiel. Am Schlundeingang steht je ein 2spitziges Krönchen. Blütezeit Juli–September. Laubblätter linealisch, schwach fleischig, in dichten Rosetten. **V** Im Gegensatz zum oben beschriebenen Stengellosen Leimkraut meidet diese Art kalkhaltige Böden. Sie gedeiht auf trockenen oder mäßig feuchten Rasen, in Zwergstrauchheiden, seltener auch in Gebüschen von Grünerlen; in 1700–2600 m Höhe. **B** Kommt überwiegend in den Ostalpen vor und wächst in ihrem Lebensraum meist in größeren Beständen. Die Polsterbildung ist eine hervorragende Anpassung an die Witterungsverhältnisse in größeren Höhen. Die Pflanze schützt sich damit vor verstärkter Verdunstung bei Wind, andererseits ist das Polster unter der Schneedecke sehr gut vor Extremfrösten geschützt.

Spinnwebige Hauswurz
Sempervivum arachnoideum

Foto unten

M Dickblattgewächs. Blätter in 0,5–2,5 cm breiten Rosetten, breitlanzettlich und drüsig, grünlich oder weißlich. An der Spitze sind die Blätter durch spinnwebenartige Haare untereinander verbunden. Die hellkarminroten, 1–2 cm großen Blüten haben meist 8–12 breitlanzettliche Kronblätter mit purpurnen Adern. Blütezeit Juli–September. **V** Gedeiht auf mageren Matten, Schutt und auf Felsen; in 1700–2900 m Höhe. **B** Die fleischigen Blätter dienen der Pflanze als Wasserspeicher und ermöglichen damit die Überdauerung von Trockenzeiten. Die kugeligen Tochterrosetten werden oft vom Wind verblasen. Wird als Zierpflanze für Steingärten angeboten.

Alpen-Mannsschild

Foto oben

Androsace alpina

M Primelgewächs. Blüten meist rot, rosa, selten weiß, 5–7 mm Ø mit gelbem Schlund. Sie stehen auf 4–5 mm langen Stielen in den Achseln der obersten Blätter. Die 5 Blütenblattzipfel sind nicht ausgerandet. Blütezeit Juli/August. Die Pflanze bildet lockere, 2–5 cm hohe Polster. Blätter lanzettlich-stumpflich, in der Mitte am breitesten. Zum Schutz der Endknospe sind die Blätter am Triebende rosettig gehäuft, am unteren Teil des Hauptsprosses finden sich immer abgestorbene Blattreste. **V** Kommt auf kalkarmen, nassen Böden in Schutt und Moränen vor. Ausschließlich in den Zentralalpen in 2000–4200 m Höhe. **B** Mit dem angegebenen Bereich hält diese Pflanze bei uns den Höhenrekord. Fast alle *Androsace*-Arten sind typische Alpenpflanzen.

Mehlprimel

Foto Mitte

Primula farinosa

M Primelgewächs. 5–30 cm hohe Pflanze, die in einer allseitswendigen, vielstrahligen Dolde ihre 8–16 mm großen, hell- bis purpurroten Blüten ausbildet. Die Blütenkronröhre ist etwa so lang wie der Kelch, am Schlund intensiv gelb. Blütezeit April–Juli. Die Blätter sind verkehrt-eiförmig bis länglich, am Rand gekerbt bis gesägt, sehr schwach runzelig bis glatt; Unterseite wie Kelch und Blütenschaftende mehlig weiß bestäubt (Name!). **V** Gedeiht auf kalkhaltigen Böden in sumpfigen Wiesen, Flachmooren, selten auch an trockenen Standorten; in 1000–2900 m Höhe. **B** Der »Mehlstaub« ist ein Sekret, welches in speziellen Drüsenhaaren gebildet wird. Bei Allergikern kann das Sekret zu Hautreaktionen führen. Der Gattungsname *Primula* weist auf die frühe Blütezeit im Jahr hin (primus = der erste), die für die ganze Gattung typisch ist.

Behaarte Primel

Foto unten

Primula hirsuta

M Primelgewächs. Auf dem 1–7 cm hohen Stiel bilden meist 1–3, manchmal bis zu 20 Blüten eine Dolde. Sie sind 1–2 cm groß, rosarot mit weißem Schlund und duften. Kronblätter flach ausgebreitet und zu ca. ein Viertel ihrer Länge eingekerbt. Blütezeit April–Juli. Die Laubblätter sind länger als der Blütenstiel, oval, etwas fleischig, mit grob gezähntem Rand und verschmälern sich rasch in den geflügelten Blattstiel. Wie bei der oben beschriebenen Mehl-Primel sind auch bei dieser Art alle grünen Pflanzenteile mit sehr kleinen Drüsenhaaren besetzt, die hier allerdings ein haariges Aussehen ergeben (Name!). **V** Kommt auf Schutthalden, in Felsspalten oder auf steinigen Matten mit kalkarmen Böden vor; in 1500–3600 m Höhe. **B** Die Pflanze bevorzugt die Zentralalpen. In einigen Überschneidungsgebieten bildet sie Bastarde mit der Aurikel (S. 248).

▶ **Türkenbund-Lilie** → Wälder S. 42

Blauer Eisenhut

Foto oben

Aconitum napellus

M Hahnenfußgewächs. Die blauvioletten, 3–5 cm großen Blüten stehen bei dieser Pflanze in einer dichten Traube. Das oberste Blütenblatt bildet einen Helm, der meist breiter als hoch ist. Der Helm zieht über 2 langgestielte Honigblätter, deren Stiele bogig gekrümmt sind. Blütezeit Juli–September. Am aufrechten, 50–150 cm hohen Stengel stehen gestielte, handförmig geteilte Blätter mit schmalen, linealischen Abschnitten; Oberseite dunkelgrün, unten glänzend und heller. **V** Lockere, humusreiche und feuchte Böden mit hohem Kalkgehalt. Auf Lägerfluren, an Bachufern und auf Quellfluren bis 3000 m Höhe. **B** Sehr formenreiche Art. Die Pflanze wurde im Altertum oft als Mordgift oder zur Vergiftung von Tieren verwendet. Heutzutage findet sie noch Verwendung in der Homöopathie, wo verschiedene Potenzierungen bei Erkältungen und Schmerzzuständen gebraucht werden. In unseren Gärten wird der Eisenhut oft als Schmuckstaude angepflanzt; wegen der Giftigkeit sollte man aber vorsichtig sein.

Echtes Alpenglöckchen

Foto Mitte

Soldanella alpina

M Primelgewächs. Der 5–15 cm hohe Stiel der Pflanze trägt 2–3 Blüten. Sie sind azurblau bis violett, glockig-trichterförmig, meist nicken sie oder stehen schief aufrecht. Bis zur Hälfte ist die 8–15 mm lange Blumenkrone gleichmäßig in zierliche Fransen zerschlitzt; der Griffel ragt etwas aus der Krone hervor. Blütezeit April–Juli. Die dunkelgrünen Blätter sind ledrig, meist ganzrandig, rundlich-nierenförmig, 1–3 cm breit und grundständig. **V** Anzutreffen auf Matten, in Schneetälchen, seltener in nassen Hochstaudenfluren. Braucht kalk- und nährstoffreichen Boden mit reichlichem Wasserangebot; in 500–3000 m Höhe. **B** Das Gedeihen und die Blütenbildung scheint bei dieser Pflanze von einer dauerhaften Schneebedeckung abhängig zu sein. Mit ihrer Stoffwechselwärme schmelzen sich die Blütenstiele im Frühjahr durch den Schnee.

Alpen-Aster

Foto unten

Aster alpinus

M Korbblütengewächs. Das Blütenkörbchen steht meist einzeln am aufrechten, beblätterten und behaarten, 5–20 cm hohen Stengel. Es ist 3–5 cm breit und besteht aus 25–40 violetten bis rosa Zungenblüten und goldgelben Scheibenblüten. Blütezeit Juli/August. Die Blätter sind ganzrandig, 3nervig, flaumig behaart; am Stengel lanzettlich, sitzend, Grundblätter länglich-spatelig, kurz gestielt. **V** Auf mageren Matten, Triften und Felsen in 1400–3100 m Höhe. Der Boden muß steinig und kalkreich sein. **B** Die Art kommt meist gesellig vor, oft auch zusammen mit dem Edelweiß. Die randlichen Zungenblüten sind ausschließlich weiblich. Die behaarten Früchte bleiben oft über den Winter an der Pflanze; die Samen werden vom Wind weit verbreitet.

Stengelloser Enzian

Foto oben

Gentiana clusii

M Enziangewächs. Die 5–7 cm großen, glockigen Blüten sind leuchtend blau, außen etwas grünlichblau, innen jedoch nie mit olivgrünen Längsstreifen. Die spitzen, lanzettlichen Kelchzähne liegen der Krone an; die Kelchbuchten sind spitz. Blütenstiel sehr kurz oder fehlend. Blütezeit Mai–August. Die Blätter bilden eine grundständige Rosette; sie sind lanzettlich-spitz, meist in der Mitte am breitesten, selten über 6 cm lang. **V** Kalkliebende Pflanze, die v. a. auf Matten, in Flachmooren, Felsspalten und Triften vorkommt; in 1200–2600 m Höhe. **B** Sehr leicht mit dem Breitblättrigen Enzian, *Gentiana kochiana,* zu verwechseln, der sich durch spatelförmige Kelchblätter und breite Kelchbuchten von dieser Art unterscheidet. Zudem besiedelt er als kalkmeidende Art in erster Linie saure Böden, so daß die beiden Arten nie am selben Standort anzutreffen sind. Unerlaubtes Pflücken und der vermehrte Einsatz von Düngern hat die attraktiven Pflanzen in unseren Alpen sehr dezimiert.

Frühlings-Enzian

Foto Mitte

Gentiana verna

M Enziangewächs. An den Stengeln stehen meist nur 1, selten 2–3 Blüten. Sie sind farbvariabel von Weiß über verschiedene Blautöne bis zum tiefen Dunkelviolett. Blütenlänge 25–30 mm; Blütenblattzipfel eiförmig geschnitten und spitz zulaufend, zwischen den Kronzipfeln je ein 2zähniges Anhängsel. Der Kelch ist ca. 1 mm breit geflügelt. Blütezeit März–August. In grundständiger Rosette stehen 1–3 cm lange Blätter mit stumpfer Spitze; am Rand sind sie etwas rauh, der Mittelnerv ist deutlich. **V** Auf trockenen Matten, in Zwergstrauchheiden, auch in feuchten Wiesen und Flachmooren. Der Boden muß kalkhaltig, locker und steinig sein. Vom Tiefland bis 2900 m. **B** An besonders warmen Standorten kommt es im Herbst manchmal zu einer zweiten Blüte.

Schwalbenwurz-Enzian

Foto unten

Gentiana asclepiadea

M Enziangewächs. 30–70 cm hohe Pflanze mit intensiv blauen, 35–50 mm großen Blüten. Die trichterförmig-glockigen Kronen sind innen hell und rötlichviolett gepunktet oder gestreift; der Glockenrand ist in 5 schmale, spitz zulaufende Zipfel gespalten, zwischen denen je ein stumpfer Zahn sitzt. Die Blüten sitzen auf sehr kurzen Stielen einzeln oder zu 2–3 in den Achseln der oberen Blätter. Blütezeit August–Oktober. Laubblätter lanzettlich, nach oben kleiner werdend, 3nervig, gekreuzt gegenständig, im Schatten oft auch 2zeilig. Die Pflanzen wachsen oft zu sehr vielblütigen, reich beblätterten Stauden heran. **V** Nur auf kalkhaltigen, nährstoffreichen und teilweise feuchten Böden. In Wäldern, im Ufergebüsch, auf Bergwiesen und Matten bis 2200 m. **B** Der Name leitet sich von der Blattform ab (wie Schwalbenwurz). Bestäuber sind Hummeln.

Alpenschneehuhn

Fotos oben

Lagopus mutus

M Etwas größer als ein Rebhuhn. Flügel, Bauch und die Fußbefiederung ganzjährig weiß. Im Sommerkleid ist die Oberseite beim ♂ schwarzbraun, beim ♀ mehr rotbraun; über den Augen bei beiden Geschlechtern ein roter Hautstreifen, der beim ♂ etwas deutlicher ausgeprägt ist. Die Schwanzaußenfedern sind bei beiden Geschlechtern schwarz. Im Winter sind die Vögel reinweiß, lediglich Schwanzaußenfedern und Augenstrich schwarz. **V** Auf steinigen Matten oberhalb der Baumgrenze. Im Herbst und Winter als Standvogel in tieferen Lagen. **L** Durchstreift sein Revier auf der Suche nach Flechten, Moosen, Knospen, Beeren und Samen, im Winter werden meistens auch Tannennadeln gefressen. Das ♂ ruft knarrend. **F** 1 Jahresbrut (Mai/Juni). Als Nest wird eine flach ausgescharrte Bodenmulde mit Grashalmen, Ästchen und Federn ausgelegt. 6–12 Eier, Brutzeit 22–24 Tage; die Jungen sind Nestflüchter, fliegen mit 10 Tagen und werden bis zum Herbst geführt.

▶ **Wasseramsel** → Feuchtgebiete S. 204

Ringdrossel

Foto Mitte

Turdus torquatus

M Ähnelt in Größe und Gestalt einer Amsel. ♂ schwarz mit breitem, halbmondförmigem, weißem Brustschild. Die Flanken sind etwas gräulich. Insgesamt fallen weißliche Federsäume auf. Das ♀ ist schwarzbraun, die Unterseite etwas heller; das Brustschild ist weniger kontrastreich. **V** Lebt in Knieholzbeständen, an Rändern und in Lichtungen von Nadelwäldern nahe der Baumgrenze. Verbreitungsraum meist nicht unter 1000 m. Teilzieher; überwintert in Süd- und Südosteuropa. **L** Fliegt sehr schnell, verschwindet bei Annäherung gern hinter Felsen. Frißt Insekten, Würmer, Beeren. Gesang aus wiederholten Rufen mit eingestreuten Gackerlauten. **F** 1 Jahresbrut (Mai/Juni). Nistet auf Nadelbäumen niedrig über dem Boden. 4–5 Eier, Brutdauer und Nestlingszeit je ca. 14 Tage.

▶ **Haubenmeise** → Wälder S. 70

Schneefink

Foto unten

Montifringilla nivalis

M Größer als Sperling; oben braun, unten rahmweiß, Kopf grau, Kehle schwarz. Flügel und Schwanzaußenfedern weiß, Schwanzmitte und Flügelspitzen schwarz. Schnabel im Frühling schwärzlich, im Winter gelb mit schwarzer Spitze. **V** Auf nackten Felskuppen über 1800 m; häufig in der Nähe von Gipfelstationen. Im Winter in tieferen Regionen. **L** Treibt sich gerne bei bewirtschafteten Hütten herum; frißt Samen und Insekten. Sitzt aufrecht mit zuckendem Schwanz. Der Gesang ist ein sich wiederholendes »sittitsche«. **F** 1–2 Jahresbruten (April–Juli). Umfangreiches, gut gepolstertes Nest in Felsspalten. 5–6 Eier, Brutdauer 13–14 Tage, Nestlingszeit ungefähr 21 Tage.

Tannenhäher
Foto oben

Nucifraga caryocatactes

M In der Größe vergleichbar mit dem Eichelhäher. Gefieder schoko-ladenbraun mit kräftig weißen Tropfenflecken. Schwanz kurz, schwarzbraun mit weißer Endbinde und weißen Unterschwanz-decken. Flügel schwärzlich, wirken im Flug sehr breit. Der Schnabel erreicht Kopflänge und ist schwärzlich. **V** Der Tannenhäher ist ein typischer Vogel des Nadelwaldes. Im Winter geht er allerdings auch gerne in tiefer liegende Laubwälder. Standvogel. **L** Der Flug ist dem des Eichelhähers sehr ähnlich. Außerhalb der Brutzeit sind oft kleine Trupps auf Nahrungssuche unterwegs. Frißt Arvennüsse, Ei-cheln, Bucheckern, aber auch Insekten und anderes Kleingetier. Legt Wintervorräte an, indem er Nüsse im Boden versteckt. Ruft »kror« oder wiederholend eichelhäherähnlich »rätsch«. **F** 1 Jahres-brut (März–Mai). Nest auf Nadelbäumen. In 17–21 Tagen werden 3–4 Junge erbrütet; Nestlingszeit 23–25 Tage.

Alpendohle
Foto Mitte

Pyrrhocorax graculus

M Kleiner als eine Krähe; Gefieder schwarz mit mattem Glanz. Der Schnabel ist leicht gebogen, gelb. Die Beine sind orangerot, bei Jungvögeln schwärzlich. **V** Typischer Vogel der hochalpinen Regi-on, kommt normalerweise nicht in die Täler. Kann meist in der Nähe von Geröllhalden und an überhängenden Felswänden beobachtet werden. Standvogel. **L** Perfekter Kunstflieger, der durch verschie-denste Flugmanöver beeindruckt, wobei er geschickt Aufwinde und Luftströmungen ausnützt. Allesfresser, nimmt auch gerne Abfälle an Hütten. Ruft selten; kennzeichnend ein klirrendes »bürrb« oder kur-ze »tschup«-Laute. **F** 1 Jahresbrut (April–Juni). Nistet oft gesellig in Felsspalten. In 18–20 Tagen werden 4–5 Junge erbrütet; Nestlings-zeit ungefähr 35 Tage.

Kolkrabe
Foto unten

Corvus corax

M Größter heimischer Sing- und Rabenvogel; wird so groß wie ein Mäusebussard. Gefieder insgesamt tiefschwarz mit gesträubten, zottigen Kehlfedern. Schnabel ebenfalls schwarz, wirkt sehr hoch und klobig. Im Flug fällt das keilförmige, leicht abgerundete Schwanzende auf. **V** Bevorzugt ausgedehnte Felsgebiete; in tiefe-rer Lage nur in großen, alten Waldbeständen. Standvogel. **L** Kolk-raben sind gute Flieger, segeln häufig und fallen während der Balz durch akrobatische Flugspiele auf. Allesfresser; nimmt Aas, schlägt aber auch Jungwild, verzehrt verschiedenes Kleingetier, Früchte und Samen. Stimme sehr tief; ruft wiederholend »prrak« oder hoch metallisch »tok«, daneben aber auch viele andere Lautäußerungen. Gefährdet. Die Art war fast ausgerottet, konnte aber durch intensive Schutzmaßnahmen überleben und breitet sich nun wieder aus. **F** 1 Jahresbrut (März–Mai). Das Nest wird auf hohen Bäumen oder an Felswänden angelegt. 4–6 Eier, Brutdauer 20–21 Tage, Nestlings-zeit ungefähr 45 Tage.

Murmeltier
Marmota marmota

Foto oben

M Größer als Kaninchen. Oben gelblich-graubraun mit hellen Haarspitzen, Flanken gelbgrau, unten rötlich-gelb. Kopfoberseite flach, Ohren klein und rund. Der buschige Schwanz endet in einer schwärzlichen Spitze. **V** Auf offenen und sonnigen Hängen in 800–2700 m Höhe. **L** Tagaktiv; immer in Kolonien lebend. Unterirdische Bauten mit bis 10 m langen Gängen und zentralem, mit Heu ausgepolstertem Kessel. Sonnt sich sehr gern in Baunähe. Bei Erregung wird ein pfeifender Schrei ausgestoßen. Frißt Gräser, Kräuter und Wurzeln. Hält Winterschlaf. **F** Paarungszeit April/Mai. Nach 34tägiger Tragzeit werden im einzigen Jahreswurf 2–6 blinde Junge geboren. Sie öffnen die Augen nach 23–28 Tagen, verlassen das Nest mit 40 Tagen und sind mit 2 Monaten selbständig.

Schneehase
Lepus timidus

Fotos Mitte

M Etwas kleiner als unser Feldhase; Kopf und Ohren kürzer. Sommerfell rötlichbraun bis braungrau, Ohrspitzen schwarz. Bauchseite weißgrau. Im Winter bis auf die schwärzlichen Ohrspitzen schneeweiß. Auffallend auch die stark behaarten Pfoten. **V** Lebt in der Krummholzzone im obersten Waldgürtel; in 1300–3400 m Höhe. Im Winter geht er bis 800 m hinunter. **L** Auf der Suche nach Gräsern, Kräutern, Knospen, Rinde und Früchten vorwiegend morgens und abends unterwegs. Zum Ausruhen wird eine Sasse an Baumwurzeln oder zwischen Felsen angelegt. Einzelgänger. **F** Jährlich (April–August) 2 Würfe mit je 1–5 Jungen; Tragzeit 48–51 Tage. Die Jungen sind bereits mit 2–3 Wochen selbständig. Kreuzungen mit Feldhasen sind möglich.

Gämse
Rupicapra rupicapra

Foto unten

M Die kräftigen, gedrungenen Tiere haben bei beiden Geschlechtern aufrechte, an der Spitze (beim ♂ stärker) nach hinten gekrümmte Hörner (Krickel). Im Sommerfell gelbbraun, unten heller rostgelb, auf dem Rücken ein schwarzer Aalstrich. Das gelbliche Gesicht kennzeichnen dunkle Binden von Ohr zu Mundwinkel. Das längere Winterfell ist schwarzbraun. Die Rückenhaare sind stark verlängert und aufrichtbar (»Gamsbart«). **V** Bewohnt die Waldzone, meist über 1500 m. Im Sommer auch über der Waldgrenze auf alpinen Matten anzutreffen. **L** Meist in kleineren Verbänden unterwegs, alte Böcke als Einzelgänger. Guter Springer und Kletterer im Fels. Bei Gefahr Pfiffe und Stampfen mit den Vorderbeinen. Frißt Gräser, Kräuter, Nadeln, Moose und Flechten. **F** Brunftzeit Oktober–Dezember. Nach 24–26wöchiger Tragzeit Geburt des Kitzes April–Juni. Die Jungtiere sind mit 6 Monaten selbständig.

Der Alpen-Steinbock, *Capra ibex*, ist v. a. durch sein bogenförmiges Gehörn gekennzeichnet, welches bei starken Böcken bis 1 m lang werden kann. In der Gestalt hausziegenähnlich; bewohnt v. a. die steilen Felsregionen über der Waldgrenze.

Fichte S. 20

Wacholder S. 84

Waldkiefer S. 20

Berberitze S. 84

Lärche S. 20

Hasel S. 22

Hainbuche S. 22

Rotbuche S. 22

Hängebirke S. 84

Traubeneiche S. 24

Schwarzerle S. 178

Feldulme S. 86

Eberesche S. 88

Himbeere S. 26

Mehlbeere S. 88

Brombeere S. 90

Eingriffeliger Weißdorn S. 88

Heckenrose S. 90

Schlehe S. 90

Bergahorn S. 24

Traubenkirsche S. 178

Spitzahorn S. 24

Roßkastanie S. 86

Feldahorn S. 86

Pfaffenhütchen S. 28

Roter Hartriegel S. 28

Faulbaum S. 26

Salweide S. 178

Kreuzdorn S. 26

Sommerlinde S. 30

Schwarzer Holunder S. 92

Rote Heckenkirsche S. 28

Gemeiner Schneeball S. 92

Esche S. 30

Wolliger Schneeball S. 92

Liguster S. 30

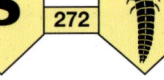

Laufkäfer

Foto oben

Familie *Carabidae;* Text Goldlaufkäfer S. 140

Die unterschiedlich, oft schwarz gefärbten Larven dieser Käfer-Familie haben typische Gestalt. Ihr gestreckter, abgeflachter, in der Mitte etwas verbreiterter Körper ist von einer harten Außenhaut umgeben. Im vorderen Bereich trägt er 3 Beinpaare, die mit doppelten Klauen bewehrt sind, am Hinterleib stehen kurze Anhänge. Am Kopf fallen die spitzen, gekrümmten Kiefer, die gegliederten Taster und die Punktaugen auf. Körperlänge bei den häufigen Arten bis 40 mm. Die sehr behenden Larven sind am Boden bei der Nahrungssuche zu beobachten. Mit ihren starken Kiefern ergreifen sie ihre Beute (Insektenlarven, Schnecken, Würmer) und saugen sie aus. Sie gehen überwiegend in der Dämmerung auf Jagd, tagsüber leben sie in Gängen, die sie in den Boden gegraben haben. Larvenentwicklung März–September; nach 2–3wöchiger Puppenruhe schlüpft der Käfer.

Maikäfer

Foto Mitte

Haupttext S. 52

Nach der Eiablage in den Boden vollzieht sich innerhalb von 3–4 Jahren die Entwicklung über Larve (Engerling) und Puppe zum Käfer. Der gedrungene, walzenförmige, bis 45 mm lange Körper des Engerlings ist hell cremefarben. Der braune, sklerotisierte Kopf (Kopfkapsel) trägt kräftige Kauladen; die 3 Beinpaare am Bruststück dienen der spärlichen Fortbewegung. Der weichhäutige, in typischer Manier gekrümmte Hinterleib ist am Ende blasig angeschwollen und daher glasig-durchscheinend. Der Engerling lebt während seiner ganzen Larvalentwicklung fast unbeweglich im Boden und ernährt sich von Pflanzenwurzeln, was bei massenhaftem Auftreten der Art zu bleibenden Schäden führen kann. Die Verpuppung erfolgt in einer Erdhöhle.

Siebenpunkt-Marienkäfer

Foto unten

Haupttext S. 142

Die Larven unserer »Glückskäfer-Arten« sind wie die Imagines (ausgewachsene Käfer) eifrige Blattlausvertilger und daher sehr nützlich. Ihre Entwicklungsdauer hängt vom Wetter und v. a. vom Angebot an Blattläusen ab: unter günstigsten Bedingungen entwickelt sich innerhalb von 20–35 Tagen aus dem Ei über Larve und Puppe der Käfer, so daß mehrere Generationen pro Jahr auftreten können. Das ♀ legt in der Nähe von Blattläusen die Eier ab, aus denen die länglich-ovalen, bis 15 mm langen, bunten Larven schlüpfen. Auf blauschwarzem Grund stehen orange und schwarze Flecken, Brust und Hinterleib tragen Warzen, auf denen Borstenbüschel sitzen. Die Brust ist mit 3 bewimperten Beinpaaren versehen, der recht kleine Kopf mit beißenden Mundwerkzeugen ausgestattet. Die erwachsene Larve heftet ihr Hinterende mit einem Sekret an Blätter oder andere Pflanzenteile und häutet sich zu einer gleichfalls bunten Puppe.

Schwalbenschwanz

Foto oben

Haupttext S. 144

Im Frühsommer legt das ♀ seine Eier an verschiedenen Doldenblütlern ab: Haarstrang, Engelswurz, Wilde Möhre, aber auch im Garten an Dill, Möhre, Fenchel, Kümmel. Nach dem Schlupf ist die kleine Raupe zunächst schwarz mit einem weißen Fleck, nach der 3. Häutung dann hellgrün mit schmalen schwarzen Querbändern, auf denen sich orangefarbene Punkte befinden. Sie kann bis 5 cm lang werden. Bei Beunruhigung schiebt sie hinter dem Kopf eine unangenehm riechende, fleischige, rote Gabel hervor, die zur Abwehr von Freßfeinden dient. Die Verpuppung erfolgt als Gürtelpuppe, d. h. sie ist in der Mitte mit einem Gürtelfaden und am Hinterleibsende mit einem kleinen Gespinstpolster verankert. Da 2 Raupengenerationen (Mai/Juni und August/September) gebildet werden, sind Sommerpuppen, die an grünen Pflanzen befestigt werden, meist grün, überwinternde Puppen braun oder grau gefärbt.

Großer Kohlweißling

Foto Mitte

Haupttext S. 144

Die blaugrüne, fein behaarte Raupe trägt gelbe Streifen und schwarze Punkte und wird bis 4 cm lang. Sie kann in 2–3 Generationen auftreten (Juni/Juli, August/September, Oktober). Das ♀ legt 200–300 Eier in kleinen Feldern an die Blätter von Raps, Kohl, Rüben, Kohlrüben und andere Kreuzblütler. Nach 4–10 Tagen schlüpfen die Raupen und beginnen sofort mit dem Fressen, wodurch an Feldpflanzen großer Schaden entstehen kann. Nach 3–4 Wochen häutet sich die Raupe zur grünlichen, schwarz gepunkteten Gürtelpuppe. Zur Verpuppung wird ein geschütztes Versteck an Zäunen, Mauern oder Baumstämmen aufgesucht. Raupe und Puppe werden häufig von parasitischen Schlupfwespen befallen, deren goldgelbe Puppenkokons an den abgestorbenen Raupen im Volksmund als »Raupeneier« bezeichnet werden.

Zitronenfalter

Foto unten

Haupttext S. 54

Im Frühjahr legt das ♀ die Eier einzeln an die Blattunterseiten von Faulbaum und Kreuzdorn ab und kittet sie mittels einer klebrigen Masse fest. Im Juni schlüpfen die kleinen, mattgrünen Raupen mit weißlichem Seitenstreifen. Zur besseren Tarnung gegen Freßfeinde (Vögel) drehen die Räupchen ihren Rücken immer dem Licht zu und können sich so nach dem Prinzip der Gegenschattierung (oberseits dunkel, unterseits hell) fast unsichtbar machen. Zuerst fressen die Raupen Löcher in die Blätter ihrer Wirtspflanze, später verzehren sie die Blätter vom Rand her. Nach 4–5 Wochen häuten sie sich, etwa 4 cm lang, zur grünen Gürtelpuppe mit spitzem Kopf. Die Falter schlüpfen nach etwa 2 Wochen.

Admiral

Foto oben

Haupttext S. 146

Die Raupe des Admirals ist ein ausgesprochener Einzelgänger. Das ♀ legt die Eier bereits einzeln an Brennesselblättern ab. Ist die junge Raupe geschlüpft, verbindet sie die Ränder des Blattes mit einem feinen Seidengespinst zu einer Röhre, in der sie sich geschützt zur Puppe weiterentwickeln kann. Die Färbung der Raupe reicht von grün, braun bis schwarz, doch stets trägt sie beiderseits je einen gelben Streifen und gelbe Dornen; Länge bis 3,5 cm. Es werden 2 Raupengenerationen gebildet (Juni/Juli, August/September). Die graue oder braune Puppe mit kleinen Goldflecken hängt kopfunter (Stürzpuppe) in einem Schutzgespinst innerhalb der Brennessel-blatt-Tüte. Der Falter schlüpft nach 2–3 Wochen.

Distelfalter

Foto Mitte

Haupttext S. 146

Je nach Witterung und Zuwanderung aus dem Süden treten auch bei dieser Falterart 2 Generationen von Raupen auf (Juni/Juli, August/September). Die Eier werden vom ♀ an Disteln, Brennesseln, Klette, Malven, Karden, Huflattich abgelegt. Die schwärzliche bis graugrüne, hell gefleckte Raupe ist mit gelblichen Dornen besetzt und unterhalb des gelben Seitenstreifens rötlichbraun; Länge bis 3,5 cm. Auch sie spinnt zu ihrem Schutz die Blattränder ihrer Wirtspflanze mit einem feinen Gespinst zusammen und entwickelt sich dort zu einer grauen oder grünen Stürzpuppe mit goldenen Flecken. Der Falter schlüpft nach etwa 2 Wochen.

Kleiner Fuchs

Foto unten

Haupttext S. 148

Im Gegensatz zum oben beschriebenen Admiral leben die Raupen dieser Art sehr gesellig. Das ♀ legt 50–100 Eier an die Unterseite von Brennesselblättern an sonnigen Standorten; die geschlüpften Räupchen bilden ein gemeinsames Gespinst. Die schwärzliche Raupe trägt beiderseits einen doppelten gelben Streifen und ist mit zahlreichen verzweigten Dornen besetzt. Diese sehen zwar furchterregend aus, sind jedoch völlig harmlos und dienen lediglich der Abwehr von Freßfeinden. Allerdings können sie nicht den Befall von Schlupfwespen oder Raupenfliegen verhindern, die im Innern der Schmetterlingsraupen parasitieren. Es treten 2 Generationen auf (Mai/Juni, Juli/August). Nach der letzten Häutung verlassen die Raupen das gemeinsame Gespinst, leben einzeln und suchen dann, 4 cm lang, geeignete Pflanzenstengel, Mauerspalten oder Vorsprünge auf, an denen sie sich verpuppen können. Die Farbe der Stürzpuppe, die kopfunter mit einem kleinen Gespinst am Hinterleibsende befestigt ist, wird der Umgebung angepaßt und reicht von gelbgrün bis graubraun. Die Falter schlüpfen nach 2 Wochen.

Tagpfauenauge

Foto oben

Haupttext S. 146

Die schwarze, fein weiß punktierte Raupe mit langen schwarzen Rücken- und Seitendornen und gelblichen Bauchbeinen wird bis 5 cm lang und erscheint in 2 Generationen (Mai/Juni, Juli/August). Bis zu 150 Eier werden in Haufen an die Unterseite von Brennessel-blättern abgelegt. Während ihrer Entwicklung bleiben die Räupchen dicht zusammen in einem Gespinst und fressen gemeinsam die Blätter bis auf die Rippen ab, wechseln dann zum nächsten Blatt; ist die ganze Pflanze abgefressen, suchen sie die nächste auf, fertigen wieder ein Gespinst an usw. Erst nach der letzten Häutung leben sie einzeln und verpuppen sich dann. Die graugrüne Stürzpuppe ist metallisch gefleckt und hängt an Pflanzenstengeln. 2–3 Wochen nach der Verpuppung schlüpfen die Falter.

Landkärtchen

Foto Mitte

Haupttext S. 54

An die Blattunterseiten von Brennesseln an schattigen Standorten legen die ♀ ihre tönnchenförmigen Eier. Diese werden zu je 6–15 zu Türmchen gestapelt, die von der Mittelrippe nach unten hängen. Schon nach wenigen Tagen schlüpfen die winzigen bräunlichen Räupchen, kriechen den Turm entlang zum Blatt und beginnen gemeinsam zu fressen. Sie werden bald schwarz und tragen nach der 1. Häutung zahlreiche verzweigte Dornen, davon auch 1 Paar auf dem Kopf. Gegen Ende ihrer Entwicklungszeit löst sich ihre Gemeinschaft auf und sie häuten sich, 2 cm lang, kopfunter an Stengeln aufgehängt zur braunen, metallisch gefleckten Stürzpuppe. Die Puppen für die 1. Generation sind im September fertig und überwintern, die für die 2. Generation findet man im Juni/Juli.

Kaisermantel

Foto unten

Haupttext S. 54

Im September legen die ♀ dieser Art ihre Eier in Rindenspalten oder am Boden ab, stets in der Nähe von Veilchen. Die Raupen schlüpfen und überwintern sehr klein bzw. als fertig entwickelte Räupchen noch innerhalb der Eischale. Im Frühjahr suchen sie ihre Futterpflanze (Veilchen) auf und entwickeln sich schnell zur schwarzbraunen Raupe, auf deren Rücken ein breites, gelbes Band verläuft, das von vielen feinen Strichen unterteilt wird. Charakteristisch sind die langen, verzweigten, schwarzgelben Dornen, insbesondere die beiden langen Kopfdornen. Etwa 6–7 Wochen fressen die Raupen an Veilchenblättern, bis sie sich, 4 cm lang, in die graubraune Stürzpuppe verwandeln, deren kegelförmige, silbrige Spitzen vor dem Ausschlüpfen des Falters (nach 2–3 Wochen) golden werden.

Wolfsmilchschwärmer

Foto oben

Haupttext S. 152

Die bis 8 cm langen Raupen dieser Art kommen bei uns meist in 2 Generationen vor (Juli/August, September/Oktober). Die schlüpfenden Räupchen sind erst schwarz und werden nach der 1. Häutung lebhaft bunt: auf dunkelgrünem Körper tragen sie einen roten Rückenstreifen und viele gelbe Seitenflecken. Der Kopf und die Beine sind rot; das Horn am Hinterleib ist rot-schwarz. Tagsüber kann man sie an ihrer Futterpflanze, der Zypressenwolfsmilch (Name!) beobachten. Die Raupen lagern giftige Stoffe der Futterpflanze in ihrem Körper ein; die bunte Färbung stellt daher eine Warnung vor ihrer Ungenießbarkeit dar. Solche farblichen Warntrachten findet man bei Schmetterlingen recht häufig. Die Verpuppung erfolgt in einem leichtem Gespinst in der obersten Bodenschicht. Herbstpuppen überwintern.

Mittlerer Weinschwärmer

Foto Mitte

Haupttext S. 152

Wie die Falter sind auch die bis 8 cm langen Raupen dämmerungs- und nachtaktiv. Sie leben (Juli–September) an Labkraut, Weidenröschen, Echtem und Wildem Wein sowie Fuchsien und können große Mengen an Pflanzen vertilgen. In den frühen Morgenstunden lassen sie sich von den Futterpflanzen herab, um ein sicheres Bodenversteck zu suchen. Die Farbe der Raupe variiert von grün über braun bis schwärzlich; das verdickte Vorderteil trägt eine kleine, runde Kopfkapsel. Auffällig sind die 4 schwarzberingten, großen Augenflecke an den Seiten des Vorderkörpers; der Hinterkörper trägt ein gekrümmtes, runzeliges, dunkles Horn. Bei Gefahr zieht die Raupe den kleinen runden Kopf in das Bruststück zurück, das zusammen mit dem Vorderkörper anschwillt, mit den auffallenden Augenflecken den Eindruck eines Schlangenkopfes erweckt (Mimikry) und auf diese Weise abschreckend wirkt. Zur Verpuppung legt die Raupe ein Gespinst zwischen Laub oder Moos dicht über dem Boden an, in dem die glatte, braune Puppe überwintert.

Brauner Bär

Foto unten

Haupttext S. 56

Bärenspinner verdanken ihren Namen den rotbraun oder schwarz behaarten, bis 6 cm langen Raupen. Das ♀ legt seine Eier im Juli an alle möglichen niedrigen Pflanzen, aber auch an Blätter von Laubbäumen. Die Raupe schlüpft im August und überwintert klein. Ihr Körper ist wie die runde Kopfkapsel bräunlich, die dichten Haarborsten sitzen auf knopfartigen Warzen, die den ganzen Körper bedecken. Sie ist recht häufig zu beobachten, wenn sie über einen Weg läuft. Bei Gefahr rollt sie sich zusammen und stellt sich tot. Zur Verpuppung spinnt sie sich zwischen Stengeln in Bodennähe oder in einer Bodenvertiefung einen Kokon, in dem sie überwintert.

Austernfischer
Foto oben

Haupttext S. 232

Der Austernfischer brütet häufig in lockeren Kolonien an offenen Standorten unserer Meeresküsten. Der Nistplatz liegt oft leicht erhöht in Dünen, Wiesen, auf Kies, Geröll oder zwischen Felsen. Die flache Nestmulde ist ungepolstert oder wird mit Pflanzenteilen, Muschelschalen oder Kaninchenlosung ausgelegt. Die 3 ovalen, hühnereigroßen Eier (56×40 mm) sind glatt, glänzend sand- bis lehmfarben und mit schwarzbraunen Flecken und Kritzeln besetzt, die sich oft zum stumpfen Pol hin konzentrieren. Beide Eltern brüten meist vom letzten Ei an 24–27 Tage. Gemeinsam führen sie auch die jungen Nestflüchter, die 1–2 Tage im Nest bleiben und dort Futter erhalten. Danach folgen sie den Eltern, nehmen selbständig Nahrung auf, werden jedoch gelegentlich noch gefüttert. Sie sind mit 32–35 Tagen selbständig und können bereits sehr früh schwimmen. Bei Gefahr kauern sie sich reglos nieder.

Silbermöwe
Foto Mitte

Haupttext S. 230

Die Silbermöwe brütet in Kolonien auf Klippen, Schotterbänken, in Sanddünen, meist sehr nah an der Küste, gelegentlich auch am Rand von Binnengewässern, manchmal auch auf Dächern küstennaher Gebäude. Ihr Nest besteht aus einem großen Haufen Tang, Gras und anderer Pflanzen, der in einer Vertiefung aufgeschichtet wird. Die 2–3 glanzlosen, leicht gekörnten Eier (70×49 mm) sind sehr unterschiedlich gefärbt: sandfarben, grünlich, weißblau bis kräftig rostbraun. Meist sind sie schwarzbraun oder dunkeloliv gefleckt, gepunktet und bekleckst, seltener unregelmäßig bekritzelt. Bei einem Legeintervall von 2 oder 3 Tagen brütet das ♀ allein 26–32 Tage, und zwar vom 1. Ei an. Die Jungen werden von beiden Eltern 35–49 Tage betreut und sind mit 8–9 Wochen flugfähig.

Küstenseeschwalbe
Foto unten

Haupttext S. 232

Die Küstenseeschwalbe brütet meist in Kolonien auf Sand- und Kiesbänken oder kleinen Felseninseln vor der Küste, auch zusammen mit anderen Meeresvögeln. Das ♀ dreht am Boden eine flache Mulde, die es manchmal mit Pflanzenstückchen oder Muschelscherben sparsam auskleidet. Häufig werden die 2–3 ovalen, glanzlosen Eier (41×30 mm) jedoch direkt auf den Boden gelegt. Die sehr variable Grundfarbe der Eier reicht von hellblau oder -grau, grünlichgelb, sand- oder lehmfarben bis dunkelbraun. Die schwarze oder rötlichbraune Fleckung häuft sich gelegentlich zum stumpfen Pol hin. Beide Eltern brüten 20–22 Tage und versorgen gemeinsam die Jungen, die bereits mit 2 Tagen schwimmfähig und im Alter von 20–28 Tagen flugfähig sind.

Höckerschwan

Foto oben

Haupttext S. 198

Der Höckerschwan brütet an Binnengewässern aller Art, jedoch auch an Brackwasser. Das Nest wird im Flachwasser, auf einer kleinen Insel oder gut versteckt im Röhricht nahe dem Wasser errichtet. Meist beginnt das ♂ aus Schilfhalmen und anderen Wasserpflanzen einen großen (90–120 cm ∅), nach oben verjüngten Haufen zusammenzutragen, dessen Nestmulde das ♀ mit feineren Pflanzenteilen und auch Daunen auslegt. Die 5–8 ovalen bis elliptischen Eier (114×74 mm) sind anfangs glatt, später leicht glänzend und schwach gekörnt. Sie sind überwiegend hell blaugrau oder graugrün, seltener weiß gefärbt. Das ♀ legt alle 2 Tage ein Ei, beginnt mit dem letzten Ei zu brüten und wird während der 35–41 Tage Brutdauer nur selten vom ♂ abgelöst. Die Jungen bleiben 1–2 Tage auf dem Nest und folgen dann den Eltern; mit 4 Wochen selbständig.

Stockente

Foto Mitte

Haupttext S. 200

Die Stockente brütet in der Nähe verschiedenster Binnengewässer. Das ♀ baut das Nest am Boden, gut in der hohen Vegetation versteckt, gerne auf kleinen Inseln, aber auch in Baumhöhlen, Astgabeln oder auf Gebäuden. Die Nestmulde wird mit Blättern, Gras und braunen Nestdunen mit hellem Zentrum ausgepolstert. Die 7–11 ovalen, glatten, wachsartig schimmernden Eier (58×41 mm) sind blaßgrün, blaugrün, rahmfarben mit grünlicher Schattierung bis braungrün oder fast blau gefärbt. Das ♀ beginnt mit der Brut nach Ablage des letzten Eies. Brutdauer 25–30 Tage. Nach dem Schlüpfen führt das ♀ die Jungen bald ans Wasser und versorgt sie, bis sie mit 7–8 Wochen flügge sind.

Bläßhuhn

Foto unten

Haupttext S. 202

Das Bläßhuhn brütet an vegetationsreichen Binnengewässern. Es versteckt sein umfangreiches Napfnest aus toten Halmen und Blättern der Ufervegetation meist am Boden zwischen Uferpflanzen, am oder im Wasser. Das ♂ trägt überwiegend Nistmaterial herbei und das ♀ verarbeitet dieses zu einem recht hohen Bau. Häufig führt ein Schilfsteg vom Wasser zum Nestrand. Die 5–10 ovalen bis langovalen, glatten Eier (53–36 mm) sind schwach glänzend gelbbraun und gleichmäßig dunkelbraun und schwarz gefleckt. Die Eiablage erfolgt täglich und beide Eltern brüten dann ab dem 1. Ei oder später 23–25 Tage. Die jungen Nestflüchter schlüpfen während mehrerer Tage. Sie werden von ♀ und ♂ betreut, suchen mit 1 Monat allein Nahrung und sind mit 8 Wochen selbständig.

Feldlerche
Haupttext S. 162

Foto oben

Auf freien, baumlosen Ödländern, Wiesen, Getreide- und Kleefeldern sowie Mooren brütet die Feldlerche. Das kunstlose Bodennest wird oft frei, höchstens in einer leichten Senke angelegt, später durch heranwachsendes Gras oder Getreide nach und nach versteckt. Das ♀ scheint alleine den Grasnapf anzufertigen und mit feinen Halmen und Haaren auszulegen. Die 3–5 spindelförmigen, glatten, mäßig glänzenden Eier (23–17 mm) sind schmutzigweiß, bräunlich oder grünlich getönt und gleichmäßig kräftig braun oder oliv gesprenkelt. Nur das ♀ brütet 10–14 Tage, die Jungen werden von beiden Eltern gefüttert. Sie verlassen, noch flugunfähig, mit 9–10 Tagen das Nest und drücken sich bei Gefahr tief in die Vegetation. Nach 20 Tagen sind sie voll flugfähig.

Baumpieper
Haupttext S. 64

Foto Mitte

Das Baumpieper-♀ baut sein Bodennest an Waldrändern, auf baum- und buschbestandenen Wiesen, Lichtungen, Heiden und in Obstgärten. Das große Napfnest aus trockenen Halmen, Blattstückchen und Moos wird mit feinen Gräsern, Fasern und Haaren ausgekleidet und liegt gut im Bodenbewuchs versteckt. Die 5–6 ovalen, glatt glänzenden Eier (20×15 mm) sind sehr variabel gefärbt: blau, grau, grün, rosa, braun, darüber dunkel oliv, braun oder schwarz gekleckst, gefleckt. Die Flecken sind über die ganze Schale verteilt oder am stumpfen Pol konzentriert. Das ♀ brütet allein 12–14 Tage; die Jungen werden von beiden Eltern betreut, bis sie nach 12–13 Tagen das Nest verlassen.

Goldammer
Haupttext S. 168

Foto unten

Das Bodennest der Goldammer steht meist tief in oder unter Hecken, Büschen, Bäumen (auch Nadelbäumen), gut in der Gras- und Krautschicht versteckt. Das ♀ baut sehr sorgsam einen Napf aus Gräsern, Stengeln, Wurzeln, Moos und polstert ihn innen mit feinen Hälmchen und Haaren aus. Die 3–5 ovalen bis kurzovalen, glatten, leicht glänzenden Eier (22×16 mm) sind weißblau oder grau mit dunkel rötlich-braunen oder schwarzen Haarlinien und Kritzeln, die sich oft am stumpfen Pol häufen. Das ♀ beginnt nach Ablage des letzten Eies zu brüten und wird während der 12–14 Tage Brutdauer nur selten vom ♂ abgelöst. Die Jungen werden von beiden Eltern betreut, verlassen mit 12–14 Tagen das Nest und sind mit etwa 16 Tagen flugfähig.

Heckenbraunelle

Foto oben

Haupttext S. 64

Die Heckenbraunelle brütet in unterholzreichen Misch- und Nadelwäldern, an Waldrändern, in Parks, Gärten, im dichten Gebüsch
und sehr gerne in Fichtenschonungen und Thuja-Hecken. ♀ und ♂
bauen ihr gut verborgenes, kleines Napfnest aus Zweigen, Halmen,
Blättern und Moos meist in Bodennähe oder höchstens 2–3 m
hoch. Das ♀ polstert die Nestmulde mit feinerem Moos, Haaren,
Wolle und manchmal auch Federn aus. Die 4–5 ovalen, glatten Eier
(19×15 mm) sind glänzend hellblau bis türkisfarben. Das ♀ brütet
allein 12–14 Tage, die Jungen werden von beiden Eltern versorgt
und verlassen nach weiteren 12–14 Tagen das Nest.

Teichrohrsänger

Foto Mitte

Haupttext S. 204

Am liebsten brütet der Teichrohrsänger in reinen Schilfbeständen
am oder über dem Wasser; gelegentlich ist er aber auch im Gebüsch in Wassernähe anzutreffen. Das tiefe, zylinderförmige Körb-
chennest aus Gras-, Seggen- und blühenden Schilfhalmen wird in
etwa 60 cm Höhe um aufrechte, wachsende Halme geflochten. Das
♀ kleidet die Nestmulde mit feinen Fasern, Pflanzenwolle, Haaren,
Federn und Spinnweben aus. Teichrohrsänger nisten gerne in
lockeren Kolonien. Die 3–5 ovalen, glatt glänzenden, blaßgrünen
Eier (18×14 mm) sind v. a. am stumpfen Pol deutlich grün, oliv oder
grau gefleckt. Beide Partner brüten 11–12 Tage und füttern die Jungen 11–13 Tage im Nest. Teichrohrsänger sind oft Kuckuckswirte.

Mönchsgrasmücke

Foto unten

Haupttext S. 68

Die Mönchsgrasmücke baut ihr Nest gerne in dichtem Gebüsch, in
Schonungen oder im Unterholz unserer Wälder, meist niedriger als
1 m; beliebt sind gegabelte Äste oder Stockausschläge älterer Bäume. Ende April beginnt das ♂ mit dem Bau mehrerer Nester (Spielnester), von denen das ♀ eines fertig baut. Der lockere Napf besteht
aus trockenem Gras, Wurzeln, Moos, Wolle und Daunen, der Rand
wird mit stützenden Halmen verflochten. Die Nestmulde ist mit feinen Halmen und Haaren ausgepolstert. Die 4–6 ovalen, glatt glänzenden Eier (19×15 mm) sind weiß bis bräunlich gefärbt, oliv oder
rosa überflogen und olivbraun bis purpurrot gefleckt. Beide Eltern
brüten 10–15 Tage und beginnen damit nach Ablage des 2. oder
3. Eies. Beide füttern auch die Jungen, bis diese nach 10–14 Tagen
das Nest verlassen.

Amsel
Haupttext S. 66

Foto oben

Als ursprünglicher Waldvogel brütet die Amsel gern in Astgabeln von Bäumen und Büschen, ist aber sonst hinsichtlich des Nistplatzes nicht sehr wählerisch. Amselnester findet man bis in Höhen von 10 m in Kletterpflanzen, unter Dächern, auf Simsen, Balkonen, in Baumspalten oder Mauerlöchern. Das ♀ baut einen großen, festen Napf aus Stengeln, dünnen Zweigen, Wurzeln, Gras und dürrem Laub und streicht die Nestmulde dick mit einer von Pflanzenteilchen durchmischten Lehmschicht aus. Darüber kommt wieder eine Schicht aus altem Laub, Halmen und Blüten. Die 4–7 spindelförmigen, glatten Eier (30–22 mm) sind glänzend bläulich-grün mit dichter brauner Sprenkelung. Das ♀ legt täglich 1 Ei und brütet überwiegend allein 13–14 Tage. Beide Eltern füttern die Jungen, die nach 13–14 Tagen das Nest verlassen, jedoch noch 3 Wochen danach von den Eltern gefüttert werden.

Singdrossel
Haupttext S. 66

Foto Mitte

Die Singdrossel brütet in Wäldern, Parks, Hecken und gebüschreichen Gärten. Sie verbirgt ihr wohlgeformtes Napfnest in 1,5–4 m Höhe, meist in Stammnähe. Nur das ♀ baut das Nest aus Gräsern, altem Laub, Halmen, Wurzeln, Moos und Flechten und streicht die halbkugelige Nestmulde sorgsam mit Lehm oder feuchtem Holzmulm, die zuvor mit Speichel vermischt werden, glatt aus. Die 4–6 ovalen, schwach glänzenden Eier (27×20 mm) sind intensiv hellblau gefärbt und nur spärlich schwarzbraun gefleckt. Das ♀ legt täglich 1 Ei und beginnt meist mit dem letzten Ei zu brüten. Brutdauer 14 Tage. Die Jungen werden von beiden Eltern gefüttert, bis sie mit 12–16 Tagen ausfliegen.

Buchfink
Haupttext S. 72

Foto unten

Der zierliche Moosnapf des Buchfinken liegt meist in 2–10 m Höhe in der Astgabel eines Baumes oder Busches. Man findet ihn in Wäldern, Parks, Gärten, Hecken, Gebüschen und Dickichten. Nur das ♀ baut das kugelige, oben abgeflachte Nest aus Grashalmen, Wurzeln, Moos, Flechten sowie Federn und polstert die Nestmulde innen mit feinen Tierhaaren, Federn und Gespinsten. Die Außenseite wird geschickt mit Flechten, Rindenstückchen und Spinnweben getarnt. Die 4–6 ovalen, glatten Eier (19×15 mm) sind glänzend hellblau und meistens dicht rosa-bräunlich gefleckt. Eiablage täglich; das ♀ brütet allein 12–13 Tage, beginnend mit dem letzten Ei. Die Jungen werden 12–15 Tage von beiden Eltern gefüttert und verlassen dann das Nest.

Grünfink

Foto oben

Haupttext S. 72

Im Gegensatz zum vorgenannten, streng territorialen Buchfink, brütet der Grünfink gern gesellig. Sein recht umfangreiches Napfnest liegt meist in 2–4 m Höhe, in einer Astgabel oder an den Stamm eines Baumes oder Busches gelehnt. Der lockere Napf wird aus Grashalmen, Stengeln und Moos recht kunstlos zusammengefügt, die Nestmulde mit Wurzeln, Haaren und zuweilen auch Federn ausgekleidet. Die 4–6 ovalen, glatten und matt glänzenden Eier (20×15 mm) sind auf weißlich-blauem Grund fein bräunlich und schwärzlich gefleckt. Nur das ♀ brütet 12–15 Tage und beginnt damit bereits meist vor Ablage des letzten Eies. Die Jungen werden von beiden Eltern versorgt; sie verlassen das Nest noch vor der vollen Flugfähigkeit mit 14–17 Tagen. Beginnt das ♀ erneut zu nisten, kümmert sich das ♂ allein um die fast flüggen Jungen.

Hänfling

Foto Mitte

Haupttext S. 168

Der Hänfling bevorzugt offenes, buschreiches Gelände, Hecken, Gärten und baut sein umfangreiches Napfnest in Büsche, seltener in die hohe Krautschicht. Oft nisten mehrere Paare in benachbarten Büschen. Das ♀ baut den Napf aus Gras, Stengeln und Moos und polstert ihn mit Haaren, Wolle, zuweilen auch mit Federn oder Daunen. Die 4–6 spindelförmigen, glatten Eier (18×13 mm) sind auf hellblauem oder -grünem Grund fein rosa-violett gefleckt, punktiert oder bekritzelt. Die Zeichnung konzentriert sich überwiegend am stumpfen Pol. Nach täglicher Eiablage brütet meist nur das ♀ 12–14 Tage. Während der 12–14 Tage Nestlingszeit werden die Jungen zunächst vom ♀ gehudert und vom ♂ gefüttert; später füttern beide Eltern.

Gimpel, Dompfaff

Foto unten

Haupttext S. 74

Der Gimpel brütet in Wäldern mit dichtem Unterwuchs, an Waldrändern, in Gebüsch, Hecken und Gärten. Sein Nest steht meist gut versteckt in dichtem Gebüsch, in jungen Nadelbäumen oder Thuja-Hecken, nahe am Stamm. Es wird allein vom ♀ aus Reisern, Moos und Flechten gebaut und innen mit feinen Hälmchen, Würzelchen und Haaren ausgekleidet. Die 4–6 ovalen, glatten, glänzend hellblauen Eier (20×15 mm) sind v. a. um den stumpfen Pol mit braunen, schwarzen und violetten Kritzeln und Klecksen besetzt. Die Eiablage erfolgt täglich, das ♀ brütet allein 12–14 Tage. Während der ersten 6 Tage hudert das ♀ die Jungen, das ♂ füttert sie; später füttern beide Eltern. Nach 14–18 Tagen fliegen die Jungen aus.

Kohlmeise
Haupttext S. 70

Foto oben

Die Kohlmeise brütet in allen möglichen Baumhöhlen der Wälder, Parks, Feldgehölze, Hecken und Gärten, jedoch auch in Mauerlöchern, Rohren, Nistkästen (Einflugloch 32–34 mm Ø). Sie benutzt auch leere Eichhörnchenkobel oder errichtet ihr Nest im Reisig großer, alter Vogelhorste. Das ♀ baut allein den Napf aus Wurzeln, Gras, Moos, Flechten sowie Spinnweben und legt die Mulde mit Haaren und Wolle aus. Die 6–12 ovalen, glatten, schwach glänzenden, weißen Eier (18×13 mm) sind mit rötlichen Punkten oder Flecken besetzt. Das ♀ brütet nach Ablage des letzten Eies 10–14 Tage; vor Brutbeginn können bereits gelegte Eier mit Material der Nesteinlage abgedeckt werden. Die Jungen werden von beiden Eltern gefüttert, verlassen nach 15–22 Tagen das Nest und sind mit 2–4 Wochen selbständig.

Blaumeise
Haupttext S. 70

Foto Mitte

Wie die Kohlmeise bezieht auch die Blaumeise zur Brut gerne Höhlungen in Bäumen und Mauern sowie Nistkästen (Einflugloch nicht mehr als 26–28 mm Ø, um die größere Kohlmeise fernzuhalten!). Nur das ♀ baut ein Napfnest aus dürrem Gras, Laub, Moos, Wolle, Gespinsten und polstert es mit Haaren, Federn und Daunen aus. Die 7–13 ovalen, mattglänzenden, milchweißen Eier (16×12 mm) sind mit rötlichen Punkten und Klecksen gezeichnet, die sich häufig um den stumpfen Pol konzentrieren. Das ♀ brütet allein 12–16 Tage, beginnt oft schon vor der Ablage der letzten 2–3 Eier. Das Gelege wird bis dahin mit Nistmaterial abgedeckt. Beide Eltern füttern die Jungen, die nach 15–20 Tagen das Nest verlassen.

Star
Haupttext S. 74

Foto unten

Überall, wo er geeignete Nistmöglichkeiten findet, ist der Star als Brutvogel anzutreffen. Er nistet in natürlichen Baumhöhlen, alten Spechthöhlen, Mauerlöchern, unter Vorsprüngen und Dächern sowie gern in Nistkästen. Als ausgesprochen geselliger Vogel brütet er auch in Kolonien. Das ♂ baut eine recht unordentliche Nestunterlage aus Stengeln, Laub und Stroh. Nach der Verpaarung kleidet das ♀ die Mulde mit Wolle, Moos und Federn aus. Die 4–6 ovalen, glatten, glanzlosen oder matt glänzenden Eier (30×21 mm) sind hellblau oder hell grünblau. Sie werden von beiden Eltern 13–15 Tage, nach Ablage des letzten Eies, bebrütet. 18–22 Tage lang füttern beide Eltern die Jungen, die ihnen auch nach dem Ausfliegen noch einige Zeit bettelnd folgen.

Rauchschwalbe

Foto oben

Haupttext S. 162

Als ausgesprochener Kulturfolger brütet die Rauchschwalbe fast ausnahmslos im Innern von Ställen, Scheunen oder Dielen, ursprünglich war sie wohl eher in Höhlen zuhause. Das Nest wird von ♀ und ♂ gebaut und ist eine oben offene Viertelkugel aus mit Speichel verklebtem und von Pflanzenteilchen sowie Federchen durchsetztem Lehm. Dieser Napf wird in Deckennähe an Wänden, häufig auf einem Balken oder Vorsprung als Unterlage befestigt. Die sehr stabilen Nester können mehrere Jahre benutzt werden. Das Nestinnere wird dürftig mit Federn ausgekleidet. Die 4–6 langovalen Eier (20×13 mm) sind glatt, glänzend weiß mit rötlich-violetter Punktierung. Überwiegend das ♀ brütet 14–16 Tage. Die Jungen werden 20–24 Tage von beiden Eltern versorgt und kehren nach dem Ausfliegen anfangs zum Übernachten ins Nest zurück. Sie können von den Eltern in der Luft gefüttert werden.

Bachstelze

Foto Mitte

Haupttext S. 164

Die Bachstelze brütet gerne in Wassernähe in Höhlen, Halbhöhlen oder Löchern vom Boden an aufwärts. Sie geht auch in alte Mehlschwalbennester. Das ♀ trägt einen wirren Haufen Wurzeln, Zweige, Stroh, Blätter und Moos zusammen und kleidet die halbkugelige Nestmulde mit Federn, Wolle und Haaren aus. Die 5–6 ovalen, glatten, glänzend weißgrauen bis bläulichen Eier (20×17 mm) sind gleichmäßig dicht graubraun gepunktet. Das ♀ brütet 12–14 Tage; die Jungen werden von beiden Eltern versorgt und fliegen nach 13–16 Tagen aus.

Hausrotschwanz

Foto unten

Haupttext S. 164

Als ursprünglicher Felsenbewohner nistet der Hausrotschwanz bei uns in Mauerlöchern, unter Dachvorsprüngen oder -ziegeln, sowie in Halbhöhlen-Nistkästen; gelegentlich sogar im Innern großer Hallen oder Kirchen. Das ♀ baut ein lockeres Nest aus trockenen Zweigen, Wurzeln, Gräsern, Pflanzenfasern und Moos und polstert es innen mit Federn, Haaren und Wolle aus. Die 4–6 ovalen, glatten Eier (19×15 mm) sind glänzend weiß. Das ♀ brütet 12–14 Tage; beide Eltern füttern die Jungen, die nach 12–17 Tagen, oft schon vor Erreichen der vollen Flugfähigkeit, das Nest verlassen.

Reh

Haupttext S. 80

Die Trittsiegel sind länglich-herzförmig, 4–5 cm lang und 3 cm breit; Schalen schmal, spitz, bei älteren Tieren vorne abgerundet. Am häufigsten geht das Reh mit etwas nach außen gestellten Trittsiegeln, wobei der Hinterfuß in den Abdruck des Vorderfußes tritt; Schrittlänge 60–90 cm. Im schnellen Trab bilden die Spuren eine gerade Linie. Bei der typischen Fluchtfährte ist die Spreizung der Vorderhufe stark; Sprungweite 2–4(–7) m.

Wildschwein

Haupttext S. 80

Das Trittsiegel zeigt deutlich seitlich die Afterklaue; die Schalen der Jungtiere sind zugespitzt, die erwachsener Tiere abgerundet. Länge (3–9 cm) und Breite (3–7 cm) variieren mit dem Alter. Beim Gang ist der Hinterfuß in den Vorderfußabdruck gesetzt, nur die Afterklaue leicht nach hinten verschoben. Bei Sprung und Galopp drücken sich alle 4 gespreizten Hufe deutlich ab. Schrittlänge 35–45 cm.

Steinmarder

Haupttext S. 176

Im Trittsiegel zeichnen sich alle Ballen und die Krallen deutlich ab. Länge vorne 3,5, hinten 4 cm, Breite jeweils 3 cm. Häufigste Fortbewegungsart ist der Zweisprung, bei dem die Hinterpfoten genau in die Abdrücke der schräg nebeneinanderstehenden Vorderpfoten gesetzt werden; Schrittlänge 40–60 cm. Flüchtende Steinmarder hinterlassen meist einen Abdruck aller 4 Pfoten; Schrittlänge 1 m. Beim Baummarder sind wegen der starken Pfotenbehaarung die Ränder der Abdrücke verwischt und die Ballenabdrücke kaum zu erkennen. Bei ihm ist der Dreisprung häufiger: nur 1 Hinterfuß wird in die Vorderfußabdrücke gesetzt, der andere daneben.

Dachs

Haupttext S. 78

Sohlengänger mit typischer leichter Innenwendung der breiten Trittsiegel. Besonders die sehr langen Krallen hinterlassen tiefe Eindrücke. Häufigste Bewegungsart ist der langsame Gang, hierbei setzt er die Hinterpfoten etwas nach hinten versetzt in die Vorderfußabdrücke. Schrittlänge 30–50, im Trab 70–80 cm.

Rotfuchs

Haupttext S. 78

Zehengänger mit langen, schmalen, spitzen Krallen. Trittsiegel 5 cm lang und 4–4,5 cm breit. Trabt meist (Schrittlänge 65– 80 cm), setzt dabei die Hinterpfoten in die schräg versetzt stehenden Vorderfußspuren (Paarspur). Im schnellen Trab liegen die Abdrücke der rechten und linken Füße auf einer Linie (Schnüren); flüchtende Füchse hinterlassen verschiedene Spuren.

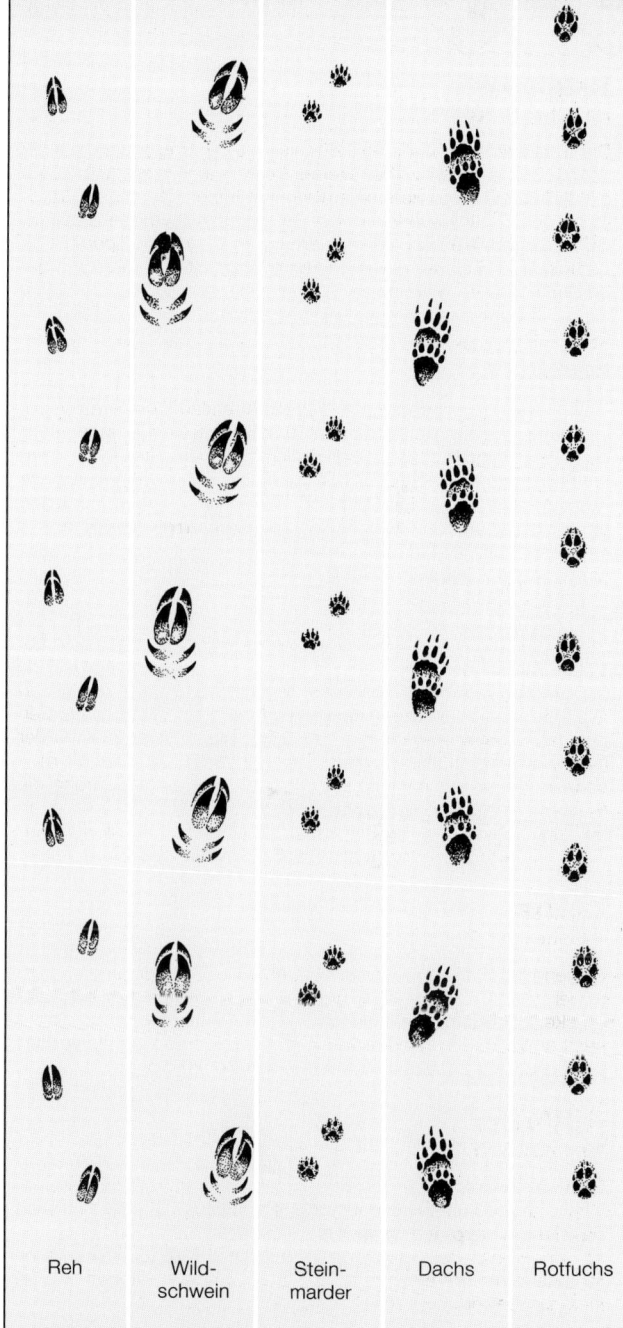

| Reh | Wildschwein | Steinmarder | Dachs | Rotfuchs |

Feldhase
Haupttext S. 174

Die typische Fortbewegungsart ist das Hoppeln oder der Hasensprung: dabei werden beide Hinterpfoten stets nebeneinander vor die hintereinandergestellten Vorderpfoten gesetzt. Abstand je nach Tempo 1–3 m. Hasenpfoten sind sehr stark behaart, vorne zugespitzt; die dicken Haarbüschel täuschen im Abdruck Ballen vor, die Krallen werden immer gut abgedrückt. Vorderfuß 5 cm lang, 3 cm breit; Hinterfuß 7–12 cm lang, 3,5 cm breit. Die Spuren sind leicht mit den etwas kleineren Wildkaninchen-Spuren zu verwechseln.

Eichhörnchen
Haupttext S. 78

Im Trittsiegel sind alle Ballen und die scharfen Krallen abgebildet. Vorderfuß 3–4 cm lang, 1,5–2 cm breit; Hinterfuß 4–5 cm lang, 2,5–3,5 cm breit. Einzige Fortbewegungsart auf dem Boden ist das Hoppeln, wodurch ein trapezförmiges Sprungbild entsteht: die beiden kleineren Vorderfüße stehen gerade nebeneinander, die größeren Hinterfüße werden nebeneinander vor diese, jedoch in größerem Abstand zueinander gesetzt.

Waldmaus
Haupttext S. 76

Sie bewegt sich meist springend vorwärts und setzt dabei ihre 2–2,7 cm langen, 1 cm breiten Hinterpfoten stets vor die 1 cm langen, 1 cm breiten Vorderpfoten. Aneinandergereiht ergibt sich eine Doppelreihe von Fußabdrücken, zwischen denen die Schwanzspur als feine Rille zu erkennen ist.

Stockente
Haupttext S. 200

Das Trittsiegel zeigt 3 nach vorne gerichtete Zehen, die durch eine Schwimmhaut verbunden sind sowie 1 freie Hinterzehe. Alle Zehen tragen lange Krallen, die mittlere Zehe ist gerade und am längsten (5–6 cm), die beiden äußeren Zehen sind leicht nach innen gebogen. Die Schwimmhaut reicht bis zu den Krallen und endet mit geradem Rand. Länge des Trittsiegels 7–8 cm, Breite 5–8 cm.

Bläßhuhn
Haupttext S. 202

Das Trittsiegel des Bläßhuhns ist sehr charakteristisch: die Zehen sind lang und dünn (Mittelzehe 8–9 cm) mit spitzen Krallen, die 3 nach vorne gerichteten Zehen sind von breiten, ausgebuchteten Schwimmlappen umsäumt. Der Saum am Innenrand der mittleren Zehe ist am größten. Die etwa 3 cm lange Hinterzehe trägt gleichfalls einen Hautlappen. Trittlänge 12 cm, -breite 10 cm. Die Trittsiegel sind leicht nach innen gedreht.

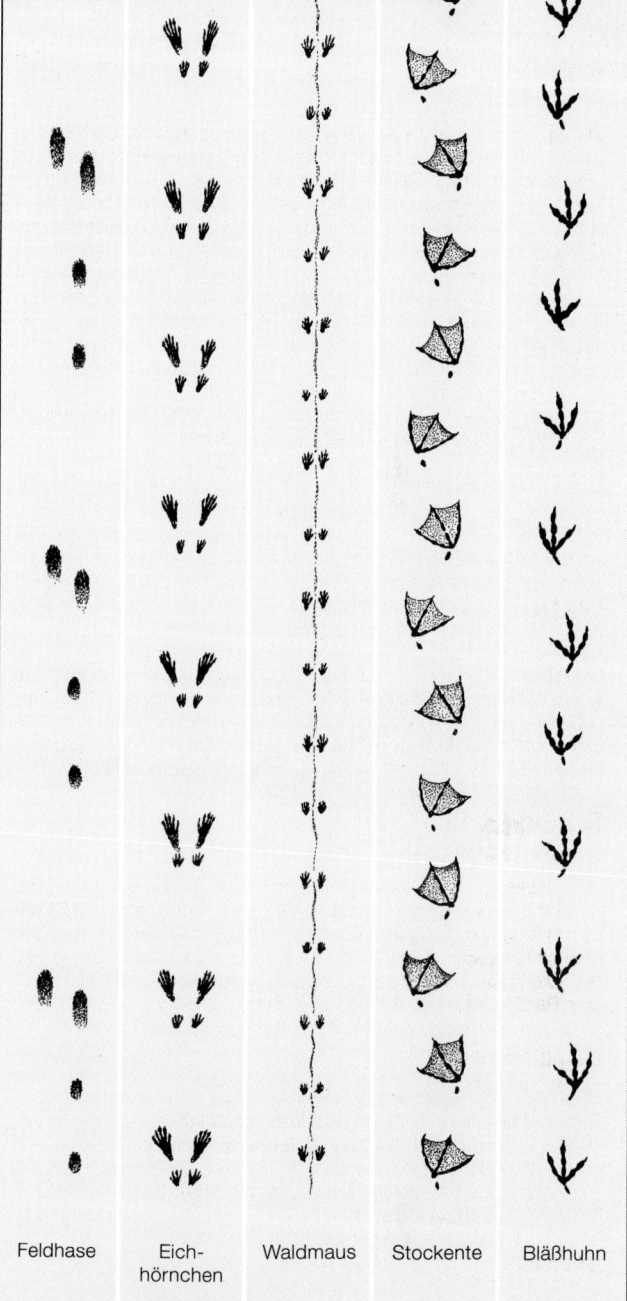

| Feldhase | Eich-hörnchen | Waldmaus | Stockente | Bläßhuhn |

Reh
Foto oben

Haupttext S. 80

Wie bei allen Pflanzenfressern ist der Kot schwarzbraun gefärbt und im frischen Zustand glänzend. Die schwach eiförmigen Bohnen des ♀ sind 10–15 mm lang und haben 8–10 mm ⌀. Die Kotklümpchen des Rehbocks sind etwa gleich groß, aber an einem Ende eingedellt und am anderen Ende zu einem Zäpfchen ausgezogen. Aufgrund der saftigen Nahrung (Blätter, Kräuter, Beeren, Früchte) ist die Sommerlosung sehr feucht, so daß die einzelnen Bohnen zusammenklumpen. Im Winter ernähren sich die Tiere überwiegend von Trieben, die Losung ist dann trocken und zerfällt leicht in die einzelnen Bohnen. Auf Rehwechseln findet man manchmal regelrechte Losungsspuren, die das Reh beim langsamen Gehen hinterläßt.

Feldhase
Foto Mitte

Haupttext S. 174

Im Sommer bevorzugt der Feldhase Gräser, Kräuter, Wurzeln, die pillenförmige Losung ist daher dunkelbraun, in frischem Zustand feucht und weich. Die rundlichen, etwas zusammengedrückten Pillen haben 14–20 mm ⌀. Im Herbst färben die zusätzlich verspeisten Feldfrüchte, Früchte und Beeren den Kot; im Winter, wenn dem Feldhasen nur Knospen, Rinde und Zweige als Nahrung bleiben, sind die Pillen hart und gelbbraun. Meist findet man sie in kleinen Mengen in der Nähe von Futterplätzen und Sassen.

Im Gegensatz hierzu legt das Wildkaninchen seine Losung in großen Mengen immer an besonderen »Latrineplätzen« ab, die auch der Reviermarkierung dienen. Die Pillen sind stets kugelförmig, mit 7–10 mm ⌀ jedoch kleiner als die des Feldhasen. Oft sind die Losungsplätze etwas erhöht (Sandhügel, Grasbüschel).

Steinmarder
Foto unten

Haupttext S. 176

Steinmarder-Losung ist wurstförmig, spiralig gedreht und an einem Ende zu einer Spitze ausgezogen. Bei 1–1,2 cm ⌀ wird sie 8–10 cm lang. Der Steinmarder ernährt sich überwiegend von kleinen Wirbeltieren; die Losung ist meist dunkelgrau bis braun und riecht unangenehm. Im Herbst, wenn auch Beeren und Früchte auf dem Speisezettel stehen, nimmt die Losung die Farbe der Beeren an. Steinmarderlosung findet man oft in oder an Gebäuden.

Aufgrund des ähnlichen Nahrungsspektrums läßt sich Baummarder-Losung im Aussehen kaum von der der vorgenannten Art unterscheiden. Sie riecht jedoch recht aromatisch-moschusartig und wird meist leicht erhöht auf Baumstümpfen und an anderen Plätzen im Wald abgesetzt.

Rotfuchs
Haupttext S. 78

Foto oben

Fuchs-Losung wird sehr häufig auf erhöhten Warten wie Steinen, Grasbüscheln, Baumstümpfen abgesetzt und dient der Reviermarkierung. Charakteristisch ist der intensive Raubtiergeruch. Die wurstförmige Losung ist an einem Ende abgerundet, am anderen Ende zu einer Spitze ausgezogen, 5–8 cm lang, und hat 1,5–2,5 cm Ø. Manchmal bricht sie auseinander, so daß dann nur ein Stück eine ausgezogene Spitze hat. Farbe und Zusammensetzung variieren mit der Nahrung: Der Fuchs ernährt sich überwiegend von Kleinnagern, v. a. Feldmäusen, sowie Vögeln, Vogeleiern, Insekten und Regenwürmern; die Losung ist daher dunkelbraun und enthält Haare. Liegt sie lange, wird sie trocken und grau. Nach dem Verzehr sehr vieler Knochen ist die Losung wegen der Ausscheidung von Calciumphosphat hellgrau, nach dem Genuß von Zapfen weiß. Blaubeeren färben die Losung blauschwarz, Himbeeren rötlich. Vogel- und Preiselbeeren werden nicht völlig verdaut; unverdaute Schalenreste sind dann zu sehen und machen die Losung sehr brüchig.

Waldkauz
Haupttext S. 60

Foto Mitte

Gewölle bestehen aus unverdaulichen Nahrungsresten, die durch Speiseröhre und Schnabel wieder ausgeschieden werden. Die grauen, zylindrischen Gewölle des Waldkauzes sind 4–6 cm lang und 2–3 cm dick. Ihre Oberfläche erinnert an Pappmaché und ist von unregelmäßiger Beschaffenheit. Eine Gewöll-Analyse liefert ein umfassendes Beutetierspektrum: Hauptbeute sind Feld- und Waldmaus, gebietsweise auch Erd- und Rötelmaus, weiterhin Spitzmäuse, Vögel, Amphibien, Käfer (Chitinreste!). Da die Knochen im Waldkauz-Gewölle oft stark zertrümmert sind, ist der Nachweis vieler Beutetiere nur noch anhand ihrer Zähne möglich. Waldkäuze haben keinen regelmäßigen Ruheplatz, ihre Gewölle sind daher nicht leicht gezielt zu finden, oft aber durch Zufall.

Lachmöwe
Haupttext S. 202

Foto unten

Die Speiballen der Lachmöwe sind 2–4 cm lang, 1,5–3 cm dick und grau. Sie enthalten häufig Getreidespelzen, Früchte und Beeren und sind entsprechend gefärbt; ihre Konsistenz ist dann kompakt. Bei einem großen Anteil an Fischgräten, -schuppen, Muscheln, Knochenresten und Chitinteilen zerfallen sie leicht. Gewölle von Möwen, die an Müllhalden suchen, enthalten oft auch Gummiringe, Metallstückchen, Glasscherben und vieles andere mehr.

Eichhörnchen

Foto oben

Haupttext S. 78

Hat ein Eichhörnchen einen Fichtenzapfen vom Zweig abgebissen, setzt es sich auf einen Ast und beginnt am unteren Zapfenteil die locker sitzenden Schuppen mit den Zähnen abzureißen. Die Zapfenbasis sieht daher spitz und ausgefranst aus. Weiter zur Mitte, wo die Zapfenschuppen fester sitzen, nagt es die Schuppen an der Basis oder auch nur bis zur Hälfte ab und reißt den Rest dann ab. Auf diese Weise bleiben oft noch Schuppenreste an der Spindel stehen. An der Zapfenspitze läßt das Eichhörnchen meist einen »Schuppenschopf« stehen. Häufig findet man solche unordentlichen Zapfenspindeln in großer Zahl unter dem Freßplatz.

Eichhörnchen

Foto Mitte

Haupttext S. 78

An Haselnuß-Schalen kann man das Alter der Eichhörnchen abschätzen, die die Nuß bearbeitet haben: junge Eichhörnchen müssen erst lernen eine Nuß zu knacken und nagen wahllos auf der Nußschale herum. Erfahrene Tiere nagen nur an einer Stelle eine Rille, die meist am spitzen Ende der Haselnuß sitzt. Ist in der Rille ein kleines Loch entstanden, werden die unteren Schneidezähne hineingesteckt und die oberen kräftig auf die Nuß gedrückt, bis diese aufgesprengt ist. Nach Verzehr des Kerns läßt das Eichhörnchen die beiden Schalenhälften zu Boden fallen.

Waldmaus

Foto unten

Haupttext S. 76

Vor dem Fressen sammeln Waldmäuse erst einmal mehrere Haselnüsse und tragen sie zu einem Versteck. Zum Aufnagen hält die Waldmaus die Nuß stets mit dem unteren Ende vom Körper weg. An einer Schalenseite wird ein kleines Loch genagt, in das sie die unteren Schneidezähne steckt. Mit den oberen Schneidezähnen hält sie die Schale von außen fest und nagt nur mit den unteren Zähnen, wobei sie die Nuß kreisförmig bewegt. Die entstehende Nagekante ist schräg, außen höher als innen. Die oberen Schneidezähne hinterlassen in der Nußschale feine Eindrücke. Ist das entstandene Loch groß genug, frißt die Maus den Kern stückchenweise heraus.

Buchdrucker
Foto oben

Ips typographus

Die ♂ dieser 4–6 mm großen Borkenkäfer-Art bohren sich durch die Baumrinde und höhlen eine »Rammelkammer« aus, in der die ♀ begattet werden. Die ♀ bohren einen »Muttergang« in die Rindenschicht des Baumes, in dessen Nischen sie 50–100 Eier ablegen. Die ausgeschlüpften Larven fressen anschließend senkrecht vom Muttergang wegführende, entsprechend der fortschreitenden Larvenentwicklung immer breiter werdende, gewundene Gänge, an deren Ende sie sich verpuppen. Nach dem Schlüpfen frißt sich der Käfer durch die Rinde nach außen. Zurück bleibt ein typisches Fraßbild, das häufig bei von Wind- und Schneebruch betroffenen Fichten zu finden ist. Durch die Bohr- und Fraßtätigkeit werden die Leitungsbahnen des Baumes unterbrochen, was zu seinem langsamen Absterben führt.

Minierfliege
Foto Mitte

Familie *Agromyzidae*

Häufig findet man an Blättern von Kräutern, Stauden und Gehölzen Gangminen, die durch Larvenfraß der Minierfliegen entstehen. Die Fliege legt ihre Eier an Blätter der Wirtspflanze, nach dem Schlüpfen bohren sich die Larven in das Blatt und verzehren das innere Gewebe, wobei die äußeren Gewebsschichten stehen bleiben. Diese sind sehr dünn und daher durchsichtig hell, so daß man die Larven darin erkennen kann. Anhand der Wirtspflanze, der Form der Mine und der Ablage der Exkremente läßt sich die Art bestimmen. Die Familie der Minierfliegen umfaßt mehrere hundert Arten. Es gibt auch andere Insektengruppen, deren Larven minieren, z. B. bei den Schmetterlingen die Miniermotten.

Traubenkirschen-Gespinstmotte
Foto unten

Yponomeuta padella

Die Falter dieser Art fliegen nachts. Die ♀ legen ihre Eier im Herbst in Gruppen an die Nahrungspflanzen: Traubenkirsche, Schlehe, Weißdorn, Pfaffenhütchen, Apfel. Die frisch geschlüpften Raupen überwintern in einer Hülle, die das Eigelege umgibt, und leben im folgenden Frühjahr gesellig in großen Gespinsten an der Wirtspflanze. Oft sind Blätter, Büsche oder sogar ganze Bäume von den dichten Gespinsten feinster Seidenfäden bedeckt. In ihrem Schutz leben, fressen und verpuppen sich die Raupen.

Gewöhnliche Eichengallwespe
Cynips quercusfolii

Foto oben

Die ♀ der winzigen Eichengallwespe legen ihre Eier in die Mittelrippe von Eichenblättern. Um jedes Ei wächst eine rotgrüne Galle («Gallapfel«, bis 2 cm Ø), in der sich die helle Larve entwickelt. Aus ihnen schlüpfen im Winter nur ♀, die unbefruchtete Eier in die Triebknospen der Eiche legen. Hieraus entstehen unscheinbare Gallen, in denen sich ♀ und ♂ entwickeln. Die nun befruchteten ♀ legen im Mai/Juni dann wieder Eier in die Mittelrippe von Eichenblättern; der Kreislauf ist geschlossen. Da die Galläpfel Gerbstoffe enthalten, nutzte man sie früher in der Gerberei.

Rosengallwespe
Diplolepis rosae

Foto Mitte links

Zeitig im Frühjahr legt die nur 4 mm große Rosengallwespe ihre Eier an Blätter, Knospen und Zweige der Heckenrose. Die geschlüpften Larven sondern Stoffe ab, die zur Bildung der großen, zottig behaarten Galle führen. Sie hat bis ca. 6 cm Ø, ist grün oder rötlich und enthält mehrere Larvenkammern, in denen sich die Larven entwickeln und verpuppen; Überwinterung in der Galle. Früher schrieb man Rosengallen schlaffördernde Wirkung zu (»Schlafapfel«) und legte sie vor dem Einschlafen unter das Kopfkissen. Auch zum Verdünnen von Pfeifentabak wurden Rosengallen genutzt.

Grüne Fichtengallenlaus
Sacchiphantes viridis

Foto Mitte rechts

Im Frühjahr legen die ♀ der Gallenlaus ihre Eier an die Basis von Fichtennadeln, worauf diese anschwellen und zu einem ananasähnlichen Gebilde (»Ananasgalle«) verwachsen. Dieses wird 2–3 cm groß und ist in viele Kammern gegliedert, in denen sich oft hunderte kleiner Gallenläuse entwickeln. Die Gallen dieser Art sind vom Trieb durchwachsen, während z. B. die der Roten Fichtengallenlaus, *Adelges laricis,* an der Triebspitze stehen, so daß höchstens einige Nadelspitzen hervorragen.

Buchengallmücke
Mikiola fagi

Foto unten

Die ♀ der rosafarbenen, 4–5 mm kleinen Buchengallmücke stechen ihre Eier in die Mittelrippe von Buchenblättern. Um die Einstichstelle wuchert eine zwiebelförmige, 4–10 mm lange, glatte, glänzend rötliche Galle. In ihrem Innern wächst in einer Kammer die kleine Larve, die sich vom Gallengewebe ernährt, in der Galle überwintert und im März als fertige Gallmücke schlüpft.

Register

Deutsche Namen

Wissenschaftliche Namen

Bildnachweis

Bellmann 39 ul, 53 o, 57, 119 ml, 121 m, 187 or, 195 u, 273 u

Danegger 63 m, 63 ul, 75 u, 79 o, 79 u, 81 u, 161 o, 163 u, 169 o, 177 u, 205 m, 233 u

Daudt 268 or

Diedrich 49 ur, 61 o, 63 ur, 89 o, 103 o, 125 u, 157 o, 165 m, 171 o, 211 m, 265 o

Eigstler 243 o, 249 u

Eisenbeiss 25 m, 31 o, 35 ol, 37 m, 45 u, 59 m, 89 m, 107 ul, 109 u, 123 o, 129 u, 151 u, 179 u, 239 m, 241 u, 243 m, 243 u, 245 o, 245 m, 247, 253 o, 255 o, 255 u, 257 o

Eisenreich 2/3, 45 m, 51 m, 51 u, 53 m, 55, 93 m, 139 u, 145 o, 153 o, 165 u, 181 o, 187 u, 191 m, 193 m, 199 u, 231, 233 m, 235 o, 259 u, 266 m, 266 u, 267 ol, 267 ul, 269 or, 270 m, 270 ur, 271 or, 271 ml, 271 ul, 275 o, 275 u, 277, 279 o, 279 m, 281 m, 283, 285 u, 287 m, 287 u, 289 o, 289 u, 291, 293 o, 293 u, 309 m, 311 m

Eisenreich/Handel 199 o, 295 o, 297 m, 311 o

Gerhardt 13, 15, 17, 19, 83

Handel 41 m, 101, 107 m, 109 m, 111 o, 115 u, 123 ml, 123 u, 125 o, 127 or, 129 o, 129 m, 131 m, 133, 135, 145 u, 147 o, 147 u, 149 o, 149 u, 183 m, 201 o, 245 u, 251 u, 253 u, 257 u, 266 ol, 267 ml, 269 ol, 269 mr, 269 ur, 270 or, 271 ol, 271 ml, 271 ur

Hinz 141 ul

König 105 u, 155 o, 155 u, 175 u, 207 u, 217 o, 219 o, 223 o, 225 ul, 227 o, 309 o

Limbrunner 65 m, 71 or, 141 ur, 143 m, 143 ur, 157 u, 157 u, 173 u, 175 o, 177 o, 189 u, 199 ml, 261 o, 261 m, 263 u, 287 o, 289 m, 297 u, 303, 305, 307 m, 307 u, 309 u

Moosrainer 259 m

Pfletschinger/Angermayer 41 u, 53 u, 143 ul, 183 ul, 195 m, 197 o, 273 m, 275 m, 279 u, 281 u, 311 u

Pforr 21 m, 23 m, 23 u, 25 u, 27 m, 27 u, 29 o, 29 u, 31 m, 33 m, 33 ul, 35 u, 39 ur, 77 o, 77 m, 87 u, 95 m, 97 o, 97 m, 99 o, 103 u, 105 o, 107 o, 107 ur, 111 u, 117 o, 117 m, 119 u, 137 m, 137 ul, 141 m, 143 o, 153 u, 155 m, 161 u, 163 ol, 173 o, 179 o, 183 o, 183 ur, 187 ol, 189 m, 191 o, 197 u, 237 o, 239 o, 251 m, 255 m, 257 m, 266 ul, 267 ur, 268 ml, 269 ml, 293 m, 295 m

Plucinski 45 o, 49 m, 193 u, 263 o

Pott 47 o, 111 m, 119 mr, 121 o, 199 mr, 203 m, 203 u, 207 m, 209 u, 215 u, 225 m, 267 or, 268 ol

Quedens 81 o, 119 o, 159 u, 175 m, 207 o, 209 o, 209 m, 211 o, 213, 215 o, 215 m, 217 m, 217 u, 219 o, 219 u, 221, 223 m, 223 u, 225 o, 225 ur, 227 m, 227 u, 229 m, 235 u, 285 o, 285 m, 295 u, 297 o

Reinhard 21 o, 21 u, 25 o, 27 o, 33 u, 35 m, 37 o, 39 m, 43, 49 o, 77 u, 79 m, 81 m, 85 u, 91 u, 97 u, 99 m, 99 u, 113 o, 113 u, 121 u, 125 m, 131 u, 137 ur, 181 u, 237 u, 239 u, 241 o, 249 m, 265 mr, 266 or, 268 u, 307 o

Schacht 253 m

Schlüter 273 o

Schmidt 69 u

Schrempp 61 m, 85 o, 137 o, 267 mr, 270 ul

Schulze 263 m

Synatzschke 269 ul

Thielscher 73 u

Wernicke 201 u, 211 u, 229 o, 229 u, 233 o, 235 m

Willner 29 m, 31 u, 39 o, 41 o, 47 m, 47 u, 51 o, 59 u, 67 or, 67 m, 85 m, 91 o, 93 o, 93 u, 95 o, 95 m, 105 m, 115 o, 115 m, 117 u, 123 mr, 127 u, 131 o, 139 o, 139 m, 141 o, 145 m, 147 m, 149 m, 151 u, 153 m, 167 m, 171 m, 173 m, 185 m, 185 u, 189 o, 191 u, 193 o, 281 o

Wolfstetter 268 mr

Wothe 23 o, 35 or, 37 u, 49 ul, 61 u, 65 o, 65 u, 69 ol, 69 m, 73 ol, 87 u, 89 u, 91 m, 103 m, 127 ol, 127 m, 151 m, 163 m, 177 m, 181 m, 185 o, 187 m, 197 m, 201 o, 203 o, 237 m, 251 o, 265 ml

Zeininger 33 o, 59 o, 63 o, 67 ol, 67 u, 69 or, 71 ol, 71 m, 71 u, 73 or, 73 m, 75 o, 75 m, 87 o, 109 o, 113 o, 159 o, 159 m, 161 m, 163 or, 165 o, 167 o, 167 u, 169 m, 169 u, 171 u, 179 m, 195 o, 205 o, 205 u, 241 o, 249 o, 259 o, 261 u, 265 u, 270 or